高等职业教育"互联网＋"创新型系列教材
安徽省高等学校省级质量工程项目"一流教材"立项教材

可编程序控制器技术及应用
第 2 版

主　编　王烈准　徐巧玲
副主编　黄学艺　姚　钢
参　编　孙吴松　金　何　江玉才　黄玉成　刘　程
主　审　武昌俊

机械工业出版社

本书内容包括 FX 系列 PLC 基本指令的应用、FX 系列 PLC 步进指令的应用、FX 系列 PLC 常用功能指令的应用、FX 系列 PLC 模拟量控制与通信的应用、PLC 控制系统的实现 5 个学习情境。

本书为理论与实践一体化教材，选择三菱 FX_{2N} PLC 为主要机型，将 PLC 应用中的典型工作任务提炼为教学项目，每一学习情境由若干个项目构成，共 16 个项目。本书以项目为载体，通过项目实施，使学生学习 PLC 的基本结构、安装接线，基本指令、步进指令、常用功能指令的编程，以及特殊功能模块的应用、PLC 通信网络的构建及工程应用。

本书可作为高职高专电气自动化技术、机电一体化技术、工业机器人技术、智能控制技术等相关专业教学用书，并可作为相关工程技术人员的 PLC 培训和自学的参考书。

为方便教学，本书配有电子课件、练习与提高解答、模拟试卷等，凡选用本书作为授课教材的教师，均可来电（010-88379375）索取或登录机工教育服务网（www.cmpedu.com）注册并免费下载。

图书在版编目（CIP）数据

可编程序控制器技术及应用/王烈准，徐巧玲主编. —2 版. —北京：机械工业出版社，2023.2（2023.7 重印）
高等职业教育"互联网＋"创新型系列教材
ISBN 978-7-111-72436-0

Ⅰ.①可… Ⅱ.①王…②徐… Ⅲ.①可编程序控制器-高等职业教育-教材 Ⅳ.①TM571.61

中国国家版本馆 CIP 数据核字（2023）第 010253 号

机械工业出版社（北京市百万庄大街 22 号 邮政编码 100037）
策划编辑：王宗锋　　　　　　责任编辑：王宗锋　高亚云　赵红梅
责任校对：郑　婕　王　延　　封面设计：马精明
责任印制：刘　媛
三河市骏杰印刷有限公司印刷
2023 年 7 月第 2 版第 2 次印刷
184mm×260mm · 15 印张 · 371 千字
标准书号：ISBN 978-7-111-72436-0
定价：49.90 元

电话服务　　　　　　　　　网络服务
客服电话：010-88361066　　机　工　官　网：www.cmpbook.com
　　　　　010-88379833　　机　工　官　博：weibo.com/cmp1952
　　　　　010-68326294　　金　书　网：www.golden-book.com
封底无防伪标均为盗版　机工教育服务网：www.cmpedu.com

前　言

本书自 2016 年出版以来得到了广大使用院校的普遍好评，一致认为教材结构合理、内容体系设计新颖，很好地满足了高职院校自动化类专业教学改革的要求，但对教材的体系设计及内容编排也提出了很好的意见和建议。本次教材修订获 2020 年安徽省高等学校省级质量工程项目"一流教材（2020yljc123）"立项，教材修订以坚持立德树人为根本任务，根据智能制造领域从业人员对 PLC 技术应用的需求和"课证融通"为目标确定教材内容体系，结合可编程控制器系统应用编程职业技能等级标准要求编写而成，突出技术应用性和针对性。

为贯彻党的二十大精神，加强教材建设，教材修订时加强了对学生职业素养的要求，配套了相应的视频资源（可扫描书中二维码观看），方便学生学习。

本书的突出特点是按照学习情境结构设计，以项目为载体编排内容，通过项目实施组织相关知识和技能训练。教材突出实践操作，以能力培养为主线，以完成每个项目为引领，使学生对相关知识的学习更具针对性和目标性。每一学习情境都设计了教学目标、教学重点、教学难点、参考学时，梳理与总结，练习与提高，每一项目内容均按"项目导入、相关知识、项目实施、项目考核、知识拓展、项目总结"6 段式编排，目标明确、结构新颖，为学习者自主学习、归纳、复习和巩固提供了很好的指导。

本书共 5 个学习情境，包括 FX 系列 PLC 基本指令的应用、FX 系列 PLC 步进指令的应用、FX 系列 PLC 常用功能指令的应用、FX 系列 PLC 模拟量控制与通信的应用、PLC 控制系统的实现。

选用本书教学时，建议采用"教、学、做"一体化形式授课，即上课时讲练结合，讲授和实践的安排可灵活掌握，交融渐进，以达到"学中做"和"做中学"的目标。

本次教材修订由六安职业技术学院电气控制课程组和合肥中科前沿科技有限公司相关技术人员共同完成，王烈准、徐巧玲担任主编，黄学艺、姚钢担任副主编，孙吴松、金何、江玉才、黄玉成、刘程参与编写，安徽机电职业技术学院武昌俊对全书进行主审。具体编写任务分工：六安职业技术学院徐巧玲编写项目一和项目二，六安职业技术学院金何编写项目三和项目四，六安职业技术学院姚钢编写项目五和项目六，六安职业技术学院刘程编写项目七，六安职业技术学院江玉才编写项目八和项目九，合肥中科前沿科技有限公司黄学艺编写项目十和项目十一，六安职业技术学院王烈准编写项目十二、项目十三，六安职业技术学院孙吴松编写项目十四和项目十五，合肥中科前沿科技有限公司黄玉成编写项目十六。王烈准对全部书稿进行统稿和定稿。本书在编写过程中，得到了六安职业技术学院和合肥中科前沿科技有限公司的大力支持，在此一并表示衷心的感谢！

由于编者水平有限，书中难免有错误和不妥之处，敬请读者批评指正。

编　者

二维码索引

（续）

（续）

名称	图形	页码	名称	图形	页码
以转换为中心编程方式在选择序列顺序控制中的应用		215	FX 系列 PLC 特殊软元件		—
FX 系列 PLC 基本指令汇总表		—	FX 系列 PLC 错误代码一览及解决方法		—
FX 系列 PLC 功能指令汇总表		—	FX 系列 PLC 扩展单元、扩展模块及特殊功能模块一览表		—

目 录

学习情境一
FX系列PLC基本指令的应用

教学目标	能力目标	1. 能分析简单控制系统的工作过程 2. 能正确安装 PLC，并完成 PLC 工作电源及输入/输出的接线 3. 能合理分配 I/O 地址，运用基本指令编制控制程序 4. 能熟练使用 GX Works2 编程软件编制梯形图并写入 PLC 5. 能进行程序的模拟调试和在线调试
	知识目标	1. 熟悉 PLC 的结构及工作过程 2. 掌握梯形图和指令表之间的相互转换 3. 掌握编程元件 X、Y、M、T、C 的功能及使用 4. 掌握基本指令中触点类指令、线圈驱动类指令的编程及应用
	素质目标	1. 了解国内外 PLC 的发展历史，增强为国效力信念，激发行业热情 2. 通过基本指令的学习及编程应用，培养一丝不苟、精益求精的工匠精神以及团结协作精神，养成认真负责的工作态度，增强使命担当 3. 培养责任意识、安全意识、环保意识及规范操作意识
教学重点		GX Works2 编程软件的使用；触点类指令、线圈驱动类指令的编程
教学难点		微分输出指令、栈指令和主控指令的编程
参考学时		16~24 学时

本学习情境通过三相异步电动机起停的 PLC 控制、水塔水位的 PLC 控制、三相异步电动机正反转循环运行的 PLC 控制及三相异步电动机丫-△减压起停单按钮实现的 PLC 控制四个项目的学习和训练，掌握 FX 系列 PLC 基本指令的编程方法。

项目一　三相异步电动机起停的 PLC 控制

一、项目导入

在"电机与电气控制技术"课程中我们已经学习了电动机起停控制电路，本项目我们将学习利用 PLC 实现电动机起停控制的方法，学习时要注意两者的异同之处。

当采用 PLC 控制电动机起停时，必须将按钮的控制信号送到 PLC 的输入端，经过程序运算，再用 PLC 的输出信号去驱动接触器 KM 线圈得电，电动机才能运行。那么，如何将输入、输出元器件与 PLC 连接？如何编写 PLC 控制程序？这需要用到 PLC 内部的编程元件输入继电器 X、输出继电器 Y 以及相关的指令。

二、相关知识

（一）认识 PLC

1. PLC 的产生与发展

（1）PLC 的产生 可编程序控制器出现之前，在工业电气控制领域中，继电器控制占主导地位，应用广泛。但是传统的继电器控制存在体积大、可靠性低以及查找和排除故障困难等缺点，特别是其接线复杂、不易更改，对生产工艺变化的适应性差。

1968 年，美国通用汽车公司（GM）为了适应汽车型号不断更新、生产工艺不断变化的需要，实现小批量、多品种生产，希望能有一种新型工业控制器，它能做到尽可能减少重新设计和更新电气控制系统及接线的工作量，以降低成本，缩短周期。于是 GM 公司设想将计算机功能强大、灵活和通用性好等优点与继电器控制系统的简单易懂、价格低廉等优点结合起来，制成一种通用控制装置，而且这种装置采用面向控制过程、面向问题的"自然语言"进行编程，使不熟悉计算机的电气控制人员也能很快掌握使用。

当时，GM 公司提出以下 10 项设计标准：

1）编程简单，可在现场修改程序。

2）维护方便，采用模块式结构。

3）可靠性高于继电器控制柜。

4）体积小于继电器控制柜。

5）成本可与继电器控制柜竞争。

6）可将数据直接送入计算机。

7）可直接使用市电交流输入电压。

8）输出采用市电交流电压，能直接驱动电磁阀、交流接触器等。

9）通用性强，扩展方便。

10）能存储程序，存储器容量可以扩展到 4KB。

1969 年，美国数字设备公司（DEC）研制出第一台 PLC PDP－14，并在美国通用汽车公司的自动装配线上试用，获得成功。这种新型装置优点多、缺点少，很快就在美国得到了推广应用。1971 年，日本从美国引进这项技术并研制出日本第一台 PLC。1973 年，德国西门子股份公司研制出欧洲第一台 PLC。我国 1974 年开始研制，1977 年开始在工业中应用。

（2）PLC 的发展 早期的可编程序控制器仅有逻辑运算、定时和计数等顺序控制功能，只是用来取代传统的继电器控制，通常称为可编程序逻辑控制器（Programmable Logic Controller，PLC）。随着微电子技术和计算机技术的发展，20 世纪 70 年代中期微处理技术应用到 PLC 中，使 PLC 不仅具有逻辑控制功能，还增加了算术运算、数据传送和数据处理等功能。

20 世纪 70 年代末，可编程序控制器进入实用化发展阶段，计算机技术已全面引入到可编程序控制器中，使其功能发生了飞跃。更高的运算速度、超小型体积、更可靠的工业抗干扰设计、模拟量运算、PID（比例积分微分，Proportion Integration Differentiation）控制功能及极高的性价比奠定了它在现代工业中的地位。20 世纪 80 年代初，可编程序控制器在先进工业国家已获得广泛应用。这个时期可编程序控制器发展的特点是大规模、高速度、高性能及产品系列化。这个时期的另一个特点是世界上生产可编程序控制器的国家日益增多，产量日益上升。这标志着可编程序控制器已步入成熟阶段。

20 世纪末期，可编程序控制器的发展特点是更加适应现代工业的需要。从控制规模上来说，这个时期出现了大型机和超小型机；从控制能力上来说，诞生了各种各样的特殊功能模块/特殊功能单元，可用于各种控制压力、温度、转速和位移等的场合；从产品的配套能力来说，产生了各种人机界面单元、通信单元，使应用可编程序控制器的工业控制设备的配套更加容易。

近年来国产 PLC 有了快速发展，产品主要为中小型，代表性产品有无锡信捷电气股份有限公司生产的小型 XC 系列、XD 系列，中型 XS 系列、XG 系列及薄型 XL 系列；深圳市汇川技术股份有限公司生产的 HU 系列小型 PLC（H2U 系列、H3U 系列、H5U 系列）、中型 PLC（AM400 系列、AM600 系列）等；深圳市矩形科技有限公司生产的 N80、N90 及 CM-PAC 系列；南大傲拓科技江苏股份有限公司生产的 NJ200 小型 PLC、NJ300 中型 PLC、NJ400 中大型 PLC、NA2000 智能型 PLC 等；厦门海为科技有限公司生产的 C/T/H/E/S 系列经典 PLC、AC/AT/AH 系列卡片型 PLC 等。

在我国 PLC 应用市场占有率较高的国外品牌有西门子 S7 – 200 SMART 系列、S7 – 300系列、S7 – 400 系列、S7 – 1200 系列、S7 – 1500 系列；三菱 FX 系列、L 系列、Q 系列；欧姆龙 CP1、CJ1、CJ2、CS1、C200H 系列等。

目前，PLC 的发展趋势主要体现在规模化、高性能、多功能、模块智能化、网络化、标准化等几个方面。

2. PLC 的定义

PLC 是一种工业控制装置，是在电气控制技术和计算机技术的基础上开发出来的，并逐渐发展成为以微处理器为核心，将自动化技术、计算机技术和通信技术融为一体的新型工业控制装置。

1987 年，国际电工委员会（International Electrotechnical Commission，IEC）对 PLC 的定义为：

可编程序控制器是一种数字运算操作的电子系统，专为在工业环境下应用而设计。它采用可编程序的存储器，用来在其内部存储执行逻辑运算、顺序控制、定时、计数和算术运算等操作的指令，并通过数字式和模拟式的输入和输出，控制各种类型的机械或生产过程。可编程序控制器及其有关外围设备都应按易于与工业系统连成一个整体、易于扩充其功能的原则设计。

3. PLC 的特点

PLC 之所以高速发展，除了工业自动化的客观需要外，还因为它具有许多独特的优点。它较好地解决了工业领域中普遍关心的可靠、安全、灵活、方便和经济等问题，主要有以下特点：

（1）可靠性高、抗干扰能力强　可靠性高、抗干扰能力强是 PLC 最重要的特点之一。PLC 的平均无故障时间可达几十万小时，之所以有这么高的可靠性，是由于它采用了一系列的硬件和软件的抗干扰措施。

1）硬件方面。PLC 对 I/O（输入/输出）通道采用光电隔离，有效地抑制了外部干扰源对 PLC 的影响；对供电电源及线路采用多种形式的滤波，从而消除或抑制了高频干扰；对CPU（Central Processing Unit，中央处理器）等重要部件采用良好的导电、导磁材料进行屏

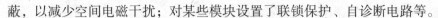

蔽，以减少空间电磁干扰；对某些模块设置了联锁保护、自诊断电路等。

2）软件方面。PLC采用扫描工作方式，减少了由于外界环境干扰引起故障的可能；在PLC系统程序中设有故障检测和自诊断程序，能对系统硬件电路等故障实现检测和判断；当外界干扰引起故障时，能立即将当前重要信息加以封锁，禁止任何不稳定的读写操作，一旦外界环境正常后，便可恢复到故障发生前的状态，继续原来的工作。

（2）编程简单、使用方便　目前，大多数PLC采用的编程语言是梯形图语言，它是一种面向生产、面向用户的编程语言。梯形图与继电器控制电路相似，形象、直观，不需要掌握计算机知识，很容易让广大工程技术人员掌握。当生产流程需要改变时，可以现场改变程序，使用方便、灵活。同时，PLC的编程器操作和使用也很简单。这也是PLC获得普及和推广的主要原因之一。

许多PLC还针对具体问题设计了各种专用编程指令及编程方法，进一步简化了编程。

（3）功能完善、通用性强　现代PLC不仅具有逻辑运算、定时、计数和顺序控制等功能，而且具有A-D和D-A转换、数值运算、数据处理、PID控制及通信联网等许多功能。同时，由于PLC产品系列化、模块化，有品种齐全的各种硬件装置供用户选用，可以组成满足各种要求的控制系统。

（4）设计安装简单、维护方便　由于PLC用软件代替了传统电气控制系统的硬件，控制柜的设计和安装接线的工作量大为减少。PLC的用户程序大部分可在实验室模拟调试，缩短了应用设计和调试周期。在维修方面，由于PLC故障率极低，维修的工作量很小，而且PLC具有很强的自诊断功能，出现故障时，可根据PLC上的指示或编程器上提供的故障信息，迅速查明原因，维修极为方便。

（5）体积小、质量小、能耗低，易于实现机电一体化　PLC采用了集成电路，结构紧凑、体积小、能耗低，是实现机电一体化的理想控制设备。

4. PLC的应用领域

目前，PLC已广泛应用于冶金、石油、化工、建材、机械制造、电子、汽车、轻工、环保及文化娱乐等各种行业，随着PLC性价比的不断提高，其应用领域不断扩大。从应用类型看，PLC的应用大致可归纳为以下几个方面：

（1）开关量逻辑控制　利用PLC最基本的逻辑运算、定时和计数等功能实现开关量逻辑控制，可以取代传统的继电器控制，应用于单机控制、多机群控制和自动生产线控制等，例如机床、注塑机、印刷机械、装配生产线、电镀流水线及电梯的控制等。这是PLC最基本的应用，也是PLC最广泛的应用领域。

（2）运动控制　大多数PLC都有拖动步进电动机或伺服电动机的单轴或多轴位置控制模块，这一功能广泛应用于各种机械设备，如对各种机床、装配机械和机器人等进行运动控制。

（3）模拟量过程控制　大、中型PLC都具有多路模拟量I/O模块和PID控制功能，有的小型PLC也有模拟量I/O模块。所以PLC可实现模拟量控制，而且具有PID控制功能的PLC可构成闭环控制，用于过程控制。这一功能已广泛应用于锅炉、反应堆、酿酒以及闭环位置控制和速度控制等方面。

（4）现场数据处理　现代的PLC都具有数学运算、数据传输、转换、排序和查表等功能，可进行数据的采集、分析和处理，同时可通过通信接口将这些数据传输给其他智能装置进行处理，如计算机数值控制（Computer Numerical Control，CNC）设备。

（5）通信联网多级控制　PLC的通信包括PLC与PLC、PLC与上位计算机以及PLC与其他智能设备（如变频器、触摸屏等）之间的通信。PLC系统与通用计算机可直接或通过通信处理单元、通信转换单元相连构成网络，以实现信息的交换，并可构成"集中管理、分散控制"的多级分散式控制系统，满足工厂自动化（Factory Automation，FA）系统发展的需要。

5. PLC的分类

（1）按结构形式分　可分为整体式PLC、模块式PLC和叠装式PLC。

PLC的分类

1）整体式PLC。整体式PLC将电源、CPU和I/O接口等组件都集中装在一个机箱内，具有结构紧凑、体积小和价格低的特点。小型PLC一般采用整体式结构。整体式PLC由不同I/O点数的基本单元（又称主机）和扩展单元组成。基本单元内有CPU、I/O接口、与I/O扩展单元相连的扩展接口以及与编程器或EPROM（可擦可编程只读存储器）相连的接口等。扩展单元内只有I/O扩展单元和电源等，没有CPU。基本单元和扩展单元之间一般用扁平电缆连接。整体式PLC一般还可配备特殊功能模块，如模拟量输入/输出模块、位置控制模块等，使其功能得以扩展。

2）模块式（组合式）PLC。模块式PLC是将PLC各组成部分分别制作成若干个单独的模块，如CPU模块、I/O模块、电源模块（有的含在CPU模块中）以及各种功能模块。模块式PLC由框架（或基板）和各种模块组成。模块装在框架（或基板）的插座上。模块式PLC的特点是配置灵活，可根据需要选配不同规模的系统，而且装配方便，便于扩展和维修。大、中型PLC一般采用模块式结构。

3）叠装式PLC。还有一些PLC将整体式和模块式的特点结合起来，构成所谓叠装式PLC。叠装式PLC的CPU、电源和I/O接口等也是各自独立的模块，但它们之间是靠电缆进行连接，并且各模块可以一层层地叠装，不但系统可灵活配置，还可做得小巧。

（2）按功能分　可分为低档PLC、中档PLC和高档PLC。

1）低档PLC：具有逻辑运算、定时、计数、移位、自诊断以及监控等基本功能，还可有少量模拟量输入/输出、算术运算、数据传送和比较以及通信等功能，主要用于逻辑控制、顺序控制或少量模拟量控制的单机控制系统。

2）中档PLC：除具有低档PLC的功能外，还具有较强的模拟量输入/输出、算术运算、数据传送和比较、数制转换、远程I/O、子程序调用及通信联网等功能；有些还增设中断控制、PID控制等功能，适用于复杂的控制系统。

3）高档PLC：除具有中档PLC的功能外，还增加了带符号算术运算、矩阵运算、位逻辑运算、二次方根运算及其他特殊功能函数的运算、制表及表格传送功能等。高档PLC具有更强的通信联网功能，可用于大规模过程控制或构成分布式网络控制系统，实现工厂自动化。

（3）按I/O点数分　可分为微型PLC、小型PLC、中型PLC和大型PLC。

1）微型PLC。I/O点数为128点及以下，存储器容量为4KB左右的是微型PLC。

2）小型PLC。I/O点数为256点以下，存储器容量为4KB左右的是小型PLC。

3）中型PLC。I/O点数为256～2048点，存储器容量为4～8KB的是中型PLC。

4）大型PLC。I/O点数为2048点以上，存储器容量为8～16KB的是大型PLC。其中I/O点数超过8192点的为超大型PLC。

在实际中，一般PLC功能的强弱与其I/O点数的多少是相互关联的，即PLC的功能越强，其可配置的 I/O 点数越多。因此，我们通常所说的小型、中型和大型 PLC，除指其 I/O 点数不同外，也表示其对应功能的低档、中档和高档。

（二）PLC 的基本组成与工作原理

1. PLC 的硬件组成

PLC 的硬件主要由 CPU、存储器、输入/输出（I/O）接口电路、电源、通信接口和扩展接口等部分组成，如图 1-1 所示。其中 CPU 是 PLC 的核心，输入/输出接口电路是连接现场输入/输出设备与 CPU 的接口电路，通信接口用于与编程器、上位计算机等外部设备连接。

PLC的硬件组成

图 1-1　PLC 硬件结构的实物图

对于整体式 PLC，所有部件都装在同一机壳内，其组成框图如图 1-2 所示；对于模块式 PLC，各部件独立封装成模块，各模块通过总线连接，安装在机架或导轨上，其组成框图如图 1-3 所示。无论哪种结构类型的 PLC，都可根据用户需要进行配置和组合。

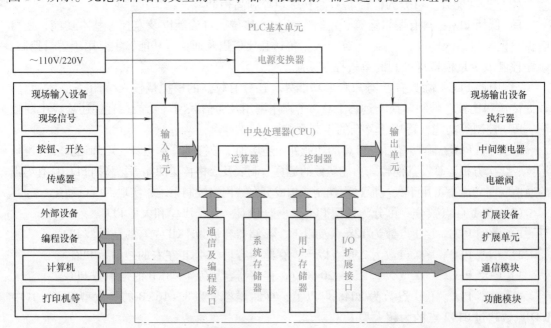

图 1-2　整体式 PLC 组成框图

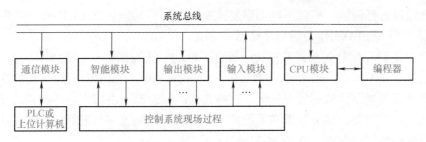

图 1-3 模块式 PLC 组成框图

尽管整体式 PLC 与模块式 PLC 结构不同，但各部分的功能是相同的，下面对 PLC 主要部分进行简单介绍。

（1）中央处理器（Central Processing Unit，CPU）　CPU 是 PLC 的核心，PLC 中所配置的 CPU 随机型不同而不同。常用的 CPU 有三类：通用微处理器（如 Z80、8086 和 80286 等）、单片微处理器（如 8031、8096 等）和位片式微处理器（如 AMD29W 等）。小型 PLC 大多采用 8 位通用微处理器和单片微处理器，中型 PLC 大多采用 16 位通用微处理器或单片微处理器，大型 PLC 大多采用高速位片式微处理器。

目前，小型 PLC 为单 CPU 系统，而中、大型 PLC 则大多为双 CPU 系统，其中一片为字处理器，一般采用 8 位或 16 位处理器，另一片为位处理器，采用各厂家设计制造的专用芯片。字处理器为主处理器，用于实现编程器接口功能、监视内部定时器、监视扫描时间、处理字节指令以及对系统总线和位处理器进行控制等。位处理器为从处理器，主要用于处理位操作指令和实现 PLC 编程语言向机器语言的转换。位处理器的采用提高了 PLC 的速度，使 PLC 更好地满足实时控制要求。

在 PLC 中 CPU 按系统程序赋予的功能，指挥 PLC 有条不紊地进行工作，归纳起来主要有以下几个方面：

1）接收并存储从编程器输入的用户程序和数据。

2）诊断电源、PLC 内部电路的工作故障和编程中的语法错误等。

3）通过输入接口接收现场的状态和数据，并存入输入映像寄存器或数据寄存器中。

4）从存储器逐条读取用户程序，经过解释后执行。

5）根据执行的结果，更新有关标志位的状态和输出映像寄存器的内容，通过输出接口实现输出控制。有些 PLC 还具有制表打印或数据通信等功能。

（2）存储器　存储器主要有两种，一种是可读/写操作的随机存储器（RAM），另一种是只读存储器（ROM、PROM、EPROM 和 EEPROM）。在 PLC 中，存储器主要用于存放系统程序、用户程序及工作数据。系统程序是由 PLC 的制造厂家编写的，和 PLC 硬件组成有关，完成系统诊断、命令解释、功能子程序调用管理、逻辑运算、通信及各种参数设定等功能，提供 PLC 运行的平台。系统程序关系到 PLC 的性能，而且在 PLC 的使用过程中不会变动，所以是由制造厂家直接固化在只读存储器（ROM、PROM 或 EPROM）中，用户不能访问和修改。

用户程序是随 PLC 的控制对象而定的，是由用户根据被控对象生产工艺的要求而编写的应用程序。为了便于读出、检查和修改，用户程序一般存于 CMOS 静态 RAM 中，用锂电池作为后备电源，以保证系统掉电时不会丢失信息。为了防止干扰对 RAM 中程序的破坏，当用户程序经过运行调试，确认正确不需要改变时，可将其固化在 EPROM 中，现在也有许多 PLC 直接采用 EEPROM 作为用户存储器。

工作数据是 PLC 运行过程经常变化、经常存取的一些数据，存放在 RAM 中，以适应随机存取的要求。在 PLC 的工作数据存储器中，设有存放输入/输出继电器、辅助继电器、定时器和计数器等逻辑器件状态的存储区，这些器件的状态都是由用户程序的初始设置和运行情况确定的。根据需要，部分数据在系统掉电时用后备电池维持其现有的状态，这部分在系统掉电时可保存数据的存储区称为保持数据区。

由于系统程序及工作数据与用户无直接联系，所以在 PLC 产品样本或使用手册中所列存储器的形式及容量是指用户程序存储器。当 PLC 提供的用户存储器容量不够用时，许多 PLC 还提供有存储器扩展功能。

（3）输入/输出接口电路 输入/输出接口电路是 PLC 与被控对象（机械设备或生产过程）联系的桥梁。现场信号经输入接口传送给 CPU，CPU 的运算结果、发出的命令经输出接口送到有关设备或现场。输入/输出信号分为开关量、模拟量，这里仅对开关量进行介绍。

1）开关量输入接口电路。开关量输入接口是连接外部开关量输入器件的接口，开关量输入器件包括按钮、选择开关、数字拨码开关、行程开关、接近开关、光敏开关、继电器触点和传感器等。开关量输入接口的作用是把现场开关量（高、低电平）信号变成 PLC 内部处理的标准信号。

常用的开关量输入接口按其使用的电源不同分为三种类型：直流输入接口、交流输入接口和交直流输入接口，其电路基本原理如图 1-4 所示。一般整体式 PLC 中输入接口都采用直流输入，由基本单元提供输入电源，不再需要外部电源。

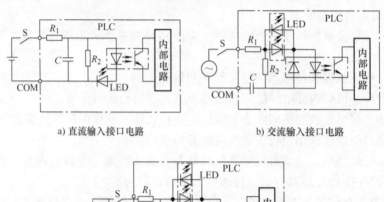

a) 直流输入接口电路　　　　　　　　　　　b) 交流输入接口电路

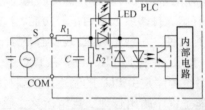

c) 交直流输入接口电路

图 1-4　开关量输入接口电路

2）开关量输出接口电路。开关量输出接口是 PLC 控制执行机构动作的接口，开关量输出执行机构包括接触器线圈、气动控制阀、电磁铁、指示灯和智能装置等设备。开关量输出接口的作用是将 PLC 内部的标准信号转换为现场执行机构所需的开关量信号。

开关量输出接口按输出开关器件的不同分为三种类型：继电器输出接口、晶体管输出接口和晶闸管输出接口，其电路基本原理如图1-5所示。继电器输出接口可驱动交流或直流负载，但其响应时间长，动作频率低；晶体管输出接口和晶闸管输出接口的响应速度快，动作频率高，但前者只能用于驱动直流负载，后者只能用于驱动交流负载。

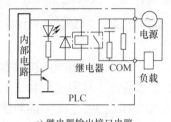
a) 继电器输出接口电路

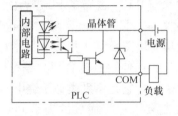
b) 晶体管输出接口电路

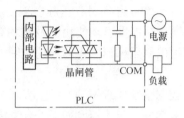
c) 晶闸管输出接口电路

图1-5 开关量输出接口电路

PLC 的 I/O 接口所能接受的输入信号个数和输出信号个数称为 PLC 输入/输出（I/O）点数。I/O 点数是选择 PLC 的重要依据之一。当 I/O 点数不够时，可通过 PLC 的 I/O 扩展接口对系统进行扩展。

（4）电源 PLC 一般使用220V 单相交流电源，小型整体式 PLC 内部有一个开关稳压电源，此电源一方面可为 CPU、I/O 单元及扩展单元提供直流 5V 工作电源，另一方面可为外部输入元件提供直流 24V 电源。模块式 PLC 通常采用单独的电源模块供电。

（5）扩展接口 扩展接口用于系统扩展输入/输出点数，这种扩展接口实际为总线形式，可配接开关量的 I/O 单元，也可配接模拟量、高速脉冲等单元以及通信适配器等。如 I/O 点离主机较远，可配置一个 I/O 子系统将这些 I/O 点归纳到一起，通过远程 I/O 接口与主机相连。

（6）通信接口 PLC 配有各种通信接口，这些通信接口一般都带有通信处理器。PLC 通过这些通信接口可与监视器、打印机、其他 PLC 及计算机等设备实现通信。PLC 与打印机连接，可将过程信息、系统参数等输出打印；与监视器连接，可将控制过程图像显示出来；与其他 PLC 连接，可组成多机系统或连成网络，实现更大规模的控制；与计算机连接，可组成多级分布式控制系统，实现控制与管理的结合。

远程 I/O 系统也必须配置相应的通信接口。

（7）智能接口模块 智能接口模块是一个独立的计算机系统，它有自己的 CPU、系统程序、存储器以及与 PLC 系统总线相连的接口。它作为 PLC 系统的一个模块，通过总线与 PLC 相连，进行数据交换，并在 PLC 的协调管理下独立工作。

PLC 的智能接口模块种类很多，如高速计数模块、闭环控制模块、运动控制模块和中断控制模块等。

2. PLC 的软件组成

PLC 的软件由系统程序和用户程序组成。

系统程序由 PLC 制造厂商设计编写，并存入 PLC 的系统存储器中，用户不能直接读写与更改。系统程序相当于 PLC 的操作系统，主要功能是时序管理、存储空间分配、系统自检和用户程序编译等。

PLC的软件组成

用户程序是用户根据控制要求，按系统程序允许的编程规则，用厂家提供的编程语言编写的程序。

PLC 编程语言是多种多样的，不同生产厂家、不同系列的 PLC 产品采用的编程语言的表达方式也不相同，但基本上可归纳为两种类型：一是采用字符表达方式的编程语言，如指令表等；二是采用图形符号表达方式的编程语言，如梯形图等。

1994 年 5 月，国际电工委员会（IEC）公布了 PLC 常用的 5 种语言：梯形图、指令表、顺序功能图、功能块图及结构化文本。目前，基于 GX Works2 编程环境，$FX_{2N(C)}$ 系列 PLC 可以使用梯形图、顺序功能图、功能块图及结构化文本四种编程语言。

（1）梯形图（LD） 梯形图是目前使用最多的 PLC 编程语言。梯形图是在继电-接触器控制系统原理图的基础上发展而来的，它是借助类似于继电器的常开触点、常闭触点和线圈及串并联等术语和符号，根据控制要求连接而成的表示 PLC 输入/输出之间逻辑关系的图形，在简化的同时还增加了许多功能强大、使用灵活的基本指令和功能指令，同时结合计算机的特点，使编程更加容易，但实现的功能却大大超过传统继电-接触器控制系统。

表 1-1 给出了继电-接触器控制系统中低压继电器符号和 PLC 软继电器符号对照关系。图 1-6 所示为简单的梯形图示意。

表 1-1　继电-接触器控制系统中低压继电器符号和 PLC 软继电器符号对照表

序　　号	名　　称	低压继电器符号	PLC 软继电器符号
1	常开触点		
2	常闭触点		
3	线圈		

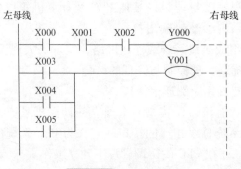

图 1-6　梯形图示意

（2）指令表（IL） 指令表也称为语句表，是 PLC 的一种编程语言。它和计算机中的汇编语言有些类似，由语句表指令根据一定的顺序排列而成。一般一条指令可以分为助记符和目标元件（或称为操作数）两部分，也有只有助记符而没有目标元件的指令，称为无操作数指令。指令表程序和梯形图程序有严格的对应关系。对指令表不熟的可以先画出梯形图，再转换成指令表。有些简单的手持式编程设备只支持指令表编程，因此把梯形图转换为指令表是 PLC 使用人员应掌握的技能。指令表与对应的梯形图如图 1-7 所示。

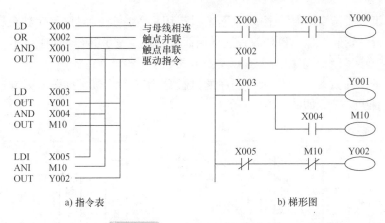

a) 指令表   b) 梯形图

图1-7 指令表与对应的梯形图

（3）顺序功能图（SFC） 顺序功能图是一种比较通用的流程图语言，主要用于编制复杂的顺序控制程序。顺序功能图提供了一种组织程序的图形方法，在顺序功能图中可以用 C 语言等编程语言嵌套编程。其最主要的部分是步、转移条件和动作，如图1-8 所示。顺序功能图用来描述开关量控制系统的功能，根据顺序功能图可以很容易地画出顺序控制梯形图程序。

3. PLC 的工作原理

（1）PLC 的工作方式 PLC 有两种工作模式，即运行（RUN）模式与停止（STOP）模式，如图1-9 所示。

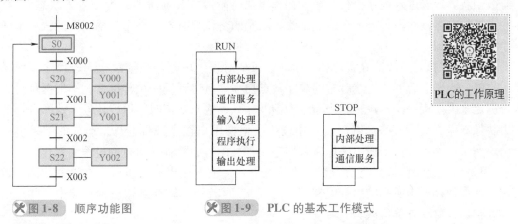

图1-8 顺序功能图   图1-9 PLC 的基本工作模式

PLC的工作原理

在停止模式下，PLC 只运行内部处理和通信服务工作。在内部处理阶段，PLC 检查 CPU 模块内部的硬件是否正常、检查用户程序的语法及定期复位监视定时器等，以确保系统可靠运行。在通信服务阶段，PLC 可与外部智能装置进行通信，如 PLC 之间及 PLC 与计算机之间的信息交换。

在运行模式下，PLC 是通过执行反映控制要求的用户程序来完成控制任务的，当需要执行众多的操作时，CPU 不能同时执行多个操作，它只能按分时操作（串行工作）方式，每一次执行一个操作，按顺序逐个执行。由于 CPU 执行的速度很快，所以从宏观上看，PLC 外部出现的结果似乎是同时（并行）完成的。这种串行工作方式称为 PLC 的扫描工作方式。

PLC 的工作方式是一个不断循环的顺序扫描工作方式，每一次扫描所用的时间称为扫描周期。CPU 从第一条指令开始，按顺序逐条执行用户程序直到用户程序结束，然后返回第一条指令开始新一轮的扫描。PLC 就是这样周而复始地重复上述循环扫描工作的。

继电-接触器控制系统采用的是并行工作方式。

（2）PLC 的工作过程　PLC 执行程序的过程分为三个阶段，即输入采样阶段、程序执行阶段和输出刷新阶段，如图 1-10 所示。

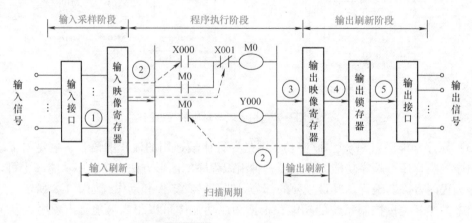

图 1-10　PLC 的工作过程

1）输入采样阶段。PLC 在输入采样阶段，以扫描工作方式按顺序对所有输入端的输入状态进行采样，并将各输入状态存入内存中各对应的输入映像寄存器中，此时输入映像寄存器被刷新。接着进入程序执行阶段，在程序执行阶段或其他阶段，即使输入状态发生变化，输入映像寄存器的内容也不会改变，输入状态的变化只有在下一个扫描周期的输入采样阶段才能被采样到。

2）程序执行阶段。在程序执行阶段，PLC 对程序按顺序扫描执行。若程序用梯形图表示，PLC 按先上后下、先左后右的顺序逐点扫描。但遇到程序跳转指令，则根据跳转条件是否满足来决定程序是否跳转。当指令中涉及输入、输出状态时，PLC 从输入映像寄存器和输出映像寄存器（元件映像寄存器）中读出，根据用户程序进行运算，运算的结果再存入输出映像寄存器中。对于输出映像寄存器来说，其内容会随程序执行的过程而变化。

3）输出刷新阶段。当所有程序执行完毕后，进入输出刷新阶段。在这一阶段，PLC 将输出映像寄存器中所有输出继电器的状态（接通/断开）转存到输出锁存器中，并通过一定方式输出，驱动外部负载。

因此，PLC 在 1 个扫描周期内，只在输入采样阶段对输入状态进行采样。当 PLC 进入程序执行阶段后输入端将被封锁，直到下一个扫描周期的输入采样阶段才对输入状态重新采样。这种方式称为集中采样，即在一个扫描周期内，集中一段时间对输入状态进行采样。

在用户程序中如果对输出结果多次赋值，则最后一次有效。在 1 个扫描周期内，只在输出刷新阶段才将输出状态从输出映像寄存器中输出，对输出接口进行刷新。在其他阶段里输出状态一直保持在输出映像寄存器中。这种方式称为集中输出。对于小型 PLC，其 I/O 点数较少，用户程序较短，一般采用集中采样、集中输出的工作方式，虽然在一定程度上降低了系统的响应速度，但使 PLC 工作时大多数时间与外部输入/输出设备隔离，从根本上提高了系统的抗干扰能力，增强了系统的可靠性。

而大中型PLC，其I/O点数较多，控制功能强，用户程序较长，为提高系统响应速度，可以采用定期采样、定期输出方式，或中断输入/输出方式以及采用智能I/O接口等。从上述分析可知，从PLC的输入端输入信号发生变化到PLC输出端对该输入变化做出反应，需要一段时间，这种现象称为 PLC 输入/输出响应滞后。对一般的工业控制而言，这种滞后是完全允许的。应该注意的是，这种响应滞后不仅是由PLC扫描工作方式造成的，更主要的是PLC输入接口的滤波环节带来的输入延迟以及输出接口中驱动器件的动作时间带来的输出延迟，同时还与程序设计有关。滞后时间是设计PLC应用系统时应注意把握的一个参数。

（三）三菱 FX 系列 PLC 基础

1. FX 系列 PLC 的型号

FX 系列 PLC 型号表示如下：

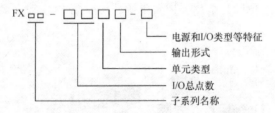

1）子系列名称：1S、1N、2N、2NC 等。

2）I/O 总点数：16～256 点。

3）单元类型：M——基本单元、E——输入输出混合扩展单元及扩展模块、EX——输入专用扩展模块、EY——输出专用扩展模块。

4）输出形式：R——继电器输出、T——晶体管输出、S——晶闸管输出。

5）电源和I/O类型等特征：无符号为 AC 电源、DC 24V 输入；D 和 DS 为 DC 24V 电源；DSS 为 DC 24V 电源，晶体管输出；ES 为交流电源；ESS 为交流电源，继电器输出；UA1 为 AC 电源，AC 输入。

例如：FX_{1S}-20MR-D 属于 FX_{1S} 系列，有 20 个 I/O 点的基本单元，继电器输出，使用 DC 24V 电源；FX_{2N}-48MR-D 属于 FX_{2N} 系列，有 48 个 I/O 点的基本单元，继电器输出，使用 DC 24V 电源；FX_{2N}-48ER 属于 FX_{2N} 系列，有 48 个 I/O 点的扩展单元，继电器输出，使用 AC 电源、DC 24V 输入。

FX_{3U} 系列 PLC 的基本单元包括 10 多种型号，其型号表现形式为：

$$FX_{3U}-○○M□/□$$

FX_{3U} 为系列名称。

○○ 为输入/输出点数。

M 为基本单元。

□/□ 为输入/输出方式：R/ES 为 AC 电源，DC 24V（漏型/源型）输入，继电器输出；T/ES 为 AC 电源，DC 24V（漏型/源型）输入，晶体管（漏型）输出；T/ESS 为 AC 电源，DC 24V（漏型/源型）输入，晶体管（源型）输出；S/ES 为 AC 电源，DC 24V（漏型/源型）输入，晶闸管（SSR）输出；R/DS 为 DC 电源，DC 24V（漏型/源型）输入，继电器输出；T/DS 为 DC 电源，DC 24V（漏型/源型）输入，晶体管（漏型）输出；T/DSS 为 DC 电源，DC 24V（漏型/源型）输入，晶体管（源型）输出；R/UA1 为 AC 电源，AC 110V 输入，继电器输出。

FX$_{3U}$系列PLC作为FX$_{2N}$的升级产品，沿用了FX$_{2N}$系列PLC的扩展单元和扩展模块。

2. FX$_{2N}$系列PLC的基本构成

FX$_{2N}$系列PLC是FX系列中功能强、速度快的超级微型PLC，其硬件系统一般由基本单元、扩展单元、扩展模块及特殊功能扩展模块构成，如图1-11所示。扩展单元用于增加PLC的I/O点数，内部设有电源。扩展模块用于增加PLC的I/O点数，内部无电源，所以电源由基本单元或扩展单元供给。因扩展单元及扩展模块无CPU，必须与基本单元一起使用。特殊功能扩展模块是一些有专门用途的装置，分为特殊功能扩展板、特殊功能模块和特殊功能单元。其中特殊功能扩展板用于通信、连接和模拟量设定等；特殊功能模块主要有模拟量输入/输出、高速计数、脉冲输出及接口等模块，用于输入特殊控制的扩展，无内置电源；特殊功能单元用于定位脉冲输出，内置电源，可脱离PLC独立运行。

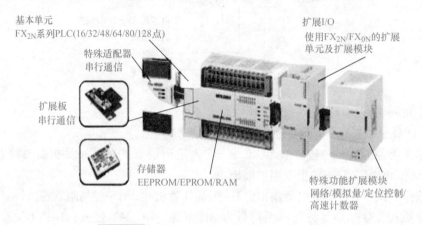

图1-11　FX$_{2N}$系列PLC基本构成示意图

3. FX$_{2N}$系列PLC的外观及其特征

FX$_{2N}$系列PLC的外观如图1-12所示。

（1）外部端子部分　外部端子包括PLC电源端子（L、N）、直流24V电源端子（24＋、COM）、输入端子（X）和输出端子（Y）等，主要完成电源、输入信号和输出信号的连接。其中"24＋""COM"是PLC为输入回路提供直流24V电源的端子，为了减少接线，其正极在PLC内已经与输入回路连接，当某输入点需要加入输入信号时，只需将"COM"通过输入设备接至对应的输入点即可。一旦"COM"端与对应点接通，该点就为"ON"，此时对应输入指示灯就点亮。

（2）指示部分　指示部分包括各I/O点的状态指示、PLC电源（POWER）指示、PLC运行（RUN）指示、用户程序存储器后备电池（BATT. V）状态指示、程序出错（PROG-E）指示及CPU出错（CPU-E）指示等，用于反映I/O点及PLC机器的状态。

（3）接口部分　接口部分主要包括编程器、扩展单元、扩展模块、特殊功能模块及存储卡盒等外部设备的接口，其作用是完成基本单元同外部设备的连接。在编程器接口旁边，还设置了一个PLC运行模式转换开关，它有RUN和STOP两种运行模式。RUN模式下PLC处于运行状态（RUN指示灯亮）；STOP模式下PLC处于停止状态（RUN指示灯灭），此时，PLC可运行用户程序的录入、编辑和修改。

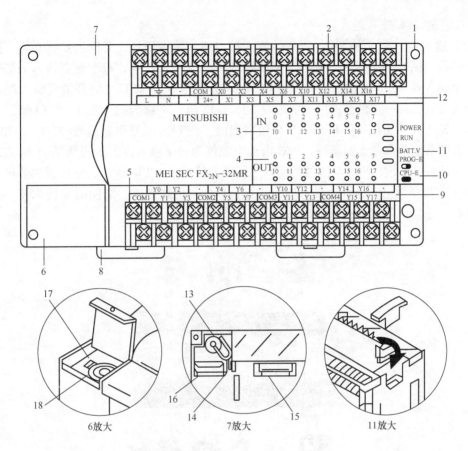

图 1-12 FX$_{2N}$ 系列 PLC 外观示意图

1—安装孔 4 个　2—电源、辅助电源和输入信号用的可装卸式端子　3—输入指示灯　4—输出动作指示灯
5—输出用的可装卸式端子　6—外围设备接线插座、盖板　7—面板盖　8—DIN 导轨装卸用卡子
9，12—I/O 端子标记　10—动作指示灯（POWER：电源指示灯；RUN：运行指示灯；BATT. V：电池电压下降指示灯；
PROG‐E：指示灯闪烁时表示程序出错；CPU‐E：指示灯亮时表示 CPU 出错）　11—扩展单元、扩展模块、特殊功能
单元和特殊功能模块的接线插座盖板　13—锂电池　14—锂电池连接插座　15—另选存储器滤波器安装插座
16—功能扩展板安装插座　17—内置 RUN/STOP 开关　18—编程设备、数据存储单元接线插座

4. PLC 的安装与接线

PLC 的安装固定常用两种形式：一是直接利用机箱上的安装孔，用螺钉将机箱固定在控制柜的背板或面板上；二是利用 DIN 导轨安装，这需要先将 DIN 导轨固定好，再将 PLC 基本单元、扩展单元、特殊功能模块和特殊功能单元等安装在 DIN 导轨上。安装时还要注意在 PLC 周围留足散热及接线的空间。

（1）电源的接线　FX 系列 PLC 基本单元上有两组电源端子，分别用于 PLC 的输入电源和接口电路所需的直流电源输出。其中 "L" "N" 是 PLC 的电源输入端子，采用工频单相交流电源供电（220V ± 22V），接线时要分清端子上的 "N"（中性线）端子和 "接地" 端子。PLC 的供电线路要与其他大功率用电设备分开。采用隔离变压器为 PLC 供电，可以减少外界设备对 PLC 的影响。PLC 的供电电源线应单独从机顶进入控制柜中，不能与其他直流信号线、模拟信号线捆在一起走线，以减少其他控制线路对 PLC 的干扰。FX 系列 PLC 大

多为 AC 电源，DC 输入形式。

（2）输入接口器件的接线　PLC 的输入接口连接输入信号，器件主要有开关、按钮及各种传感器。图 1-13 a 所示是触点类型的器件。在接入 PLC 时，每个触点的两个端子分别连接一个输入点（X）及输入公共端（COM）。由图 1-12 可知 PLC 的开关量输入端子都是螺钉接入方式，每一位信号占用一个螺钉。图 1-12 所示上部为输入端子，"COM" 为输入公共端，输入公共端在某些 PLC 中是分组隔离的，在 FX$_{2N}$ 机型中是连通的。图 1-13a 中的开关、按钮等器件都是无源器件，PLC 内部电源能为每个输入点大约提供 7mA 电流，这也就限制了线路的长度。PLC 与三线传感器之间的连接如图 1-13b 所示，三线传感器可由 PLC 的 "24 +" 端子供电，也可由外部电源供电；PLC 与两线传感器之间的连接如图 1-13c 所示，两线传感器由 PLC 的内部供电。

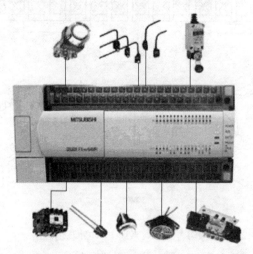

a) PLC的输入输出器件

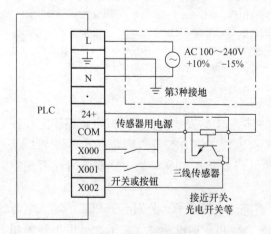

b) PLC与三线传感器的连接

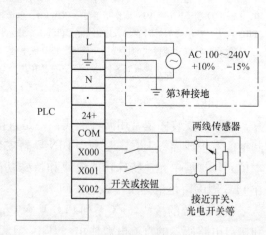

c) PLC与两线传感器的连接

图 1-13　PLC 输入器件的接线图

应当指出，FX$_{3U}$ 系列 PLC 输入端的接线需按图 1-14a、b 所示接成漏型或源型，但 FX$_{1S}$、

FX$_{1N}$和 FX$_{2N}$系列 PLC 一般都在内部已经接成源型或漏型，不需要连接 S/S 端子。

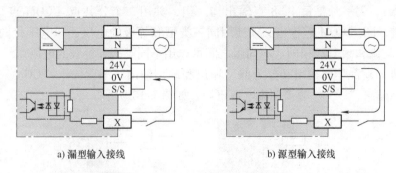

a) 漏型输入接线　　　　　　　　　　b) 源型输入接线

✖ 图 1-14　FX$_{3U}$系列 PLC 漏型和源型输入接线

这里需注意漏型、源型输入电路的差别：漏型输入（−公共端）电路，是 DC 输入信号电流流出输入（X）端子；源型输入（＋公共端）电路，是 DC 输入信号电流流入输入（X）端子。另外，还应注意，对于漏型输入 PLC，连接晶体管输出型传感器时，可以使用 NPN 集电极开路型晶体管；对于源型输入 PLC，连接晶体管输出型传感器时，可以使用 PNP 集电极开路型晶体管。

（3）输出接口器件的接线　PLC 的输出接口上连接的器件主要是继电器、接触器、电磁阀的线圈、指示灯和蜂鸣器等，如图 1-15 所示。这些器件均采用 PLC 机外的专用电源供电，PLC 内部不过是提供一组开关接点。接入时线圈的一端接输出点螺钉，另一端经电源接输出公共端。PLC 输出接口的电源额定电流一般为 2A，大电流的执行器件需装配中间继电

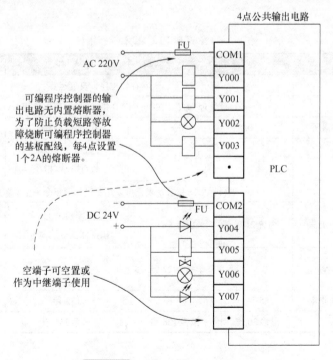

4点公共输出电路

可编程序控制器的输出电路无内置熔断器，为了防止负载短路等故障烧断可编程序控制器的基板配线，每4点设置1个2A的熔断器。

AC 220V

空端子可空置或作为中继端子使用

DC 24V

✖ 图 1-15　PLC 输出器件接线图

器，使用中输出电流额定值与负载性质有关。输出端子有两种接线方式：一种是输出各自独立（无公共点）；另一种是每4、8点输出为一组，共用一个公共点（COM点）。输出共用一个公共点时，同一COM点输出必须使用同一类型和等级的电压，即电压相同，电流类型（同为直流或交流和频率）相同。不同组之间可以用不同类型和等级的电压。

FX$_{3U}$系列PLC晶体管输出又分为漏型输出和源型输出，漏型输出"COM"端接直流电源负极，源型输出"+V"端接直流电源正极，如图1-16所示。

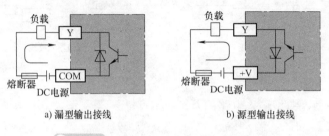

a) 漏型输出接线　　　　　　　　b) 源型输出接线

图 1-16　FX$_{3U}$系列PLC晶体管输出接线

（4）通信线的连接　PLC一般设有专用的通信接口，通常为RS485接口或RS422接口，FX$_{2N}$型PLC为RS422接口。与通信接口的接线常采用专用的接插件。

5. FX系列PLC的一般技术指标

PLC的技术性能指标有一般指标和技术指标两种。一般指标主要指PLC的结构和功能情况，是用户选用PLC时必须首先了解的；技术指标可分为一般性能规格和具体的性能规格。FX系列PLC的基本性能指标、输入技术指标和输出技术指标分别见表1-2 ~ 表1-4。

表1-2　FX系列PLC基本性能指标

项　目		FX$_{1S}$	FX$_{1N}$	FX$_{2N}$和FX$_{2NC}$	FX$_{3U}$
运算控制方式		存储程序，反复运算			
I/O控制方式		批处理方式（在执行END指令时），可以使用I/O刷新指令			
运算处理速度	基本指令	0.55 ~ 0.7μs/指令		0.08μs/指令	0.065μs/指令
	功能指令	3.7μs/指令 ~ 数百微秒/指令		1.52μs/指令 ~ 数百微秒/指令	0.642μs/指令 ~ 数百微秒/指令
程序语言		逻辑梯形图和指令表，可以用步进梯形指令来生成顺序控制指令			
程序容量（EEPROM）		内置2KB	内置8KB	内置8KB步，用存储盒可达16KB	内置64KB步
指令数量	基本/步进	基本指令27条/步进指令2条			基本指令29条/步进指令2条
	功能指令	85种	89种	132种	219种
I/O设置		最多30点	最多128点	最多256点	最多384点

表 1-3　FX 系列 PLC 输入技术指标

项　　目	指　　标	
输入电压（DC）/V	24 ± 2.4	
元件号	X000 ~ X007	其他输入点
输入信号电压（DC）/V	24 ± 2.4	
输入信号电流/mA	7（DC 24V）	5（DC 24V）
输入开关电流 OFF→ON/mA	>4.5	>3.5
输入开关电流 ON→OFF/mA	<1.5	
输入响应时间/ms	10	
可调节输入响应电流/mA	0 ~ 60（FX$_{2N}$，X000 ~ X017），0 ~ 15（其他系列）	
输入信号形式	触点输入或 NPN 型集电极开路输出晶体管	
输入状态显示	输入 ON 时 LED 灯亮	

表 1-4　FX 系列 PLC 输出技术指标

项　　目		继电器输出	晶闸管输出	晶体管输出
外部电源		AC 250V 或 DC 30V 以下	AC 85 ~ 242V	DC 5 ~ 30V
最大负载	电阻负载	2A/1 点，8A/4 点 COM，8A/8 点 COM	0.3A/1 点，0.8A/4 点 COM，0.8A/8 点 COM	0.5A/1 点，0.8A/4 点 COM，1.6A/8 点 COM
	感性负载	80V·A	15V·A/AC 100V 30V·A/AC 200V	12W/DC 24V
	灯负载	100W	30W	0.9W/DC 24V（FX$_{1S}$），其他系列 1.5W/DC 24V
响应时间	OFF→ON	约 10ms	小于 1ms	小于 0.2ms
	ON→OFF	约 10ms	小于 10ms	小于 0.2ms
开路漏电流		—	1mA/AC 100V 2mA/AC 200V	小于 0.1mA/DC 30V
电路隔离		继电器隔离	光电晶闸管隔离	光耦合器隔离
输出动作显示		输出 ON 时 LED 灯亮		

（四）PLC 的输入、输出继电器

1. 输入继电器（X 元件）

输入继电器是 PLC 用来接收外部开关信号的元件。输入继电器与 PLC 的输入端相连，PLC 通过输入接口将外部输入信号状态（接通时为"1"，断开时为"0"）读入并存储在输入映像寄存器中。输入继电器 X000 的等效电路如图 1-17 所示。

PLC的输入、
输出继电器

FX 系列 PLC 输入继电器是以八进制进行编号的，FX$_{2N}$ 系列 PLC 输入继电器的编号范围为 X000 ~ X267（184 点）。注意基本单元输入继电器的编号是固定的，扩展单元和扩展模块是按与基本单元最靠近开始，顺序进行编号。例如，基本单元 FX$_{2N}$-48MR 的输入继电器编号为 X000 ~ X027（24 点），如果接有扩展单元或扩展模块，则扩展的输入继电器从 X030 开

始编号。FX 系列 PLC 输入继电器分配一览表见表1-5。

表 1-5 FX 系列 PLC 输入继电器分配

PLC 型号	输入继电器	PLC 型号	输入继电器	PLC 型号	输入继电器	PLC 型号	输入继电器
FX$_{1S}$－10M	X000 ~ X005 6 点	FX$_{1N}$－40M	X000 ~ X027 24 点	FX$_{2N}$－80M	X000 ~ X047 40 点	FX$_{3U}$－16M	X000 ~ X007 8 点
FX$_{1S}$－14M	X000 ~ X007 8 点	FX$_{1N}$－60M	X000 ~ X043 36 点	FX$_{2N}$－128M	X000 ~ X077 64 点	FX$_{3U}$－32M	X000 ~ X017 16 点
FX$_{1S}$－20M	X000 ~ X013 12 点	FX$_{2N}$－16M	X000 ~ X007 8 点	FX$_{2NC}$－16M	X000 ~ X007 8 点	FX$_{3U}$－48M	X000 ~ X027 24 点
FX$_{1S}$－30M	X000 ~ X017 16 点	FX$_{2N}$－32M	X000 ~ X017 16 点	FX$_{2NC}$－32M	X000 ~ X017 16 点	FX$_{3U}$－64M	X000 ~ X037 32 点
FX$_{1N}$－14M	X000 ~ X007 8 点	FX$_{2N}$－48M	X000 ~ X027 24 点	FX$_{2NC}$－64M	X000 ~ X037 32 点	FX$_{3U}$－80M	X000 ~ X047 40 点
FX$_{1N}$－24M	X000 ~ X015 14 点	FX$_{2N}$－64M	X000 ~ X037 32 点	FX$_{2NC}$－96M	X000 ~ X057 48 点	FX$_{3U}$－128M	X000 ~ X077 64 点

2. 输出继电器（Y 元件）

输出继电器是将 PLC 内部信号输出传给外部负载（用户输出设备）的元件。输出继电器的外部触点接到 PLC 的输出端子上。输出继电器线圈由 PLC 内部程序的指令驱动，其线圈状态传送给输出接口，再由输出接口对应的硬触点来驱动外部负载。输出继电器 Y000 的等效电路如图 1-18 所示。

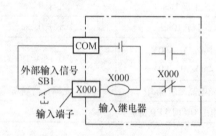
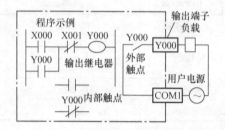

图 1-17 输入继电器 X000 等效电路   图 1-18 输出继电器 Y000 等效电路

每个输出继电器在输出接口中都对应唯一一个常开硬触点，但在程序中供编程的输出继电器，不管是常开触点还是常闭触点，都可以无数次使用。

FX 系列 PLC 的输出继电器也是采用八进制编号，其中 FX$_{2N}$ 系列 PLC 输出继电器的编号范围为 Y000 ~ Y267（184 点）。与输入继电器一样，基本单元的输出继电器编号是固定的，扩展单元和扩展模块的变化也是按与基本单元最靠近开始，顺序进行编号。FX 系列 PLC 输出继电器分配见表 1-6。在实际使用中，输入、输出继电器的数量，要视具体系统的配置情况而定。

表 1-6　FX 系列 PLC 输出继电器分配

PLC 型号	输出继电器	PLC 型号	输出继电器	PLC 型号	输出继电器	PLC 型号	输出继电器
FX_{1S}－10M	Y000 ~ Y003 4 点	FX_{1N}－40M	Y000 ~ Y017 16 点	FX_{2N}－80M	Y000 ~ Y047 40 点	FX_{3U}－16M	Y000 ~ Y007 8 点
FX_{1S}－14M	Y000 ~ Y005 6 点	FX_{1N}－60M	Y00 ~ Y027 24 点	FX_{2N}－128M	Y000 ~ Y077 64 点	FX_{3U}－32M	Y000 ~ Y017 16 点
FX_{1S}－20M	Y000 ~ Y007 8 点	FX_{2N}－16M	Y000 ~ Y007 8 点	FX_{2NC}－16M	Y000 ~ Y007 8 点	FX_{3U}－48M	Y000 ~ Y027 24 点
FX_{1S}－30M	Y000 ~ Y015 14 点	FX_{2N}－32M	Y000 ~ Y017 16 点	FX_{2NC}－32M	Y000 ~ Y017 16 点	FX_{3U}－64M	Y000 ~ Y037 32 点
FX_{1N}－14M	Y000 ~ Y005 6 点	FX_{2N}－48M	Y000 ~ Y027 24 点	FX_{2NC}－64M	Y000 ~ Y037 32 点	FX_{3U}－80M	Y000 ~ Y047 40 点
FX_{1N}－24M	Y000 ~ Y011 10 点	FX_{2N}－64M	Y000 ~ Y037 32 点	FX_{2NC}－96M	Y000 ~ Y057 48 点	FX_{3U}－128M	Y000 ~ Y077 64 点

（五）LD、LDI、OUT 及 END 指令

1. LD、LDI、OUT 及 END 指令使用要素

LD、LDI、OUT 及 END 指令的名称、助记符、功能、梯形图表示、目标元件及程序步等使用要素见表 1-7。

2. LD、LDI、OUT 及 END 指令使用说明

1）LD 指令用于将常开触点与左母线相连，LDI 指令用于将常闭触点与左母线相连。另外与后面的 ANB、ORB 指令组合时，在电路块或分支起点处也要使用 LD、LDI 指令。

2）OUT 指令不能驱动 X 元件。

3）OUT 指令可连续使用，且使用不受次数限制。

LD、LDI、RO、ORI、AND、ANI、OUT、END 指令的编程及应用

表 1-7　LD、LDI、OUT 及 END 指令使用要素

名称	助记符	功　能	梯形图表示	目 标 元 件	程 序 步
取	LD	常开触点逻辑运算开始		X，Y，M，S，T，C	1 步
取反	LDI	常闭触点逻辑运算开始			
输出	OUT	驱动线圈，输出逻辑运算结果		Y，M，S、T、C	Y，M：1 步；S，特殊 M 元件：2 步；T：3 步；C：3 步、5 步
结束	END	程序结束，返回开始	END	无	1 步

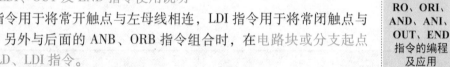

注：对于 FX_{2N} 或 FX_{2NC} 系列 PLC，当表中目标元件为 M1536 ~ M3071 时，程序步加 1。

4）OUT 指令驱动 T、C 元件时，必须在 OUT 指令后设定常数。

5）在调试程序时，插入 END 指令使程序分段，可以提高调试速度。

3. 应用举例

LD、LDI、OUT 及 END 指令的应用如图 1-19 所示。

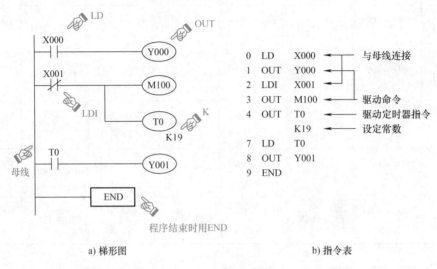

a) 梯形图   b) 指令表

✖ 图 1-19   LD、LDI、OUT 及 END 指令的应用

（六）AND、ANI 指令

1. AND、ANI 指令使用要素

AND、ANI 指令的名称、助记符、功能、梯形图表示、目标元件及程序步等使用要素见表 1-8。

表 1-8   AND、ANI 指令使用要素

名 称	助记符	功 能	梯形图表示	目 标 元 件	程 序 步
与	AND	常开触点串联连接		X、Y、M、S、T、C	1 步
与非	ANI	常闭触点串联连接			

注：对于 FX$_{2N}$ 或 FX$_{2NC}$ 系列 PLC，当表中目标元件为 M1536 ~ M3071 时，程序步加 1。

2. AND、ANI 指令使用说明

1）AND、ANI 指令用于单个常开、常闭触点的串联，串联触点的数量不受限制，即该指令可以重复使用。

2）当串联两个或以上的并联触点时，需用 ANB 指令。

3. 应用举例

AND、ANI 指令应用如图 1-20 所示。OUT 指令连续使用（中间没有增加驱动条件）的称为连续输出，图中"OUT M0"指令之后通过 M0 常开触点去驱动 Y004，称为纵接输出。串联和并联指令用来描述单个触点与别的触点或触点（而不是线圈）组成的电路的连接关系。虽然 M0 的常开触点与 Y004 的线圈组成的串联电路与 M0 的线圈是并联关系，但是 M0

的常开触点与左边的电路是串联关系，所以对 M0 的触点应使用串联指令。如果将"OUT　M0"和"AND　M0，OUT　Y004"位置对调（尽管对输出结果没有影响，但不推荐采用），就必须使用项目三中将要学习的 MPS（进栈）和 MPP（出栈）指令。

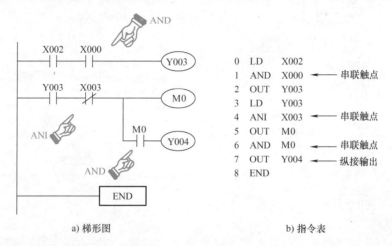

0	LD	X002	
1	AND	X000	← 串联触点
2	OUT	Y003	
3	LD	Y003	
4	ANI	X003	← 串联触点
5	OUT	M0	
6	AND	M0	← 串联触点
7	OUT	Y004	← 纵接输出
8	END		

a) 梯形图　　　　　　　　　　　　b) 指令表

图 1-20　　AND、ANI 指令应用

（七）OR、ORI 指令

1. OR、ORI 指令使用要素

OR、ORI 指令的名称、助记符、功能、梯形图表示、目标元件及程序步等使用要素见表 1-9。

表 1-9　OR、ORI 指令使用要素

名　称	助记符	功　能	梯形图表示	目标元件	程　序　步
或	OR	常开触点并联连接		X，Y，M，S，T，C	1 步
或非	ORI	常闭触点并联连接			

注：对于 FX$_{2N}$ 或 FX$_{2NC}$ 系列 PLC，当表中目标元件为 M1536～M3071 时，程序步加 1。

2. OR、ORI 指令使用说明

1）OR、ORI 指令是从该指令的当前步开始，对前面的 LD 或 LDI 指令进行并联连接的指令，并联连接的次数没有限制，即 OR、ORI 指令可以重复使用。

2）OR、ORI 指令用于单个触点与前面的电路并联，并联触点的左端接到该指令所在电路块的起始点（LD 或 LDI 点）上，右端与前一条指令对应触点的右端相连，即单个触点并联到它前面已经连接好的电路的两端（两个及以上触点串联连接的电路块并联连接时，要用 ORB 指令）。

3. 应用举例

OR、ORI 指令的应用如图 1-21 所示。

23

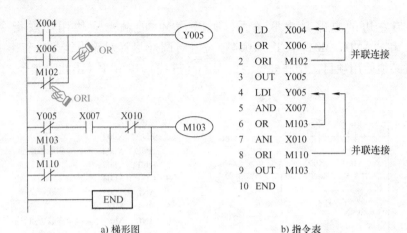

a) 梯形图   b) 指令表

图 1-21 OR、ORI 指令应用

（八）梯形图的特点

1. 软继电器

PLC 梯形图中的某些编程元件沿用了继电器这一名称，如输入继电器、输出继电器和辅助继电器等，但是它们不是真正的物理继电器，而是一些存储单元（软继电器），每一个软继电器与 PLC 存储器中映像寄存器的一个存储单元相对应。

2. 母线

梯形图两侧的垂直公共线称为母线。在分析梯形图的逻辑关系时，为了借用继电-接触器控制电路的分析方法，可以假想左右两侧母线（左母线和右母线）之间有一个左正右负的直流电源电压，母线之间有"能流"从左向右流动（一般右母线不画）。

3. 能流

如图 1-22 所示，当触点 X000、X001 或 X002、X003 接通时，有一个假想的"概念电流"或称能流从左向右流动，这一方向与执行用户程序时的逻辑运算顺序是一致的。能流只能从左向右流动。能流这一概念可以帮助我们更好地理解和分析梯形图。

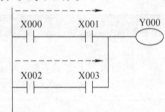

图 1-22 梯形图中能流的概念

（九）基本指令编制梯形图原则（一）

1）梯形图按自上而下、从左向右的顺序排列。每个继电器的线圈或功能指令为一逻辑行。每一逻辑行总是起于左母线，经触点的连接，然后终止于线圈或功能指令。

注意：左母线与线圈之间要有触点，而线圈与右母线之间则不能有任何触点。

2）梯形图中的触点可以任意串联或并联，且使用次数不受限制，但继电器线圈只能并联不能串联。

3）一般情况下，梯形图中同一元件的线圈只能出现一次。

4）在梯形图中，不允许出现 PLC 驱动的负载（如接触器线圈、电磁阀线圈和指示灯等），只能出现相应的 PLC 输出继电器的线圈。

（十）使用 GX Works2 编程软件编制梯形图

1. GX Works2 软件安装

首先解压"GX Works2 Ver 1.611M"压缩文件，解压后打开"GX Works2 Ver 1.611M"

文件夹，然后打开"Disk1"应用程序文件夹，双击运行 Setup 应用程序，起动安装应用程序，安装完成后，依次打开"Disk2""Disk3""Disk4"应用程序文件夹，双击各文件下的 Setup 应用程序进行安装即可。

2. 绘制梯形图

（1）新建　启动 GX Works2 编程软件后，选择菜单命令"工程"→"新建"或者单击工具栏上"新建"图标□（也可以按快捷键"Ctrl + N"）执行，弹出如图 1-23 所示的"新建"对话框。在该对话框中，"系列"选择为"FXCPU"，"机型"选择为"FX2N/FX2NC"，"工程类型"选择为"简单工程"，"程序语言"选择为"梯形图"。然后，单击"确定"按钮，会弹出梯形图编辑界面，如图 1-24 所示。

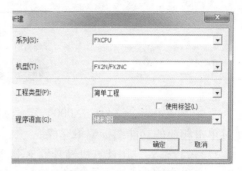

图 1-23　"新建"对话框

注意：系列和类型两项是必须设置项，且必须与所连接的 PLC 一致，否则程序将无法写入 PLC。

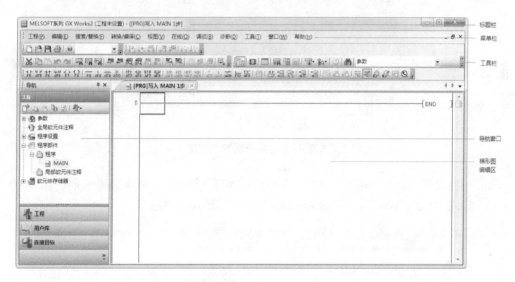

图 1-24　梯形图编辑界面

（2）梯形图输入　下面以图 1-25a 所示的梯形图为例介绍应用 GX Works2 编程软件绘制梯形图的操作步骤。梯形图输入的方法有多种，这里只介绍常用的快捷方式输入、键盘输入两种。

1）快捷方式输入。利用工具栏上梯形图功能图标或功能键进行梯形图编辑。

快捷方式的操作方法：梯形图编辑区，先将蓝色光标移动到要编辑梯形图的位置，然后单击工具栏上"常开触点"图标，或按计算机键盘上功能键 F5，则弹出"梯形图输入"对话框，如图 1-26a 所示。然后通过键盘输入 X000，单击"确定"按钮，这时，在编辑区出现了一个标号为 X000 的常开触点，且其所在程序行变成灰色，表示该程序行进入编辑状

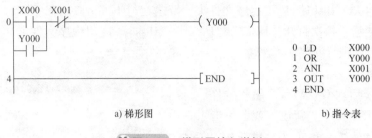

a) 梯形图　　　　　　　　　　　　　　　b) 指令表

图 1-25　梯形图输入举例

态。至此，一条指令（LD　X000）已经编辑完成。其他的触点、线圈、功能指令等都可以通过单击相应的功能图标编辑完成。

2）键盘输入。用计算机键盘输入指令的助记符和目标元件（两者间需用空格分开）。例如在逻辑行开始处输入 X000 常开触点时，通过键盘输入字母"L"后，即弹出"梯形图输入"对话框，在该对话框的输入栏继续输入"LD　X000"，如图 1-26b 所示，单击"确定"按钮，常开触点 X000 编辑完成。

a) 快捷方式输入

b) 键盘输入

图 1-26　梯形图输入方法

然后用键盘输入法分别输入"ANI　X001""OUT　Y000"，再将编辑框定位在 X000 触点下方，输入"OR　Y000"，即绘制出如图 1-27 所示的梯形图。

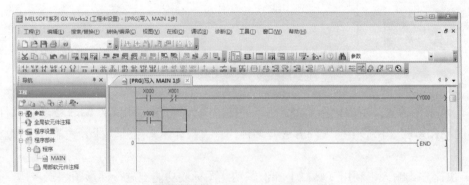

图 1-27　梯形图转换前的界面

3. 梯形图编辑操作

（1）插入和删除　在梯形图编辑过程中，如果要进行程序的插入或删除，则可以按以下方法进行操作：

1）插入。将光标定位在要插入的位置，然后选择菜单命令"编辑"→"行插入"，或单击鼠标右键在弹出的下拉列表中选择"编辑"→"行插入"执行，即可实现逻辑行的插入。

2）删除。首先通过鼠标选择要删除的行，然后选择菜单命令"编辑"→"行删除"，或单击鼠标右键在弹出的下拉列表中选择"编辑"→"行删除"执行，即可实现逻辑行的删除。

（2）复制和粘贴　首先拖动鼠标选中需要复制的区域，单击工具栏上"复制"图标，或单击鼠标右键在弹出的下拉列表中选择"复制"执行，然后将当前编辑区定位到要粘贴的位置，再单击工具栏上"粘贴"图标或单击鼠标右键在弹出的下拉列表中选择"粘贴"执行即可。

（3）绘制、删除连线　在梯形图中，需要连接横线时单击工具栏上"横线输入"图标，需要连接竖线时单击工具栏上"竖线输入"图标；也可以单击工具栏上"划线输入"图标，在需要连线处横向或竖向拖动鼠标即可画横线或竖线。删除横线或竖线时，单击工具栏上"横线删除"图标"或"竖线删除"图标；也可以单击工具栏上"划线删除"图标，在需要删除横线或竖线处横向或竖向拖动鼠标，即可删除横线或竖线。

（4）程序修改　在程序编制过程中，若发现梯形图有错误，可进行修改操作。在写入模式状态下，将光标放在需要修改的梯形图处，双击鼠标左键，弹出梯形图输入对话框，进行程序修改操作即可。

4. 梯形图转换

图1-27所示编制完成的梯形图程序界面是灰色状态，此时虽然程序输入好了，但若不对其进行转换（编译），则程序是无效的，也不能进行保存、写入和仿真。程序转换又称为编译，经过转换，编辑区程序由灰色自动变成白色，说明程序转换完成。选择菜单命令"转换/编译"→"转换"执行，如图1-28所示，也可单击工具栏上"转换"图标或按功能键F4。转换完成后，程序由灰色状态变为白色，如图1-29所示。

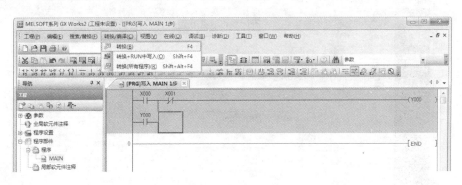

图1-28　程序转换操作

若编制的程序在格式上或语法上有错误，则进行转换时，系统会提示错误。重新修改错误的程序，然后重新转换，直到编辑区程序由灰色变成白色。

5. 程序的写入与读取

（1）连接目标设置　在完成程序编制和转换后，便可以将程序写入到PLC的CPU中，

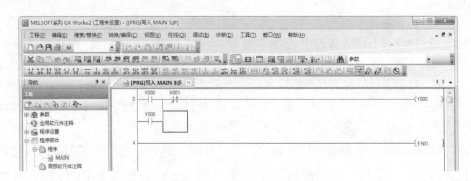

图 1-29　转换完成后的梯形图

也可以将 PLC CPU 中的程序读到计算机，一般需进行以下操作：

1）PLC 与计算机的连接。PLC 与计算机之间是通过专用编程电缆连接实现通信的。连接时将计算机串口（或 USB 口）与 PLC 的编程口用编程电缆互连，连接 PLC 一侧时要注意 PLC 编程口方向，应按照通信针脚排列方向轻轻插入，不要弄错方向或强行插入，否则容易造成损坏。

2）设置通信端口参数。先查看计算机的串行端口编号。方法：用鼠标右击计算机桌面上"计算机"图标，在弹出的子选项中，选择单击"设备管理器"，在打开的设备管理器子选项中，单击"端口（COM 和 LPT）"→"通信端口 COM1 或 COM2"。再设置串口通信参数，操作如下：

在图 1-29 中，单击导航窗口上的"连接目标"按钮，然后在打开的连接设备中双击当前连接目标栏的"$\frac{}{}$Connection1"，打开"连接目标设置 Connection1"对话框，双击$\frac{Serial}{USB}$图标，弹出"计算机侧 I/F 串行详细设置"对话框，如图 1-30 所示，在该对话框中设置连接端口的类型、端口号、传输速度，单击"确定"按钮，即完成连接目标设置的操作。

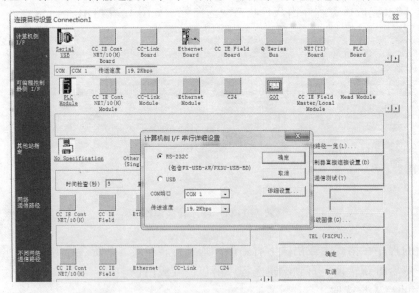

图 1-30　"连接目标设置 Connection1"对话框

一般用串口 SC - 09 通信线连接计算机和 PLC 时，串口都是 COM1，而 PLC 系统默认情况下也是 COM1，所以不需要更改设置就可以直接与 PLC 通信。

如果使用 USB - SC09 通信线连接计算机和 PLC 时，通常计算机侧的 COM 口不是 COM1，在这种情况下，首先需要安装 USB - SC09 的驱动程序，将驱动光盘放入计算机并把 USB - SC09 电缆插入计算机的 USB 接口，双击 AMSAMOTION. EXE 程序，打开"驱动安装"对话框，单击该对话框中的"安装"按钮，当出现"驱动安装成功"时，即安装成功。

此时按照上述方法在计算机设备管理器中查看所连的 USB 口，然后在图 1-30 所示的"COM 端口"对应的方框中选择与计算机 USB 口一致，通常为 COM3。"传输速度"一般选 19.2kbps。单击"确认"按钮，至此通信参数设置完成。

串口设置正确后，在图 1-30 中单击"通信测试"按钮，若打开"已成功 FX2N/FX2NC CPU 连接"对话框，如图 1-31 所示，单击"确定"按钮即可，则说明可以与 PLC 进行通信。若出现"无法与 PLC 通信。可能是以下原因所致…"

图 1-31　"通信测试成功"
对话框

对话框，则说明计算机与 PLC 不能建立通信。这时，必须按照对话框中所说明的原因进行逐一排查，确认 PLC 电源有没有接通、电缆有没有正确连接等，找到原因，排除故障后，再一次进行通信测试，直到单击"通信测试"后，显示连接成功。

通信测试成功后，单击"确定"按钮，则回到编程窗口。

（2）程序写入操作　PLC 程序写入时，选择菜单命令"在线"→"PLC 写入"执行或单击工具栏上"PLC 写入"图标，就可以打开"在线数据操作"对话框，在该对话框中单击"参数 + 程序"或"全选"按钮，进行 PLC 数据对象选择，再单击"执行"按钮完成写入操作，如图 1-32 所示，就可将程序写入 PLC。

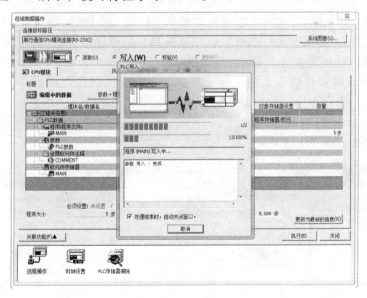

图 1-32　PLC 写入操作

（3）程序读出操作 当需要从 PLC 读取程序时，选择菜单命令"在线"→"PLC 读取"执行或单击工具栏上"PLC 读取"图标⬚，就可以打开"在线数据操作"对话框，在对话框中单击"参数＋程序"按钮，进行 PLC 数据对象选择，再单击"执行"按钮完成读取操作，如图 1-33 所示，就可将 PLC 中的程序读入计算机。

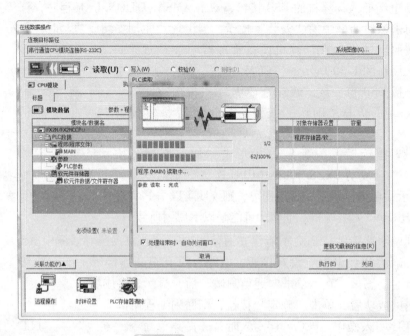

✖图 1-33 PLC 读取操作

6. 程序的运行与监视

程序下载完成后，将 PLC 运行开关拨至 RUN 位置或选择菜单命令"在线"→"远程操作"执行，此时 PLC 运行指示灯（RUN）点亮，PLC 进入运行状态后，选择菜单命令"在线"→"监视"→"监视模式"执行，就可监视 PLC 的程序运行状态，当程序处于监视模式时，不论监视开始还是停止，都会显示监视状态对话框，如图 1-34 所示。在监视状态的梯形图上可以观察到各输入及输出软元件的状态，并可选择菜单命令"在线"→"监视"→"软元件/缓冲存储器批量监视"执行，实现对软元件的成批监视。

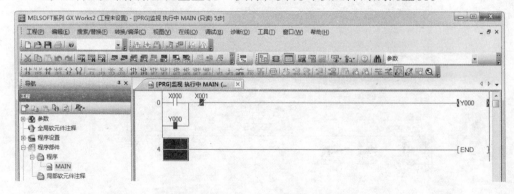

✖图 1-34 PLC 程序运行的监视状态

7. 梯形图注释

梯形图程序编制完成后，如果不加注释，那么过一段时间，就会看不明白。这是因为梯形图程序的可读性较差。加上程序编制因人而异，完成同样的控制功能有许多不同的程序编制方法。给程序加上注释，可以增加程序的可读性，方便交流和修改。梯形图程序注释有注释编辑、声明编辑和注解编辑三种，可选择菜单命令"编辑"→"文档创建"的下拉子菜单，如图1-35所示，在其子菜单中选择注释类型进行相应的注释操作，也可以单击工具栏上注释图标进行注释操作。

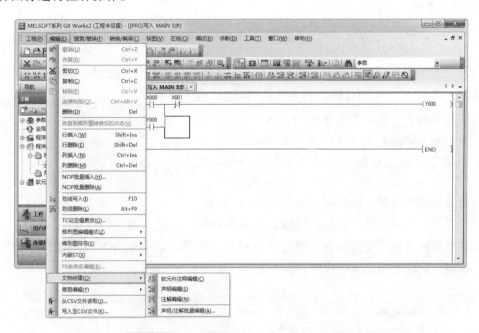

图1-35 选择菜单命令进行梯形图注释操作

（1）软元件注释编辑 这是对梯形图中的触点和输出线圈添加注释。操作方法如下：

单击工具栏上"软元件注释编辑"图标 ，此时，梯形图之间的行距拉开。这时，把光标移动到要注释的触点X000处，双击蓝色方框，弹出"注释输入"对话框，如图1-36所示。在框内输入"起动按钮"（假设X000为起动按钮对应的输入信号），单击"确定"按钮，注释文字出现在X000下方，如图1-37所示。光标移动到哪个触点处，就可以注释哪个触点。对一个触点进行注释后，梯形图中所有这个触点（常开、常闭）都会在其下方出现相同的注释内容。

图1-36 "注释输入"对话框

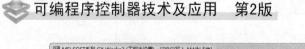

图 1-37　注释编辑操作

（2）声明编辑　这是对梯形图中某一行或某一段程序进行说明注释。操作方法如下：

单击工具栏上"声明编辑"图标 ，将光标放在要编辑行的行首，双击蓝色方框，弹出"行间声明输入"对话框，如图1-38所示。在对话框内输入声明文字，单击"确定"按钮，声明文字即加到相应的行首。

图 1-38　"行间声明输入"对话框

以起保停程序为例，将光标移到第一行 X000 处，双击蓝色方框，在弹出的"行间声明输入"对话框输入文字"起保停程序"，单击"确定"按钮，这时编辑区程序变为灰色，单击工具栏上"转换（所有程序）" 图标，程序编译完成，这时，程序说明出现在程序行的左上方，如图1-39所示。

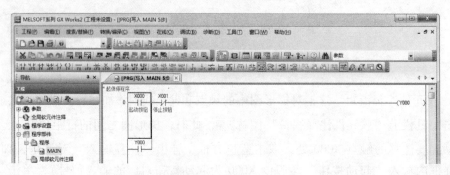

图 1-39　声明编辑操作

（3）注解编辑　这是对梯形图中输出线圈或功能指令进行说明注释。操作方法如下：

单击工具栏上"注解编辑"图标，将光标放在要注解的输出线圈或功能指令处，双击光标弹出"注解输入"对话框，如图1-40所示。在对话框内输入注解文字，单击"确定"按钮，注解文字即加到相应的输出线圈或功能指令的左上方。

图 1-40　"注解输入"对话框

现仍以"起保停程序"为例，将光标移到输出线圈 Y000 处，双击蓝色方框，在弹出的

"注解输入"对话框中输入文字"交流接触器",单击"确定"按钮,输出线圈的注解说明出现在 Y000 的左上方,此时,编辑区程序变成灰色,再进行程序转换操作,程序编译完成,如图 1-41 所示。

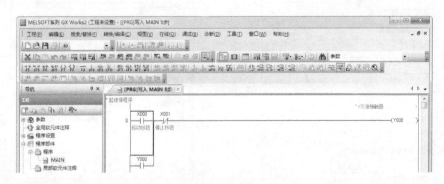

图 1-41　注解编辑操作

以上介绍了使用工具栏上的图标(按钮)进行梯形图三种注释的操作方法,也可以使用菜单命令操作。其过程类似,读者可自行练习。

8. 梯形图保存与打开

当程序编制完成后,必须先进行转换,然后单击工具栏上"保存"图标🖫或选择菜单命令"工程"→"保存"或"另存为"执行,此时系统会弹出"另存为"对话框,在该对话框中进行保存位置的选择,设置文件名和标题后,再单击"保存"按钮即可。

当需要打开保存在计算机中的程序时,打开编程软件,单击工具栏上"打开"图标📂或选择菜单命令"工程"→"打开"执行,在打开工程对话框中选择查找的范围,选择或输入文件名再单击"打开"按钮即可。

9. 梯形图调试

GX Works2 软件具有离线模拟调试功能,在 PLC 程序编辑完成后,可以通过该软件对程序的功能进行模拟调试,检查程序的逻辑功能是否正确。

(1) 调试启动　选择菜单命令"调试"→"模拟开始/停止"执行,或单击工具栏上"模拟开始/停止"图标🖳,弹出"PLC 写入"对话框如图 1-42 所示,等待程序写入完成后,单击该对话框上的"取消"按钮,即可关闭该对话框。

(2) 梯形图调试　下面以图 1-25a 梯形图程序为例说明 GX Works2 软件的模拟调试功能,要模拟起动按钮 SB1(对应 X000)闭合,就需要强制 X000 常开触点闭合,方法是选择菜单命令"调试"→"当前值更改"执行,或单击工具栏上"当前值更改"图标🖳,弹出当前值更改对话框如图 1-43 所示。

在该对话框内"软元件/标签"下面的方框内输入"X000",先单击"ON"按钮,再单击"OFF"按钮,模拟按下起动按钮 SB1,这时对话框的"执行结果"下显示出强制的软元件 X000 和设置的状态,程序的起动仿真运行如图 1-44a 所示。

按照上述相同的操作方法对停止按钮 SB2 对应的输入信号 X001 进行强制操作,程序将停止运行,如图 1-44b 所示。

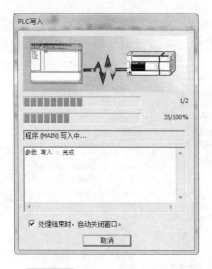

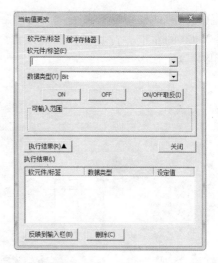

图 1-42 "PLC 写入"对话框　　　　　　**图 1-43** "当前值更改"对话框

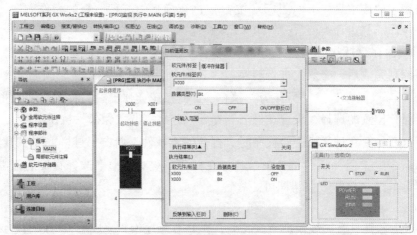

a) 程序的起动仿真运行

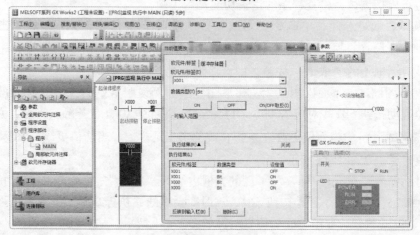

b) 程序的停止调试

图 1-44 软元件调试的操作

（3）GX Works2 调试结束　当 GX Works2 软件模拟调试完成后，在编程界面上再次选择菜单命令"调试"→"模拟开始/停止"执行，或单击工具栏上"模拟开始/停止"图标，就可以结束 GX Works2 软件的调试功能。

10. 举例

1）打开计算机，进入 GX Works2 编程软件的编程界面。

2）程序输入。

① 利用 GX Works2 编程软件，编制图 1-45 所示的程序，并转化成指令表。

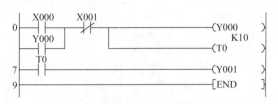

图 1-45 训练梯形图

② 给梯形图加软元件注释和程序的功能注释，如图 1-46 所示。

③ 将程序写入 PLC。

④ 运行程序。

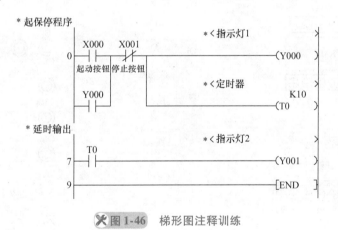

图 1-46 梯形图注释训练

三、项目实施

（一）训练目标

1）学会用三菱 FX 系列 PLC 基本指令编制电动机起停控制的程序。

2）会绘制电动机起停控制的 I/O 接线图及主电路图。

3）掌握 FX 系列 PLC I/O 接口的外部接线方法。

4）熟练掌握使用 GX Works2 编程软件编制梯形图与指令表程序，并写入 PLC 进行调试运行。

（二）设备与器材

本项目实施所需设备与器材见表 1-10。

表 1-10 所需设备与器材

序号	名 称	符号	型号规格	数 量	备 注
1	常用电工工具		十字螺钉旋具、一字螺钉旋具、尖嘴钳及剥线钳等	1套	表中所列设备、器材的型号规格仅供参考
2	计算机（安装 GX Works2 编程软件）			1台	
3	天煌 THPLC 实训台			1台	
4	三相异步电动机起停控制面板			1个	
5	三相异步电动机	M	WDJ26 , $P_N = 40\text{W}$, $U_N = 380\text{V}$, $I_N = 0.2\text{A}$, $n_N = 1430\text{r}/\text{min}$, $f = 50\text{Hz}$	1台	
6	连接导线			若干	

（三）内容与步骤

1. 项目任务

完成三相异步电动机通过按钮实现的起动、停止控制，同时电路要有完善的软件或硬件保护环节，其控制面板如图 1-47 所示。

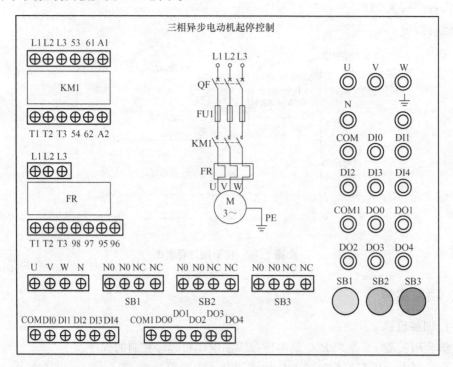

图 1-47 三相异步电动机起停控制面板

2. I/O 地址分配与接线图

I/O 地址分配见表 1-11。

I/O 接线图如图 1-48 所示。

3. 编制程序

根据控制要求编制梯形图，如图 1-49 所示。

表 1-11 I/O 地址分配

输　　入			输　　出		
设备名称	符　　号	X元件编号	设备名称	符　　号	Y元件编号
起动按钮	SB1	X000	接触器	KM1	Y000
停止按钮	SB2	X001			

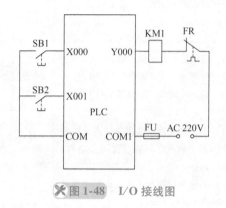

图 1-48 I/O 接线图　　　　图 1-49 电动机起停控制梯形图

4. 调试运行

利用 GX Works2 编程软件在计算机上输入如图 1-49 所示的程序，然后下载到 PLC 中。

（1）静态调试　按图 1-48 所示 PLC 的 I/O 接线图正确连接输入设备，进行 PLC 的模拟静态调试（按下起动按钮 SB1 时，Y000 亮；运行过程中，按下停止按钮 SB2，Y000 灭，运行过程结束），并通过 GX Works2 编程软件使程序处于监视状态，观察其是否与指示灯一致，若不一致，则应检查并修改程序，直至输出指示正确。

（2）动态调试　按图 1-48 所示 PLC 的 I/O 接线图正确连接输出设备，进行系统的空载调试，观察交流接触器能否按控制要求动作（按下起动按钮 SB1 时，KM1 动作；运行过程中，按下停止按钮 SB2，KM1 复位，运行过程结束），并通过 GX Works2 编程软件使程序处于监视状态，观察其是否与动作一致，若不一致，检查电路接线或修改程序，直至交流接触器能按控制要求动作；然后按图 1-47 所示连接电动机（电动机采用Y联结），进行带载动态调试。

运行结果正确，训练结束，整理好实训台及仪器设备。

（四）分析与思考

本项目电动机过载保护是如何实现的？如果把热继电器的过载保护作为 PLC 的输入信号，那么 I/O 接线图该如何修改？梯形图程序应如何修改？

四、项目考核

项目实施考核见表 1-12。

表 1-12 项目实施考核表

序号	考核内容	考核要求	评分标准	配分	得分
1	电路及程序设计	(1) 能正确分配 I/O,并绘制 I/O 接线图 (2) 根据控制要求,正确编制梯形图程序	(1) I/O 分配错或少,每个扣 5 分 (2) I/O 接线图设计不全或有错,每处扣 5 分 (3) 三相异步电动机单向连续运行主电路表达不正确或画法不规范,每处扣 5 分 (4) 梯形图表达不正确或画法不规范,每处扣 5 分	40 分	
2	安装与连线	根据 I/O 分配,正确连接电路	(1) 连线错 1 处,扣 5 分 (2) 损坏元器件,每件扣 5～10 分 (3) 损坏连接线,每根扣 5～10 分	20 分	
3	调试与运行	能熟练使用编程软件编制程序写入 PLC,并按要求调试运行	(1) 不会熟练使用编程软件进行梯形图的编辑、修改、转换、写入及监视,每项扣 2 分 (2) 不能按照控制要求完成相应的功能,每缺 1 项扣 5 分	20 分	
4	安全操作	确保人身和设备安全	违反安全文明操作规程,扣 10～20 分	20 分	
		合　　计			

五、知识拓展

(一) 置位与复位指令 (SET、RST)

1. SET、RST 指令使用要素

SET、RST 指令的名称、助记符、功能、梯形图表示、目标元件及程序步等使用要素见表 1-13。

SET、RST 指令的编程及应用

表 1-13 SET、RST 指令使用要素

名称	助记符	功　能	梯形图表示	目标元件	程　序　步
置位	SET	驱动目标元件,使其线圈通电并保持	┤├─[SET Y,M,S]	Y, M, S	Y, M: 1 步 S, 特殊 M 元件: 2 步
复位	RST	解除目标元件动作保持,寄存器数值清零	┤├─[RST Y,M,S,T,C,D,V,Z]	Y, M, S, T, C, D, V, Z	Y, M: 1 步 S, 特殊 M 元件, T, C: 2 步 D, V, Z: 3 步

注: 对于 FX$_{2N}$ 或 FX$_{2NC}$ 系列 PLC,当表中目标元件为 M1536～M3071 时,程序步加 1。

2. SET、RST 指令使用说明

1）SET 指令强制目标元件置 "1"，并具有自保持功能。即一旦目标元件得电，即使驱动条件断开后，目标元件仍维持接通状态。

2）RST 指令强制目标元件置 "0"，同样具有自保持功能。RST 指令除了可以对 Y、M 及 S 元件进行置 "0" 操作外，还可以将 D、V 及 Z 元件的数值清零。RST 指令对积算型定时器和计数器进行复位操作时，除把当前值清零外，还对所有的触点进行复位操作（恢复原来状态）。RST 指令用于计数器的复位如图 1-50 所示。

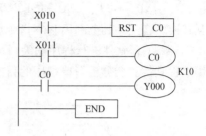

图 1-50　RST 指令用于计数器的复位

3）对于同一目标元件，SET、RST 指令可多次使用，顺序也可任意，但以最后执行的一次有效。

4）在实际使用时，尽量不要对同一元件进行 SET 和 OUT 操作。因为这样使用，虽然不是双线圈输出，但如果 OUT 指令的驱动条件断开，SET 指令的操作不具有自保持功能。

3. 应用举例

SET、RST 指令的应用如图 1-51 所示。

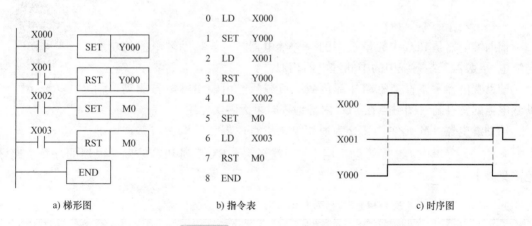

a) 梯形图　　　　　　b) 指令表　　　　　　c) 时序图

图 1-51　SET、RST 指令的应用

（二）用置位、复位指令实现电动机起停控制

用置位指令和复位指令编制的三相异步电动机起停控制梯形图如图 1-52 所示。

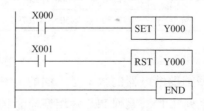

图 1-52　用 SET、RST 指令实现电动机起停控制梯形图

六、项目总结

本项目我们讨论了三菱 FX 系列 PLC 的 X、Y 两个软继电器的含义与具体用法；分别介绍了 LD、AND、OUT、END 和 SET 等 10 条基本指令的使用要素以及梯形图和指令表之间的相互转换。在此基础上利用基本指令编制简单的三相异步电动机起停控制 PLC 程序，通过 GX Works2 编程软件进行程序的编辑、写入，再进行 I/O 端口连接及调试运行，从而达到会使用编程软件和会分析简单程序的目的。

项目二　水塔水位的 PLC 控制

一、项目导入

水塔是日常生活和工农业生产中常见的供给水建筑，其主要功能是储水和供水。为了保证水塔水位在允许的范围内，常用液位传感器作为检测元件，监视水塔内液面的变化情况，并将检测的结果传给控制系统，决定控制系统的运行状态。

本项目利用三菱 FX 系列 PLC 对水塔水位进行控制并模拟运行。

二、相关知识

（一）辅助继电器（M 元件）

辅助继电器是 PLC 中数量最多的一种继电器，一般辅助继电器的功能与继电-接触器控制系统中的中间继电器相似。

辅助继电器不能直接驱动外部负载，负载只能由输出继电器驱动。辅助继电器的常开与常闭触点在 PLC 内部编程时可无限次使用。

辅助继电器（M）数据寄存器（D）、常数（K、H）

辅助继电器（M 元件）又分为通用型辅助继电器、断电保持型辅助继电器和特殊辅助继电器三类，均采用十进制数编号。FX 系列 PLC 辅助继电器的分类及编号范围见表 1-14。

表 1-14　FX 系列 PLC 辅助继电器的分类及编号范围

PLC 系列	通用型辅助继电器	断电保持型辅助继电器	特殊辅助继电器
FX$_{1S}$	384 点（M0 ~ M383）	128 点（M384 ~ M511）	
FX$_{1N}$	384 点（M0 ~ M383）	1152 点（M384 ~ M1535）	256 点（M8000 ~ M8255）
FX$_{2N}$、FX$_{2NC}$	500 点（M0 ~ M499）	2572 点（M500 ~ M3071）	
FX$_{3U}$	500 点（M0 ~ M499）	7180 点（M500 ~ M7679）	512 点（M8000 ~ M8511）

1. 通用型辅助继电器

不同型号的 PLC 其通用型辅助继电器的数量是不同的，编号范围也不同。使用时，必须参照编程手册。三菱 FX$_{1S}$ 系列和 FX$_{1N}$ 系列 PLC 通用型辅助继电器的点数为 384 点（M0 ~ M383）；FX$_{2N}$、FX$_{2NC}$ 和 FX$_{3U}$ 系列 PLC 的通用型辅助继电器的点数为 500 点（M0 ~ M499）。通用型辅助继电器无断电保持功能。

2. 断电保持型辅助继电器

断电保持型辅助继电器具有断电保持功能，即能记忆电源中断瞬时的状态，并在重新通电后再现其断电前的状态。它之所以能在电源断电时保持其原有的状态，是因为电源中断时用 PLC 锂电池作后备电源，保持它们映像寄存器中的内容。

FX_{1S} 系列 PLC 断电保持型辅助继电器点数为 128 点（M384～M511）；FX_{1N} 系列 PLC 断电保持型辅助继电器的点数为 1152 点（M384～M1535）；FX_{2N} 和 FX_{2NC} 系列 PLC 断电保持型辅助继电器点数为 2572 点（M500～M3071）；FX_{3U} 系列 PLC 断电保持型辅助继电器点数为 7180 点（M500～M7679）。

3. 特殊辅助继电器

FX_{1S}、FX_{1N}、FX_{2N} 和 FX_{2NC} 系列 PLC 内有 256 点特殊辅助继电器（M8000～M8255），FX_{3U} 系列 PLC 内有 512 点特殊辅助继电器（M8000～M8511），这些特殊辅助继电器各自具有特定的功能，可以分为只能利用触点型和可驱动线圈型两大类。

1）只能利用触点型。这类特殊辅助继电器的线圈由 PLC 自动驱动，用户只能利用其触点。例如：

M8000：运行监视，PLC 运行时为 ON。

M8001：运行监视，PLC 运行时为 OFF。

M8002：初始化脉冲，仅在 PLC 运行开始时接通一个扫描周期。

M8003：初始化脉冲，仅在 PLC 运行开始时关断一个扫描周期。

M8005：PLC 后备锂电池电压过低时接通。

M8011：10ms 时钟脉冲，以 10ms 为周期振荡，通、断各 5ms。

M8012：100ms 时钟脉冲，以 100ms 为周期振荡，通、断各 50ms。

M8013：1000ms 时钟脉冲，以 1000ms 为周期振荡，通、断各 500ms。

M8014：1min 时钟脉冲，以 1min 为周期振荡，通、断各 30s。

2）可驱动线圈型。这类特殊辅助继电器的线圈可由用户驱动，线圈被驱动后，PLC 将执行特定动作。例如：

M8030：线圈被驱动后，后备锂电池欠电压指示灯熄灭。

M8033：线圈被驱动后，在 PLC 停止运行时，输出保持运行时的状态。

M8034：线圈被驱动后，禁止所有输出。

M8039：线圈被驱动后，PLC 以 D8039 中指定的扫描时间工作。

M8040：线圈被驱动后，禁止状态之间的转移。

注意：没有定义的特殊辅助继电器不能在用户程序中使用。

（二）数据寄存器（D 元件）

数据寄存器（D 元件）主要用于存储数据数值，PLC 在进行输入输出处理、模拟量控制、位置控制时，需要许多数据寄存器存储数据和参数。数据寄存器都是 16 位，可以存放 16 位二进制数，也可用两个编号连续的数据寄存器来存储 32 位数据。例如，用 D10 和 D11 存储 32 位二进制数，D10 存储低 16 位，D11 存储高 16 位。数据寄存器最高位为符号位，0 表示为正数，1 表示为负数。

数据寄存器可分为通用数据寄存器、断电保持数据寄存器、特殊数据寄存器、文件寄存器、外部调整寄存器和变址寄存器。FX 系列 PLC 数据寄存器的分类及编号范围见表 1-15。

表 1-15　FX 系列 PLC 数据寄存器的分类及编号范围

数据寄存器	FX$_{1S}$	FX$_{1N}$	FX$_{2N}$、FX$_{2NC}$	FX$_{3U}$
通用数据寄存器	128 点 （D0 ~ D127）	128 点 （D0 ~ D127）	200 点（D0 ~ D199）	
断电保持数据寄存器	128 点 （D128 ~ D255）	7872 点 （D128 ~ D7999）	7800 点（D200 ~ D7999）	
特殊数据寄存器	256 点（D8000 ~ D8255）			512 点 （D8000 ~ D8511）
文件寄存器	1500 点 （D1000 ~ D2499）	7000 点（D1000 ~ D7999）		
外部调整寄存器	2 点（D8030、D8031）		—	
变址寄存器	16 点（V0 ~ V7、Z0 ~ Z7）			

1. 通用数据寄存器

将数据写入通用数据寄存器后，其值将保持不变，直到下一次被写入。当 PLC 由 RUN→STOP 或停电时，所有通用数据寄存器的数据清零。但是，当特殊辅助继电器 M8033 为 ON、PLC 由 RUN→STOP 或停电时，通用数据寄存器的数据将保持不变。

2. 断电保持数据寄存器

断电保持数据寄存器在 PLC 由 RUN→STOP 或停电时，其数据保持不变。利用参数设定，可以改变断电保持数据寄存器的范围。当断电保持数据寄存器作为一般用途时，要在程序的起始步采用 RST 或 ZRST 指令清除其内容。

3. 特殊数据寄存器

特殊数据寄存器的作用是监控 PLC 的运行状态，如扫描时间、备用锂电池电压等。对于未定义的特殊数据寄存器，用户不能使用。具体可参见用户手册。

4. 文件寄存器

文件寄存器是对相同地址数据寄存器设定初始值的软元件（FX$_{3U}$ 和 FX$_{2N}$ 系列相同），通过参数设定可以将 D1000 及以后的数据寄存器定义为文件寄存器，最多可以到 D7999，可以指定 1 ~ 14 个块（每个块相当于 500 点文件寄存器），但是每指定一个块将减少 500 步程序内存区间。文件寄存器也可以作为数据寄存器使用，处理各种数值数据，可以用功能指令进行操作，如 MOV、BIN 指令等。

5. 外部调整寄存器

FX$_{1S}$ 和 FX$_{1N}$ 有两个内置的设置参数用的小电位器，用小螺钉旋具调节电位器可以改变指定的数据寄存器 D8030 或 D8031 的值（0 ~ 255）。FX$_{2N}$ 和 FX$_{2NC}$ 没有内置的供设备用的电位器，但是可以用附加的特殊功能扩展板 FX$_{2N}$-8AV-BD 来实现同样的功能，该扩展块上有 8 个小电位器，使用功能指令 VRRD（模拟电位器数据读出）和 VRSC（模拟电位器开关设定）来读取电位器提供的数据。设置用的小电位器常用来修改定时器的设定值。

6. 变址寄存器

FX 系列 PLC 有 16 点变址寄存器 V0 ~ V7 和 Z0 ~ Z7，变址寄存器 V、Z 和通用数据寄存器一样，是进行数据的读、写的 16 位数据寄存器，主要用于改变软元件编号（地址）。在进行 32 位数据运算时，要用指定的 Z0 ~ Z7 和 V0 ~ V7 组合修改运算操作数地址，指定 Z 为低位、V 为高位，即（V0，Z0）、（V1，Z1）…（V7，Z7）。变址寄存器可用来改变软元件的元件编号，例如，当 V0 = 12 时，数据寄存器 D8V0 相当于 D20（8 + 12 = 20）。通过修改变址寄存器的值，可以改变实际的操作数。变址寄存器也可以用来修改常数的值，例如，当 Z0 = 10 时，K30Z0 相当于常数 40。

（三）常数（K、H）

常数也可以作为编程元件使用，它在 PLC 的存储器中占用一定的空间。

K 是表示十进制常数的符号，主要用于指定定时器和计数器的设定值，也用于指定功能指令中的操作数。十进制常数的指定范围：16 位常数的范围为 – 32768 ~ + 32767，32 位常数的范围为 – 2147483648 ~ + 2147483647。

H 是表示十六进制常数的符号，主要用于指定功能指令中的操作数。十六进制常数的指定范围：16 位常数的范围为 0000 ~ FFFF，32 位常数的范围为 00000000 ~ FFFFFFFF。例如 25 用十进制表示为 K25，用十六进制则表示为 H19。

（四）定时器（T 元件）

PLC 中的定时器相当于继电-接触器控制系统中的通电延时型时间继电器。定时器是根据 PLC 内时钟脉冲的累积计时的，FX 系列 PLC 内有周期为 1ms、10ms 和 100ms 的时钟脉冲三种。定时器延时是从线圈通电的瞬间开始，当定时器的当前值达到其设定值时，其输出触点动作，即常开触点闭合，常闭触点断开。它可以提供无数对常开、常闭触点。定时器中有一个设定值寄存器（一个字长）、一个当前值寄存器（一个字长）和一个用来存储其输出点状态的映像寄存器（占二进制的一位），这三个寄存器使用同一个元件编号，但使用场合不一样，意义也不同。设定值可用十进制常数 K 直接设定，也可用数据寄存器 D 的内容间接设定。FX 系列 PLC 的定时器见表 1-16。

表 1-16　FX 系列 PLC 定时器

PLC 机型	通 用 型			积 算 型	
	100ms 0. 1 ~ 3276. 7s	10ms 0. 01 ~ 327. 67s	1ms 0. 001 ~ 32. 767s	1ms 0. 001 ~ 32. 767s	100ms 0. 1 ~ 3276. 7s
FX$_{1S}$系列	63 点 （T0 ~ T62）	31 点（T32 ~ T62） （M8028 为 ON 时）	1 点 （T63）		
FX$_{1N}$、FX$_{2N}$、 FX$_{2NC}$系列	200 点 （T0 ~ T199）	46 点 （T200 ~ T245）	—	4 点 （T246 ~ T249）	6 点 （T250 ~ T255）
FX$_{3U}$系列			256 点 （T256 ~ T511）		

FX 系列 PLC 中定时器可分为通用型定时器和积算型定时器两种。

1. 通用型定时器

通用型定时器是在驱动定时器线圈接通后开始计时的，当定时器的当前值达到设定值时，其触点动作。通用型定时器无断电保持功能，即当线圈驱动条件断开或停电时定时器自动复位（定时器的当前值回零、触点复位）。当线圈驱动条件再次接通时，定时器重新计时。通用型定时器有 100ms、10ms 和 1ms 三种。

（1）100ms 通用型定时器　FX$_{1S}$型 PLC 内有 100ms 通用型定时器 63 点（T0 ~ T62）；

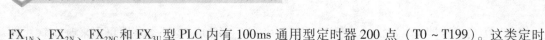

FX_{1N}、FX_{2N}、FX_{2NC} 和 FX_{3U} 型 PLC 内有 100ms 通用型定时器 200 点（T0 ~ T199）。这类定时器对 100ms 时钟累积计数，设定值为 K1 ~ K32767，其定时范围为 0.1 ~ 3276.7s。

（2）10ms 通用型定时器　FX_{1S} 型 PLC 内有 10ms 通用型定时器 31 点（T32 ~ T62，当特殊辅助继电器 M8028 为 ON 时）；FX_{1N}、FX_{2N}、FX_{2NC} 和 FX_{3U} 型 PLC 内有 10ms 通用型定时器 46 点（T200 ~ T245）。这类定时器对 10ms 时钟累积计数，设定值为 K1 ~ K32767，其定时范围为 0.01 ~ 327.67s。

（3）1ms 通用型定时器　FX_{1S} 型 PLC 内有 1ms 通用型定时器 1 点（T63）；FX_{3U} 型 PLC 内有 1ms 通用型定时器 256 点（T256 ~ T511）。这类定时器对 1ms 时钟累积计数，设定值为 K1 ~ K32767，其定时范围为 0.001 ~ 32.767s。

下面举例说明通用型定时器工作原理。如图 1-53 所示，当 X000 接通时，定时器 T200 当前值从 0 开始对 10ms 时钟脉冲进行累积计数，当计数值与设定值 K200 相等时，定时器动作，其常开触点接通 Y000，经过的时间为 200 × 0.01s = 2s。当 X000 断开后定时器复位，当前值变为 0，其常开触点断开，Y000 也随之断开。如外部电源断电，定时器也将复位。

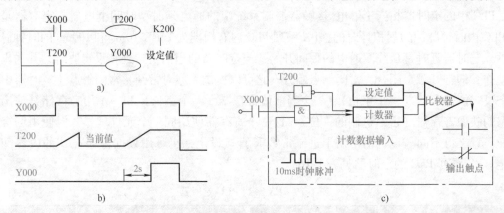

图 1-53　通用型定时器的工作原理

2. 积算型定时器

积算型定时器具有计数累积功能。在定时过程中如果驱动信号断开或断电，积算型定时器将保持当前的计数值（当前值），定时器驱动信号接通或通电后继续累积，即其当前值具有保持功能。积算型定时器必须使用 RST 指令复位。积算型定时器有 1ms 和 100ms 两种。

定时器及应用

（1）1ms 积算型定时器　FX_{1N}、FX_{2N}、FX_{2NC} 和 FX_{3U} 型 PLC 内有 1ms 积算型定时器 4 点（T246 ~ T249）。这类定时器对 1ms 时钟累积计数，设定值为 K1 ~ K32767，其定时范围为 0.001 ~ 32.767s。

（2）100ms 积算型定时器　FX_{1N}、FX_{2N}、FX_{2NC} 和 FX_{3U} 型 PLC 内有 100ms 积算型定时器 6 点（T250 ~ T255）。这类定时器对 100ms 时钟累积计数，设定值为 K1 ~ K32767，其定时范围为 0.1 ~ 3276.7s。

下面举例说明积算型定时器的工作原理。如图 1-54 所示，当 X000 接通时，T250 当前值计数器开始累积 100ms 的时钟脉冲个数。当 X000 经 t_1 后断开，而 T250 尚未计数到设定值 K345，其计数的当前值保留。当 X000 再次接通，T250 从保留的当前值开始继续累积，

经过 t_2 时间，当前值达到 K345，定时器动作。累积的时间为 $t_1 + t_2 = 345 \times 0.1s = 34.5s$。当复位输入 X001 接通时，定时器才复位，当前值变为 0，触点也随之复位。

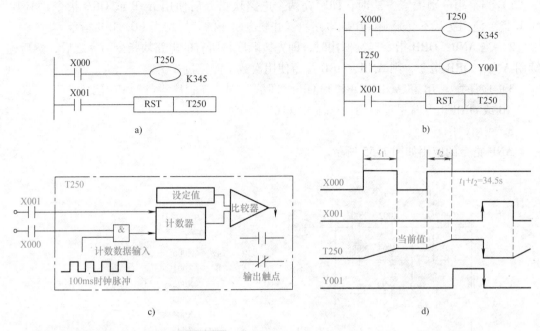

图 1-54 积算型定时器的工作原理

（五）电路块的串并联指令（ANB、ORB）

当梯形图中触点的串、并联关系稍微复杂一些时，用前面所讲的取指令和触点串并联指令就不能准确地、唯一地写出指令表。

电路块指令就是为了解决这个问题而设置的。电路块指令有两条：电路块并联指令 ORB 和电路块串联指令 ANB。

什么是电路块？电路块是指梯形图的梯级出现了分支，而且分支中出现了多于一个触点相串联和并联的情况，把这个相串联或相并联的支路称为电路块。两个及以上触点相串联的支路称为串联电路块。两个及以上触点相并联的支路称为并联电路块。

ANB、ORB 指令的编程及应用

1. ANB、ORB 指令使用要素

ANB、ORB 指令的名称、助记符、功能、梯形图表示、目标元件及程序步等使用要素见表 1-17。

表 1-17 ANB、ORB 指令使用要素

名　称	助记符	功　能	梯形图表示	目标元件	程　序　步
块与	ANB	并联电路块的串联连接		无	1 步
块或	ORB	串联电路块的并联连接			

2. ANB、ORB 指令使用说明

使用 ANB、ORB 指令编程时：

1）当采用分别编程方法时，即写完两个电路块指令后使用 ANB 或 ORB 指令，ANB、ORB 指令使用次数不受限制。串联电路块或并联电路块的开始均用 LD、LDI 指令。

2）当 ANB、ORB 指令连续使用时，即先按顺序将所有的电路块指令写完之后，然后连续用 ANB、ORB 指令，则 ANB、ORB 指令使用次数不能超过 8 次。

3）应注意 ANB 和 AND、ORB 和 OR 之间的区别，在程序设计时利用设计技巧，能不用 ANB 或 ORB 指令时尽量不用，这样可以减少指令的条数。

3. 应用举例

ANB 指令的应用如图 1-55 所示。

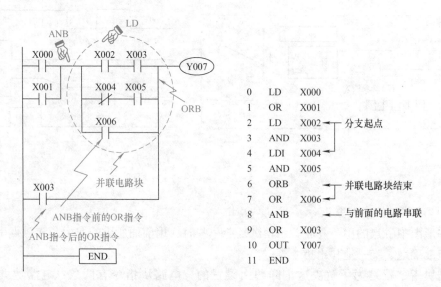

图 1-55　ANB 指令的应用

ORB 指令的应用如图 1-56 所示。

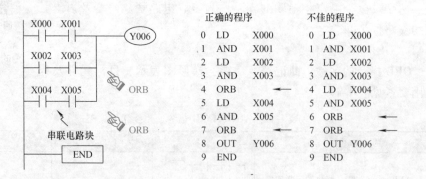

图 1-56　ORB 指令的应用

（六）闪烁程序（振荡电路程序）的实现

闪烁程序又称为振荡电路程序，是一种应用广泛的实用控制程序。它可以控制灯的闪烁频率，也可以控制灯光的通断时间比（也就是占空比）。用两个定时器实现的闪烁程序如图 1-57a 所示。闪烁程序实际上是一个 T0 和 T1 相互控制的反馈电路。开始时，T0 和 T1 均处于复位状态，当 X000 起动闭合后，T0 开始延时，2s 延时时间到，T0 动作，其常开触点闭合，使 T1 开始延时，3s 延时时间到，T1 动作，其常闭触点断开使 T0 复位，T0 的常开触点断开使 T1 复位，T1 的常闭触点闭合使 T0 再次延时，如此反复，直到 X000 断开为止，时序图如图 1-57b 所示。

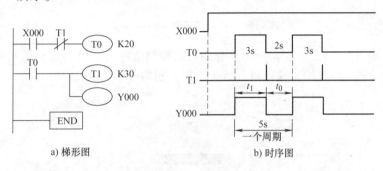

a) 梯形图　　　　　　　　　　b) 时序图

图 1-57　闪烁控制程序

从时序图中可以看出振荡电路的振荡周期 $T = t_0 + t_1$，占空比为 t_1/T。调节周期 T 可以调节闪烁频率，调节占空比可以调节通断时间比。

试试看：请读者用其他方法设计每隔 1s 闪烁一次的振荡电路。

（七）基本指令编制梯形图原则（二）

1）梯形图中触点应画在水平方向上（主控触点除外），不能画在垂直分支上。对于垂直分支上出现元件触点的梯形图，应根据其逻辑功能进行等效变换，如图 1-58 所示。

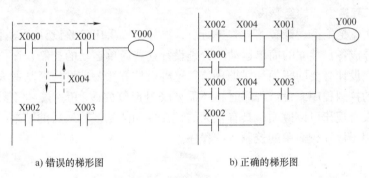

a) 错误的梯形图　　　　　　　　　b) 正确的梯形图

图 1-58　梯形图的等效变换

2）在每一逻辑行中，串联触点多的电路块应放在上方，这样可以省去一条 ORB 指令，如图 1-59 所示。

图 1-59　梯形图编制规则说明（一）

3）在每一逻辑行中，并联触点多的电路块应放在该逻辑行的开始处（靠近左母线），如图1-60所示。这样编制的程序简洁明了，语句较少。

图1-60 梯形图编制规则说明（二）

4）在梯形图中，当多个逻辑行都具有相同的控制条件时，可将这些逻辑行中相同的部分合并，共用同一控制条件，这样可以减少语句，如图1-61所示。

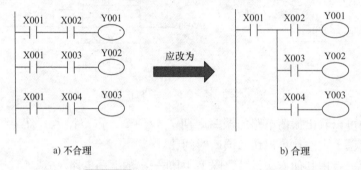

图1-61 梯形图编制规则说明（三）

5）在设计梯形图时，输入继电器的触点状态按输入设备全部为常开进行设计更为合适，不易出错。

（八）PLC 程序设计的经验设计法

经验设计法就是依据设计者的经验进行设计的方法。采用经验设计法设计程序时，将生产机械的运动分成各自独立的简单运动，分别设计这些简单运动的控制程序，再根据各自独立的简单运动，设计必要的联锁和保护环节。这种设计方法要求设计者掌握大量的控制系统的实例和典型的控制程序。设计程序时，还需要经过反复修改和完善，才能符合控制要求。这种设计方法没有规律可以遵循，具有很大的试探性和随意性，最后的结果因人而异，不是唯一的，一般用于设计较简单的控制系统程序。

三、项目实施

（一）训练目标

1）掌握定时器在程序中的应用，学会闪烁程序的编程方法。

2）学会用三菱 FX 系列 PLC 的基本指令编制水塔水位控制的程序。

3）会绘制水塔水位控制的 I/O 接线图。

4）掌握 FX 系列 PLC I/O 端口的外部接线方法。

5）熟练掌握使用三菱 GX Works2 编程软件编制梯形图与指令表程序，并写入 PLC 进行调试运行。

（二）设备与器材

本项目实施所需设备与器材见表1-18。

表 1-18　所需设备与器材

序号	名　　称	型号规格	数　量	备　注
1	常用电工工具	十字螺钉旋具、一字螺钉旋具、尖嘴钳及剥线钳等	1 套	表中所列设备、器材的型号规格仅供参考
2	计算机（安装 GX Works2 编程软件）		1 台	
3	天煌 THPLC 实训台		1 台	
4	水塔水位模拟控制挂件		1 个	
5	连接导线		若干	

（三）内容与步骤

1. 项目任务

水塔水位模拟控制面板如图 1-62 所示，当水池水位低于水池低水位界（S4 为 ON）时，阀 Y（Y 为 ON）打开，开始进水，定时器开始计时，4s 后，如果 S4 还不为 OFF，那么阀 Y 上的指示灯以 1s 的周期闪烁，表示阀 Y 没有进水，出现故障，S3 为 ON 后，阀 Y 关闭（Y 为 OFF）。当 S4 为 OFF 且水塔水位低于水塔低水位界时 S2 为 ON，电动机 M 运转抽水。当水塔水位高于水塔高水位界时电动机 M 停止。

面板中 S1 表示水塔水位上限，S2 表示水塔水位下限，S3 表示水池水位上限，S4 表示水池水位下限，均用开关模拟。M 为抽水电动机，Y 为水阀，二者均用发光二极管模拟。

2. I/O 地址分配与接线图

水塔水位控制 I/O 地址分配见表 1-19。

表 1-19　水塔水位控制 I/O 地址分配

输　　入			输　　出		
设备名称	符　　号	X 元件编号	设备名称	符　　号	Y 元件编号
水塔水位上限	S1	X000	水池水阀	Y	Y000
水塔水位下限	S2	X001	抽水电动机	M	Y001
水池水位上限	S3	X002			
水池水位下限	S4	X003			

水塔水位控制 I/O 接线图如图 1-63 所示。

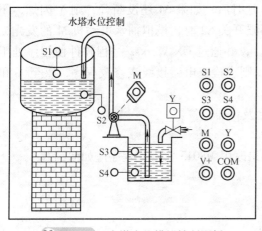

图 1-62　水塔水位模拟控制面板

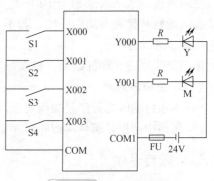

图 1-63　I/O 接线图

49

3. 编制程序

根据控制要求编制梯形图，如图1-64所示。

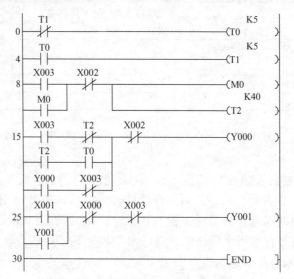

✖ 图1-64　水塔水位控制梯形图

4. 调试运行

利用GX Works2编程软件在计算机上输入图1-64所示的程序，然后下载到PLC中。

（1）静态调试　按图1-63所示PLC的I/O接线图正确连接输入设备，进行PLC的模拟静态调试（合上水池水位下限开关S4时，Y000亮，经过4s延时后，如果S4还没断开，则Y000闪烁，闭合S3时，Y000灭；当S4断开，且合上水塔水位下限开关S2时，Y001亮；若闭合水塔水位上限开关S1，Y001灭），并通过GX Works2编程软件使程序处于监视状态，观察其是否与指示灯一致，若不一致，则应检查并修改程序，直至输出指示正确。

（2）动态调试　按图1-63所示PLC的I/O接线图正确连接输出设备，进行系统的模拟动态调试，观察水阀Y和抽水电动机M能否按控制要求动作（合上水池水位下限开关S4时，模拟水阀的发光二极管Y点亮，经过4s延时后，如果S4还没断开，则Y闪烁，闭合S3时，Y灭；当S4断开，且合上水塔水位下限开关S2时，模拟抽水电动机M的发光二极管点亮；若闭合水塔水位S1上限开关，M灭），并通过GX Works2编程软件使程序处于监视状态，观察其是否与动作一致，若不一致，则应检查电路接线或修改程序，直至Y和M能按控制要求动作。

运行结果正确，训练结束，整理好实训台及仪器设备。

（四）分析与思考

1）本项目的闪烁程序是如何实现的？如果改用M8013实现，程序应如何编制？

2）程序中使用了哪种典型的程序结构？

四、项目考核

项目实施考核见表1-20。

表1-20　项目实施考核表

序号	考核内容	考核要求	评分标准	配分	得分
1	电路及程序设计	（1）能正确分配I/O，并绘制I/O接线图 （2）根据控制要求，正确编制梯形图程序	（1）I/O分配错或少，每个扣5分 （2）I/O接线图设计不全或有错，每处扣5分 （3）梯形图表达不正确或画法不规范，每处扣5分	40分	
2	安装与连线	根据I/O分配，正确连接电路	（1）连线错1处，扣5分 （2）损坏元器件，每件扣5～10分 （3）损坏连接线，每根扣5～10分	20分	
3	调试与运行	能熟练使用编程软件编制程序写入PLC，并按要求调试运行	（1）不会熟练使用编程软件进行梯形图的编辑、修改、转换、写入及监视，每项扣2分 （2）不能按照控制要求完成相应的功能，每缺1项扣5分	20分	
4	安全操作	确保人身和设备安全	违反安全文明操作规程，扣10～20分	20分	
合　　计					

五、知识拓展

（一）定时器的应用

1. 延时闭合、延时断开程序

延时闭合、延时断开程序如图1-65所示。当X000闭合时，定时器T0开始延时，延时10s时间到，T0动作，其常开触点闭合，由于X000常闭触点断开，T1线圈断电，其常闭触点闭合，Y000为ON并保持，产生输出；当X000断开时，T0复位，X000常闭触点闭合，定时器T1开始延时，Y000仍保持输出，T1延时5s时间到，T1动作，其常闭触点断开，使Y000复位。从而实现了在X000闭合时Y000延时输出、X000断开时Y000延时断开的作用。

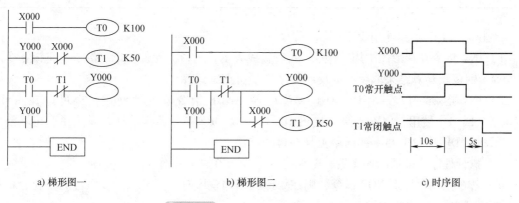

a) 梯形图一　　　　b) 梯形图二　　　　c) 时序图

图1-65　延时闭合、延时断开程序

2. 定时器串级使用实现延时时间扩展的程序

FX 系列 PLC 定时器最长的延时时间为 3276.7s。如果需要更长的延时时间，可以采用多个定时器组合的方法，称为定时器的串级使用。

图 1-66 所示为两个定时器串级使用实现延时时间扩展的程序，当 X000 闭合时，T1 得电并开始延时，延时 3000s 时间到，其常开触点闭合又使 T2 得电开始延时，延时 3000s 时间到，其常开触点闭合才使 Y000 为 ON，因此，从 X000 闭合到 Y000 输出总延时为 3000s + 3000s = 6000s。

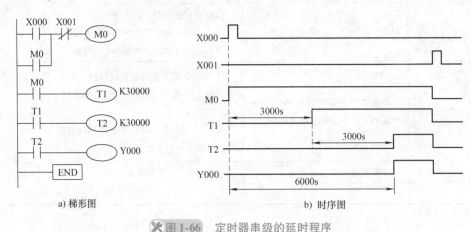

　　　　a) 梯形图　　　　　　　　　　　　　　　b) 时序图

✖图 1-66　定时器串级的延时程序

（二）取反、空操作指令

1. INV、NOP 指令使用要素

INV、NOP 指令的名称、助记符、功能、梯形图表示、目标元件及程序步等使用要素见表 1-21。

表 1-21　INV、NOP 指令使用要素

名　称	助记符	功　能	梯形图表示	目标元件	程　序　步
运算结果取反	INV	对该指令之前的运算结果取反	┤├─◁─◯	无	1 步
空操作	NOP	不执行操作	无		

2. INV、NOP 指令使用说明

1）INV 指令在梯形图中用一条 45°的短斜线表示，无目标元件。INV 指令是将该指令所在位置当前逻辑运算结果取反，取反后的结果仍可继续运算。

2）INV 指令可以在 AND、ANI、ANDP 及 ANDF 指令位置后使用，也可以在 ANB、ORB 指令回路中使用，但不能像 OR、ORI、ORP 及 ORF 指令那样单独并联使用，也不能像 LD、LDI、LDP 及 LDF 指令那样单独与左母线连接。

3）执行程序全部清除操作后，全部指令变为 NOP（空操作）。

4）若在程序中加入 NOP 指令，则在修改或增加程序时，可以减少步序号的变化，但程序步需要有空余。

5）若将已写入的指令换为 NOP 指令，则梯形图会发生变化，必须注意。

3. 应用举例

INV 指令的应用如图 1-67 所示。

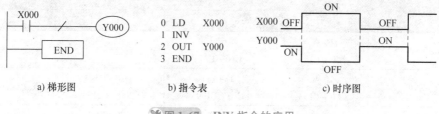

| a) 梯形图 | b) 指令表 | c) 时序图 |

✖ 图1-67　INV 指令的应用

六、项目总结

本项目我们主要讨论了用经验设计法设计 PLC 梯形图程序，以水塔水位控制这个简单的项目为例来学习辅助继电器、定时器的使用以及 ANB、ORB 指令的编程应用，着重分析了用经验设计法设计其控制程序。在此基础上，通过程序的编制、写入、PLC 外部连线、调试运行及观察结果，进一步加深对所学知识的理解。

项目三　三相异步电动机正反转循环运行的 PLC 控制

一、项目导入

在"电机与电气控制技术"课程中，利用低压电器构建的继电-接触器控制电路可实现对三相异步电动机正反转的控制。本项目要求用 PLC 来实现对三相异步电动机正、反转循环运行的控制，即按下起动按钮，三相异步电动机正转 5s，停 2s，反转 5s，停 2s，如此循环 5 个周期，然后自动停止。运行过程中按下停止按钮，电动机立即停止。

要实现上述控制要求，除利用定时器产生脉冲信号外，还需要栈指令、计数器以及其他基本指令。

二、相关知识

（一）计数器（C 元件）

计数器及应用

计数器在 PLC 控制中用于计数控制。三菱 FX 系列 PLC 的计数器分为内部计数器和外部信号计数器。内部计数器是 PLC 在执行扫描操作时对其内部元件（如 X、Y、M、S、T 及 C）的信号进行计数。因此，其接通和断开时间应大于 PLC 扫描周期。外部信号计数器是对外部高频信号进行计数，因此这类计数器又称为高速计数器，工作在中断工作方式下。由于高频信号来自机外，所以 PLC 中高速计数器都设有专用的输入端子及控制端子。这些专用的输入端子既能完成普通端子的功能，又能接收高频信号。

1. 内部计数器

三菱 FX 系列 PLC 的内部计数器分为 16 位增计数器和 32 位增/减双向计数器。FX 系列 PLC 内部计数器见表 1-22。

表 1-22　FX 系列 PLC 内部计数器

PLC 机型	16 位增计数器 0～32767		32 位增/减双向计数器 -2147483648～+2147483647	
	通 用 型	失电保持型	通 用 型	失电保持型
FX$_{1S}$系列	16 点 (C0～C15)	16 点 (C16～C31)	—	—
FX$_{1N}$系列	16 点 (C0～C15)	184 点 (C16～C199)	20 点 (C200～C219)	15 点 (C220～C234)
FX$_{2N}$、FX$_{2NC}$和 FX$_{3U}$系列	100 点 (C0～C99)	100 点 (C100～C199)	20 点 (C200～C219)	15 点 (C220～C234)

（1）16 位增计数器　16 位增计数器的设定值及当前值寄存器均为二进制 16 位寄存器，其设定值在 K1～K32767 范围内有效。设定值 K0 与 K1 的意义相同，均在第一次计数时，计数器动作。FX 系列 PLC 有两种类型的 16 位增计数器，一种为通用型，另一种为失电保持型。

① 通用型 16 位增计数器。FX$_{1S}$和 FX$_{1N}$系列 PLC 内有通用型 16 位增计数器 16 点（C0～C15），FX$_{2N}$、FX$_{2NC}$和 FX$_{3U}$系列 PLC 内有通用型 16 位增计数器 100 点（C0～C99），它们的设定值均为 K1～K32767。计数器输入信号每接通 1 次，计数器当前值增加 1，当计数器的当前值达到设定值时，计数器动作，其常开触点接通，之后即使计数输入再接通，计数器的当前值都保持不变。只有复位输入信号接通时，计数器被复位，计数器当前值才复位为 0，其输出触点也随之复位。计数过程中如果电源断电，计数器当前值回 0，再次通电后，将重新计数。

② 失电保持型 16 位增计数器。FX$_{1S}$系列 PLC 内有失电保持型 16 位增计数器 16 点（C16～C31），FX$_{1N}$系列 PLC 内有失电保持型 16 位增计数器 184 点（C16～C199）；FX$_{2N}$、FX$_{2NC}$和 FX$_{3U}$系列 PLC 内有失电保持型 16 位增计数器 100 点（C100～C199），它们的设定值均为 K1～K32767。其工作过程与通用型相同，区别在于计数过程中如果电源断电，失电保持型计数器当前值和输出触点的置位/复位状态保持不变。

计数器的设定值除了可以用十进制常数 K 直接设定外，还可以通过数据寄存器的内容间接设定。计数器采用十进制数编号。

下面举例说明通用型 16 位增计数器的动作过程。如图 1-68 所示，X000 为复位信号，当 X000 为 ON 时 C0 复位。X001 是计数信号，每当 X001 接通一次，计数器当前值增加 1（注意 X000 断开，计数器不会复位）。当计数器的当前值达到设定值 10 时，计数器动作，其常开触点闭合，Y000 得电。此时即使输入 X001 再接通，计数器当前值也保持不变。当复位输入 X000 接通时，执行复位指令，计数器 C0 被复位，Y000 失电。

（2）32 位增/减双向计数器　32 位增/减双向计数器设定值范围为 -2147483648～+2147483647。FX 系列 PLC 有两种 32 位增/减双向计数器，一种为通用型，另一种为失电保持型。

① 通用型 32 位增/减双向计数器。FX$_{1N}$、FX$_{2N}$、FX$_{2NC}$和 FX$_{3U}$型 PLC 内有通用型 32 位增/减双向计数器 20 点（C200～C219），其增/减计数方式由特殊辅助继电器 M8200～M8219 设定。计数器与特殊辅助继电器一一对应，如计数器 C215 对应 M8215。当对应的特殊辅助继电器为 ON 时为减计数，当对应的特殊辅助继电器为 OFF 时为增计数。计数器的设定值可以直接用十进制常数 K 设定或间接用数据寄存器 D 的内容设定，但间接设定时，要用元件

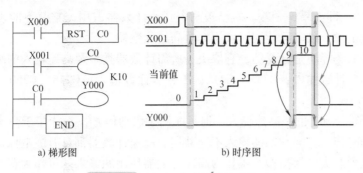

a) 梯形图   b) 时序图

图 1-68 16 位增计数器的动作过程

号连在一起的两个数据寄存器组成 32 位。

② 失电保持型 32 位增/减双向计数器。FX_{1N}、FX_{2N}、FX_{2NC} 和 FX_{3U} 型 PLC 内有失电保持型 32 位增/减双向计数器 15 点（C220 ~ C234），其增/减计数方式由特殊辅助继电器 M8220 ~ M8234 设定。其工作过程与通用型 32 位增/减双向计数器相同，不同之处在于失电保持型 32 位增/减双向计数器的当前值和触点状态在断电时均能保持。

32 位增/减双向计数器的梯形图及时序图如图 1-69 所示，X012 控制计数方向，X012 断开时，M8200 置 0，为增计数；X012 接通时，M8200 置 1，为减计数。X014 为计数输入端，驱动计数器 C200 线圈进行增/减计数。当计数器 C200 的当前值由 −6 增加为 −5 时，计数器 C200 动作，其常开触点闭合，输出继电器 Y001 动作；由 −5 减小为 −6 时，其常开触点断开，输出继电器 Y001 复位。

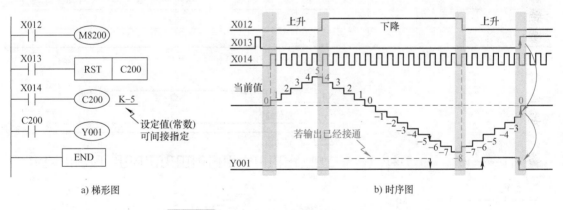

a) 梯形图   b) 时序图

图 1-69 32 位增/减双向计数器的动作过程

2. 高速计数器

高速计数器用来对外部输入信号进行计数，工作方式是按中断方式运行的，与扫描周期无关。一般高速计数器均为 32 位增/减双向计数器，最高计数频率可达 100kHz。高速计数器除了具有内部计数器通过软件完成启动、复位及使用特殊辅助继电器改变计数方向的功能外，还可通过机外信号实现对其工作状态的控制，如启动、复位和改变计数方向等。高数计数器除了具有内部计数器的达到设定值其触点动作这一工作方式外，还具有专门的控制指令，可以不通过本身的触点以中断的工作方式直接完成对其他器件的控制。三菱 FX 系列 PLC 中共有 21 点高速计数器（C235 ~ C255），这些计数器在 PLC 中共享 6 个高速计数器输入端 X000 ~ X005，即如果一个输入端已被某个高速计数器占用，它就不能再用于另一个高速计数器。也就是说，最多只能同时使用 6 个高速计数器。

高速计数器的选择不是任意的，它取决于所需计数器类型及高速输入的端子。高速计数器类型有：单相单计数输入：C235 ~ C245；单相双计数输入：C246 ~ C250；双相双计数输入：C251 ~ C255。

输入端 X006、X007 也是高速输入，但只能用于启动信号，不能用于高速计数。不同类型的计数器可同时使用，但它们的输入不能共用。高速计数器都具有断电保持功能，也可以利用参数设定变为非失电保持型，不作为高速计数器使用的输入端可作为普通输入继电器使用，不作为高速计数器使用的高速计数器也可作为普通 32 位数据寄存器使用。

高速计数器与输入端的分配见表 1-23，其应用如图 1-70 所示。各类计数器的功能和用法见产品使用手册。

表 1-23 高速计数器与输入端的分配

C ＼ X	单相单计数输入											单相双计数输入					双相双计数输入				
	235	236	237	238	239	240	241	242	243	244	245	246	247	248	249	250	251	252	253	254	255
X000	U/D						U/D			U/D		U	U		U		A	A		A	
X001		U/D					R			R		D	D		D		B	B		B	
X002			U/D					U/D			U/D		R		R			R		R	
X003				U/D				R			R			U		U			A		A
X004					U/D				U/D					D		D			B		B
X005						U/D			R					R		R			R		R
X006										S					S					S	
X007											S					S					S

注：U 表示增计数输入，D 表示减计数输入，A 表示 A 相输入，B 表示 B 相输入，R 表示复位输入，S 表示启动输入。

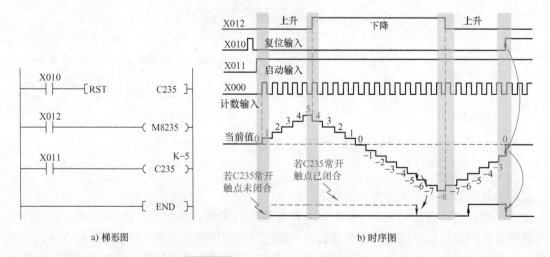

a) 梯形图   b) 时序图

图 1-70 高速计数器 C235 的应用

在图 1-70 中，若 X010 闭合，则 C235 复位。若 X012 闭合，则 C235 作减计数；若 X012 断开，则 C235 作增计数。若 X011 闭合，则 C235 对 X000 输入的高速脉冲进行计数。当计

数器的当前值由 - 5 减小到 - 6 时，C235 常开触点（先前已闭合）断开；当计数器的当前值由 - 6 增加到 - 5 时，C235 常开触点闭合。

（二）栈指令（MPS、MRD 及 MPP）

FX 系列 PLC 内有 11 个存储单元，专门用于存储程序运算的中间结果，称为栈存储器。栈存储器数据进栈和出栈遵循的原则是先进后出，如图 1-71 所示。当梯形图中一个梯级有一个公共触点，并从该公共触点分出两条或以上支路且每个支路都有自己的触点及输出时，必须用栈指令来编写指令表程序。

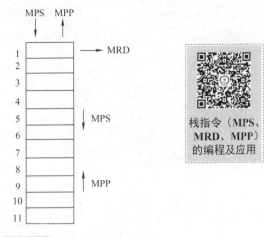

栈指令（MPS、MRD、MPP）的编程及应用

图 1-71　栈存储器示意图

1. 栈指令使用要素

栈指令又称为多重输出指令，包括进栈指令（MPS）、读栈指令（MRD）和出栈指令（MPP）。栈指令的名称、助记符、功能、梯形图表示、目标元件及程序步等使用要素见表 1-24。

表 1-24　栈指令使用要素

名　称	助记符	功　能	梯形图表示	目标元件	程　序　步
进栈	MPS	将运算结果送入栈存储器的第一单元，栈存储器中原有的数据依次下移一个单元			
读栈	MRD	读出栈存储器第一单元的数据且保存，栈内的数据不移动		无	1 步
出栈	MPP	读出栈存储器第一单元的数据，同时该数据消失，栈内的数据依次上移一个单元			

2. 栈指令使用说明

1）MPS 指令是将多重电路的公共触点或电路块先存储起来，以便后面的多重支路使用。多重支路的第一个支路前使用 MPS 指令，多重电路的中间支路前使用 MRD 读栈指令，多重支路的最后一个支路前使用 MPP 指令。该组指令没有目标元件。MPS、MPP 指令必须成对出现。

2）MPS 指令可以反复使用，但必须少于 11 次。

3）MRD 指令可多次使用。

4）MPS、MRD 及 MPP 指令后如果接单个触点，用 AND、ANI、ANDP 及 ANDF 指令；若有电路块串联，则要用 ANB 指令；若直接与线圈相连，则用 OUT 指令。

3. 应用举例

栈指令的应用分别如图 1-72 和图 1-73 所示。

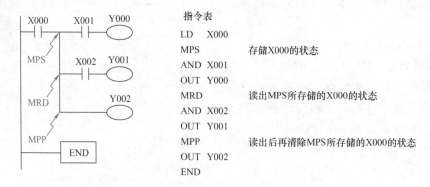

指令表

LD	X000	
MPS		存储X000的状态
AND	X001	
OUT	Y000	
MRD		读出MPS所存储的X000的状态
AND	X002	
OUT	Y001	
MPP		读出后再清除MPS所存储的X000的状态
OUT	Y002	
END		

✳图 1-72 **MPS、MRD 及 MPP 指令的应用（一）**

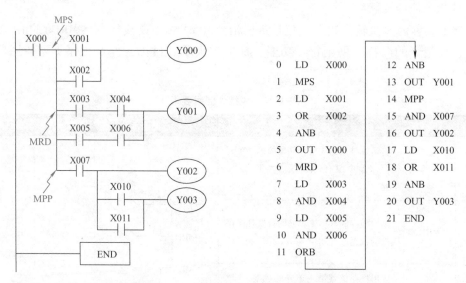

0	LD	X000	12	ANB	
1	MPS		13	OUT	Y001
2	LD	X001	14	MPP	
3	OR	X002	15	AND	X007
4	ANB		16	OUT	Y002
5	OUT	Y000	17	LD	X010
6	MRD		18	OR	X011
7	LD	X003	19	ANB	
8	AND	X004	20	OUT	Y003
9	LD	X005	21	END	
10	AND	X006			
11	ORB				

✳图 1-73 **MPS、MRD 及 MPP 指令的应用（二）**

三、项目实施

（一）训练目标

1）掌握定时器、计数器在程序中的应用，学会栈指令的编程方法。

2）学会用三菱 FX 系列 PLC 的基本指令编制电动机正反转循环运行控制的程序。

3）会绘制电动机正反转循环运行控制的 I/O 接线图。

4）掌握 FX 系列 PLC I/O 端口的外部接线方法。

5）熟练掌握使用三菱 GX Works2 编程软件编制梯形图与指令表程序，并写入 PLC 进行调试运行。

（二）设备与器材

本项目实施所需设备与器材见表 1-25。

表 1-25　所需设备与器材

序号	名　　称	符号	型号规格	数　量	备　注
1	常用电工工具		十字螺钉旋具、一字螺钉旋具、尖嘴钳及剥线钳等	1 套	表中所列设备、器材的型号规格仅供参考
2	计算机（安装 GX Works2 编程软件）			1 台	
3	天煌 THPLC 实训台			1 台	
4	三相异步电动机正反转循环运行控制面板			1 个	
5	三相异步电动机	M	WDJ26 ，$P_N = 40W$，$U_N = 380V$，$I_N = 0.2A$，$n_N = 1430r/min$，$f = 50Hz$	1 台	
6	连接导线			若干	

（三）内容与步骤

1. 项目任务

按下起动按钮 SB1，三相异步电动机先正转 5s，停 2s，再反转 5s，停 2s，如此循环 5 个周期，然后自动停止。运行过程中，若按下停止按钮 SB2，电动机立即停止。实现上述控制，并要有必要的保护环节。控制面板如图 1-74a 所示。

2. I/O 地址分配与接线图

I/O 地址分配见表 1-26。

表 1-26　I/O 地址分配

输　入			输　　出		
设备名称	符　号	X 元件编号	设备名称	符　号	Y 元件编号
起动按钮	SB1	X000	正转控制接触器	KM1	Y000
停止按钮	SB2	X001	反转控制接触器	KM2	Y001

I/O 接线图如图 1-74b 所示。

3. 编制程序

根据控制要求编制梯形图，如图 1-75 所示。

4. 调试运行

利用 GX Works2 编程软件在计算机上输入图 1-75 所示的程序，然后下载到 PLC 中。

（1）静态调试　按图 1-74b 所示 PLC 的 I/O 接线图正确连接输入设备，进行 PLC 的模拟静态调试（按下起动按钮 SB1 时，Y000 亮，5s 后，Y000 灭，再 2s 后，Y001 亮，再过 5s，Y001 灭，等待 2s 后，重新开始循环，完成 5 次循环后，自动停止；运行过程中，按下停止按钮 SB2 时，运行过程结束），并通过 GX Works2 编程软件使程序处于监视状态，观察其是否与指示灯一致，若不一致，则应检查并修改程序，直至输出指示正确。

（2）动态调试　按图 1-74b 所示 PLC 的 I/O 接线图正确连接输出设备，进行系统的空载调试，观察交流接触器能否按控制要求动作（按下起动按钮 SB1 时，KM1 动作，5s 后，

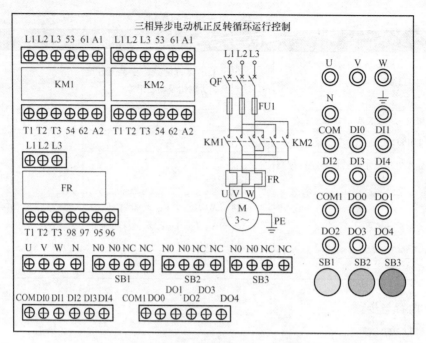

a) 三相异步电动机正反转循环运行控制面板

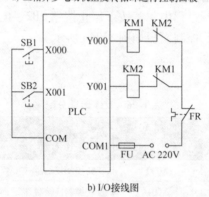

b) I/O接线图

✖ 图 1-74　控制面板及 I/O 接线图

KM1 复位，2s 后，KM2 动作，再过 5s，KM2 复位，等待 2s 后，重新开始循环，完成 5 次循环后，自动停止；运行过程中，按下停止按钮 SB2 时，运行过程结束），并通过 GX Works2 编程软件使程序处于监视状态，观察其是否与动作一致，若不一致，则应检查电路接线或修改程序，直至交流接触器能按控制要求动作。然后按图 1-74a 所示连接电动机（电动机采用丫联结），进行带载动态调试。

运行结果正确，训练结束，整理好实训台及仪器设备。

（四）分析与思考

1）本项目的软硬件互锁是如何实现的？

2）本项目如果将热继电器的过载保护作为硬件条件，试绘制 I/O 接线图，并编制梯形图程序。

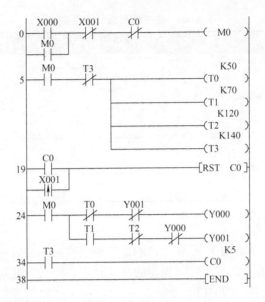

图 1-75　三相异步电动机正反转循环运行控制梯形图

四、项目考核

项目实施考核见表 1-27。

表 1-27　项目实施考核表

序号	考核内容	考核要求	评分标准	配分	得分
1	电路及程序设计	（1）能正确分配 I/O，并绘制 I/O 接线图 （2）根据控制要求，正确编制梯形图程序	（1）I/O 分配错或少，每个扣 5 分 （2）I/O 接线图设计不全或有错，每处扣 5 分 （3）梯形图表达不正确或画法不规范，每处扣 5 分	40 分	
2	安装与连线	根据 I/O 分配，正确连接电路	（1）连线错 1 处，扣 5 分 （2）损坏元器件，每件扣 5～10 分 （3）损坏连接线，每根扣 5～10 分	20 分	
3	调试与运行	能熟练使用编程软件编制程序写入 PLC，并按要求调试运行	（1）不会熟练使用编程软件进行梯形图的编辑、修改、转换、写入及监视，每项扣 2 分 （2）不能按照控制要求完成相应的功能，每缺 1 项扣 5 分	20 分	
4	安全操作	确保人身和设备安全	违反安全文明操作规程，扣 10～20 分	20 分	
		合　　计			

五、知识拓展

（一）主控触点指令（MC、MCR）

1. MC、MCR 指令使用要素

MC、MCR 指令的名称、助记符、功能、梯形图表示、目标元件及程序步等使用要素见表 1-28。

主控触点指令（MC、MCR）的编程及应用

表1-28 主控触点指令使用要素

名 称	助记符	功 能	梯形图表示	目标元件	程 序 步
主控	MC	公共串联触点的连接	⊢⊢─ MC | N0–N7 | Y, M ⊣ ⊢⊣ Y, M	Y，M（特殊M元件除外）	3步
主控复位	MCR	公共串联触点的复位	⊢─── MCR | N7–N0	无	2步

2. MC、MCR 指令使用说明

1）被主控触点指令驱动的 Y 或 M 元件的常开触点称为主控触点，主控触点在梯形图中与一般触点垂直。主控触点是与左母线相连的常开触点，相当于电气控制电路的总开关。与主控触点相连的触点必须用 LD、LDI 指令。

2）在一个 MC 指令区内若再使用 MC 指令称嵌套，嵌套的级数最多为 8 级，编号按 N0→N1→N2→N3→N4→N5→N6→N7 顺序增大，N0 为最外层，N7 为最内层，使用 MCR 指令返回时，则从编号大的嵌套级开始复位，即按 N7→N6→N5→N4→N3→N2→N1→N0 的顺序返回。

3）MC 和 MCR 指令必须成对出现，其嵌套层数 N 值应相同。主控触点指令区的 Y 或 M 元件不能重复使用。

4）MC 指令驱动条件断开时，在 MC 与 MCR 之间的积算型定时器和计数器以及用 SET、RST 指令驱动的元件保持其之前的状态不变，通用型定时器和用 OUT 指令驱动的元件均复位。

3. 应用举例

MC、MCR 指令的应用如图 1-76 所示。

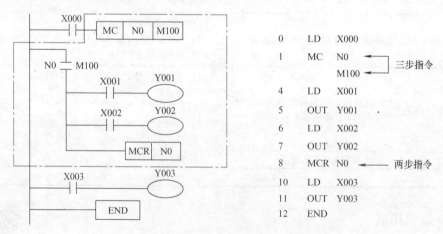

图 1-76 MC、MCR 指令的应用

（二）主控触点指令在电动机正反转控制中的应用

用主控触点指令对三相异步电动机实现正反转控制的输入/输出接线如图 1-77 所示，梯形图程序如图 1-78 所示。

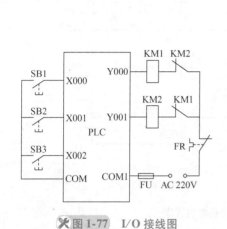

图 1-77　I/O 接线图

（三）计数器的应用

1. 计数器与定时器组合实现延时的程序

计数器与定时器组合实现延时的控制程序如图 1-79 所示。当 T0 的延时 30s 时间到，定时器 T0 动作，其常开触点闭合，使计数器 C0 计数 1 次。而 T0 的常闭触点断开，又使它自己复位，复位后，T0 的当前值变为 0，其常闭触点又闭合，使 T0 又重新开始延时，每一次延时计数器 C0 当前值累加 1，当 C0 的当前值达到 300 时，计数器 C0 动作，才使 Y000 为 ON。整个延时时间 $T = 300 \times 0.1s \times 300 = 9000s$。

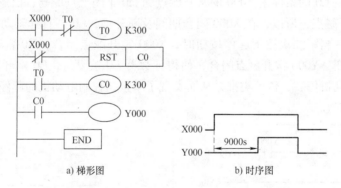

a) 梯形图　　　　　b) 时序图

图 1-79　计数器与定时器组合实现延时的程序

2. 两个计数器组合实现延时的程序

两个计数器组合实现延时的程序如图 1-80 所示。当闭合起停开关 X000 时，计数器 C0 对 PLC 内部的 0.1s 脉冲 M8012（特殊辅助继电器）进行计数，每 0.1s 计数器 C0 的当前值加 1，直到 500，C0 动作，计数器 C1 计数 1 次，同时，C0 的常开触点闭合，使它自己复位，当前值清零，C0 又重新开始对 M8012 计数，C0 每重新计数 1 次，C1 当前值加 1，直到 C1 当前值达到 100 时，C1 动作，使 Y000 为 ON。从而实现延时时间 $T = 500 \times 0.1s \times 100 = 5000s$。

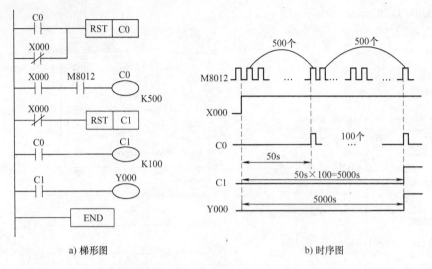

| a) 梯形图 | b) 时序图 |

❉图1-80 两个计数器组合实现延时的程序

3. 单按钮控制电动机起停程序

单按钮控制电动机起停是用一个按钮控制电动机的起动和停止。按一下按钮，电动机起动运行，再按一下，电动机停止，再按一下起动……如此循环。用 PLC 设计的单按钮控制电动机起停程序的方法很多，这里是用计数器实现的控制，梯形图及时序图如图 1-81 所示。第一次按下起停按钮时，X000 常开触点闭合，计时器 C0 当前值为 1 并动作，辅助继电器 M0 线圈得电动作，C0 动作后，其常开触点闭合，使 Y000 线圈得电，电动机起动运行，PLC 执行到第二个扫描周期时，X000 虽然仍为 ON，但 M0 的常闭触点断开，使得 C0 不会被复位，由于复位 C0 的条件是 X000 的常开触点和 M0 常闭触点的与，而驱动 M0 线圈的条件是 X000 的常开触点，所以，在 X000 闭合期间及断开后，C0 一直处于动作状态，使电动机处于运行状态。当第二次按下起停按钮时，X000 常开触点闭合，M0 常闭触点闭合，C0 的当前值为 1 不变，Y000 常开触点闭合，使得计数器 C0 被复位，C0 常开触点断开，Y000 线圈失电，使电动机停转，依此类推，从而实现了单按钮控制电动机的起停。

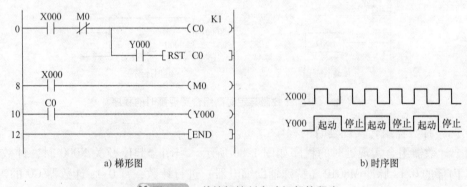

| a) 梯形图 | b) 时序图 |

❉图1-81 单按钮控制电动机起停程序

六、项目总结

本项目我们主要讨论了用经验设计法设计 PLC 梯形图程序，以三相异步电动机正反转循环运行控制为例来说明计数器的工作原理及使用、栈指令的功能及编程应用。在此基础上，通过程序的编制、写入、PLC外部连线、调试运行及观察结果，进一步加深对所学知识的理解。

项目四 三相异步电动机Υ-△减压起停单按钮实现的PLC控制

一、项目导入

在项目一和项目三中，我们学习了用两个按钮控制电动机起动和停止，本项目要求设计只用一个按钮控制电动机Υ-△减压起停的程序，即第一次按下按钮，电动机实现从Υ联结起动到△联结的正常运行，第二次按下按钮，电动机停止。

分析上述控制要求，我们之前所学的基本指令是不能完成这一要求的，要实现控制要求，必须使用基本逻辑指令中的脉冲（微分）输出指令和梯形图程序设计的转化法。

二、相关知识

（一）脉冲（微分）输出指令（PLS、PLF）

1. PLS、PLF指令使用要素

脉冲（微分）输出指令的名称、助记符、功能、梯形图表示、目标元件及程序步等使用要素见表1-29。

脉冲输出指令（PLS、PLF）的编程及应用

表1-29 脉冲（微分）输出指令使用要素

名　称	助记符	功　能	梯形图表示	目标元件	程　序　步
上升沿脉冲输出	PLS	在输入信号上升沿，产生1个扫描周期的脉冲输出	┤├──[PLS　Y, M]	Y，M（特殊M元件除外）	2步
下降沿脉冲输出	PLF	在输入信号下降沿，产生1个扫描周期的脉冲输出	┤├──[PLF　Y, M]		

2. PLS、PLF指令使用说明

1）使用PLS、PLF指令，目标元件Y、M仅在执行条件接通时（上升沿）和断开时（下降沿）产生一个扫描周期的脉冲输出。

2）特殊辅助继电器不能用作PLS或PLF的目标元件。

3）PLS和PLF指令主要用在程序只执行一次的场合。

3. 应用举例

PLS、PLF指令的应用如图1-82所示。

（二）二分频电路程序

所谓二分频，是指输出信号的频率是输入信号频率的二分之一，可以采用不同的方法实现，其梯形图程序如图1-83a、b所示。对于图1-83a，当X000上升沿到来时（设为第1个

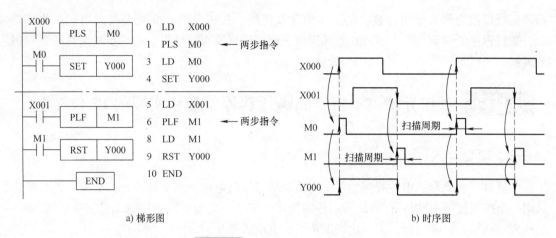

a) 梯形图　　　　　　　　　　　　b) 时序图

图1-82　PLS、PLF 指令的应用

扫描周期），M0 线圈为 ON（只接通 1 个扫描周期），此时 M1 线圈由于 Y000 常开触点断开为 OFF，因此 Y000 线圈由于 M0 常开触点闭合为 ON；下一个扫描周期，M0 线圈为 OFF，虽然 Y000 常开触点闭合，但此时 M0 常开触点已断开，所以 M1 线圈仍为 OFF，Y000 线圈则由于自保持触点闭合而一直为 ON，直到下一次 X000 的上升沿到来时，M1 线圈才为 ON，并把 Y000 线圈断开，从而实现二分频控制。对于图 1-83b 所示程序，读者可自己分析。二分频电路时序图如图 1-83c 所示。

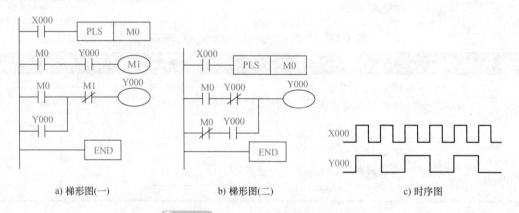

a) 梯形图(一)　　　　　　b) 梯形图(二)　　　　　　c) 时序图

图1-83　二分频电路梯形图和时序图

对于上述二分频控制程序，当按钮对应 PLC 的输入 X000、负载（如信号灯或控制电动机的交流接触器）对应 PLC 的输出 Y000 时，实现的即为单按钮起停的控制。

（三）根据继电-接触器控制电路设计梯形图的方法

1. 基本方法

根据继电-接触器控制电路设计梯形图的方法又称为转化法或移植法。

根据继电-接触器控制电路设计 PLC 梯形图时，关键要抓住它们一一对应的关系，即控制功能的对应、逻辑功能的对应以及继电器硬件元件和 PLC 软元件的对应。

2. 转化法设计的步骤

1）了解和熟悉被控设备的工艺过程和机械动作的情况，根据继电-接触器控制电路图分析控制系统的工作原理。

2）确定 PLC 的输入信号和输出信号，画出 PLC 外部 I/O 接线图。

3）建立其他元器件的对应关系。

4）根据对应关系画出 PLC 的梯形图。

3. 注意事项

1）应遵守梯形图语言的语法规定。

2）应注意常闭触点提供的输入信号的处理。在继电-接触器控制电路使用的常闭触点，如果在转化为梯形图时仍采用常闭触点，使其与继电-接触器控制电路相一致，那么在输入信号接线时就一定要连接该触点的常开触点。

3）应注意外部联锁电路的设定。为了防止外部两个不应该同时动作的接触器等同时动作，除了在 PLC 梯形图中设置软件互锁外，还应在 PLC 外部设置硬件互锁。

4）应注意时间继电器瞬动触点的处理。对于有瞬动触点的时间继电器，可以在梯形图中通用型定时器线圈的两端并联辅助继电器，该辅助继电器的触点可以作为时间继电器的瞬动触点使用。

5）应注意热继电器过载信号的处理。如果热继电器为自动复位型，其触点提供的过载信号就必须通过输入点提供给 PLC；如果热继电器为手动复位型，可以将其常闭触点串联在 PLC 输出回路的交流接触器线圈支路上。

三、项目实施

（一）训练目标

1）学会用三菱 FX 系列 PLC 的基本指令编制单按钮控制电动机起停的程序。

2）会绘制单按钮控制电动机起停的 I/O 接线图及主电路图。

3）掌握 FX 系列 PLC I/O 端口的外部接线方法。

4）熟练掌握使用三菱 GX Works2 编程软件编制梯形图与指令表程序，并写入 PLC 进行调试运行。

（二）设备与器材

本项目实施所需设备与器材见表 1-30。

表 1-30　所需设备与器材

序号	名　称	符号	型号规格	数　量	备　注
1	常用电工工具		十字螺钉旋具、一字螺钉旋具、尖嘴钳及剥线钳等	1 套	表中所列设备、器材的型号规格仅供参考
2	计算机（安装 GX Works2 编程软件）			1 台	
3	天煌 THPLC 实训台			1 台	
4	三相异步电动机丫-△减压起停单按钮控制面板			1 个	
5	三相异步电动机	M	WDJ26，$P_N = 40W$，$U_N = 380V$，$I_N = 0.2A$，$n_N = 1430r/min$，$f = 50Hz$	1 台	
6	连接导线			若干	

（三）内容与步骤

1. 项目任务

首先根据转化法，将图1-84所示三相异步电动机Y-△减压起动控制电路转换为PLC控制梯形图，同时电路要有必备的软件与硬件保护环节，然后再进行三相异步电动机Y-△减压起停单按钮实现的PLC控制，其控制面板如图1-85所示。

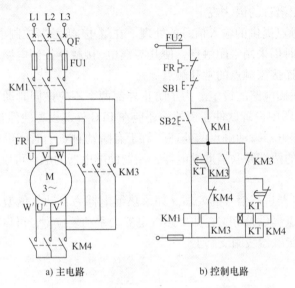

a) 主电路   b) 控制电路

✖ 图 1-84   三相异步电动机Y-△减压起动控制电路

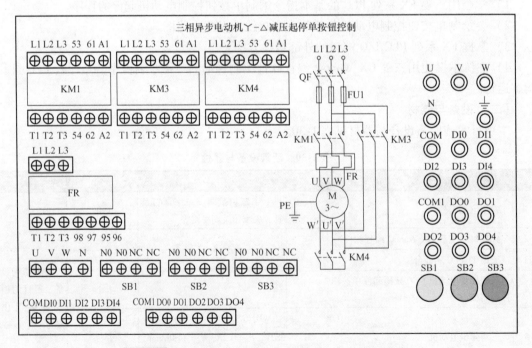

✖ 图 1-85   三相异步电动机Y-△减压起停单按钮控制面板

2. I/O 地址分配与接线图

I/O 分配见表 1-31。

表 1-31　I/O 分配

输　　入			输　　出		
设备名称	符　　号	X 元件编号	设备名称	符　　号	X 元件编号
起停按钮	SB1	X000	控制电源接触器	KM1	Y000
			△联结接触器	KM3	Y001
			丫联结接触器	KM4	Y002

丫-△减压起动和单按钮实现的丫-△减压起停的 I/O 接线图分别如图 1-86 和图 1-87 所示。

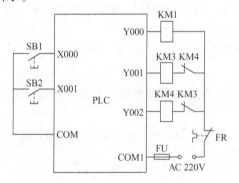

图 1-86　丫-△减压起动 I/O 接线图

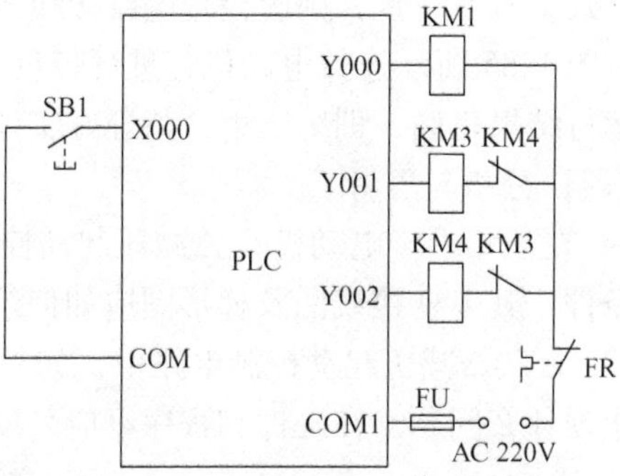

图 1-87　单按钮实现的丫-△减压起停 I/O 接线图

3. 编制程序

转化法编制的三相异步电动机丫-△减压起动控制梯形图程序如图 1-88 所示。

根据单按钮起停程序和三相异步电动机丫-△减压起动程序，编制单按钮控制三相异步电动机丫-△减压起停控制梯形图程序，如图 1-89 所示。

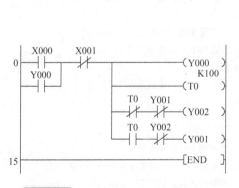

图 1-88　丫-△减压起动控制梯形图

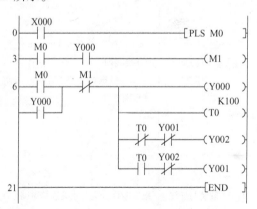

图 1-89　单按钮实现的丫-△减压起停控制梯形图

4. 调试运行

利用 GX Works2 编程软件在计算机上输入图 1-89 所示程序，然后下载到 PLC 中。

（1）静态调试 按图1-87所示PLC的I/O接线图正确连接输入设备，进行PLC的模拟静态调试（按下起停按钮SB1时，Y000、Y002亮，延时10s时间到，首先Y002灭，然后Y001亮，任何时间使FR动作或第二次按下SB1，整个过程也立即停止），并通过GX Works2编程软件使程序处于监视状态，观察其是否与指示灯一致，若不一致，检查并修改程序，直至输出指示正确。

（2）动态调试 按图1-87所示PLC的I/O接线图正确连接输出设备，进行系统的空载调试，观察交流接触器能否按控制要求动作（按下起停按钮SB1时，KM1、KM4动作，延时10s时间到，首先KM4复位，然后KM3动作，任何时间使FR动作或第二次按下SB1，整个过程也立即停止），并通过编程软件使程序处于监视状态（当PLC处于运行状态时，单击【在线】→【监视】→【开始监视】，可以全画面监控PLC的运行，这时可以观察到定时器的当前值会随着程序的运行而动态变化，得电动作的线圈和闭合的触点会变蓝），观察其是否与动作一致，若不一致，则应检查电路接线或修改程序，直至交流接触器能按控制要求动作；然后按图1-85所示连接电动机，进行带负载动态调试。

运行结果正确，训练结束，整理好实训台及仪器设备。

（四）分析与思考

1）在三相异步电动机Y-△减压起动控制电路中，如果将热继电器过载保护作为PLC的硬件条件，其I/O接线图及梯形图应如何绘制？

2）在Y-△减压起动控制电路中，如果控制Y联结的KM4和控制△联结的KM3同时得电会出现什么问题？在硬件和程序上应采取什么措施？

四、项目考核

项目实施考核见表1-32。

表1-32 项目实施考核表

序号	考核内容	考核要求	评分标准	配分	得分
1	电路及程序设计	（1）能正确分配I/O，并绘制I/O接线图 （2）根据控制要求，正确编制梯形图程序	（1）I/O分配错或少，每个扣5分 （2）I/O接线图设计不全或有错，每处扣5分 （3）三相异步电动机Y-△减压起动运行主电路表达不正确或画法不规范，每处扣5分 （4）梯形图表达不正确或画法不规范，每处扣5分	40分	
2	安装与连线	根据I/O分配，正确连接电路	（1）连线错1处，扣5分 （2）损坏元器件，每件扣5～10分 （3）损坏连接线，每根扣5～10分	20分	

（续）

序号	考核内容	考核要求	评分标准	配分	得分
3	调试与运行	能熟练使用编程软件编制程序写入 PLC，并按要求调试运行	（1）不会熟练使用编程软件进行梯形图的编辑、修改、转换、写入及监视，每项扣 2 分 （2）不能按照控制要求完成相应的功能，每缺 1 项扣 5 分	20 分	
4	安全操作	确保人身和设备安全	违反安全文明操作规程，扣 10～20 分	20 分	
合　　计					

五、知识拓展

（一）上升沿检测指令（LDP、ANDP 及 ORP）

上升沿检测指令（LDP、ANDP、ORP）、下降沿检测指令（LDF、ANDF、ORF）的编程及应用

LDP、ANDP 及 ORP 指令是进行上升沿检测的触点指令，仅在指定软元件上升沿时（由 OFF→ON 变化时）接通一个扫描周期。表示方法是在常开触点的中间加一个向上的箭头。

1. LDP、ANDP 及 ORP 指令使用要素

LDP、ANDP 及 ORP 指令的名称、助记符、功能、梯形图表示、目标元件及程序步等使用要素见表1-33。

表 1-33　LDP、ANDP 及 ORP 指令使用要素

名　称	助记符	功　能	梯形图表示	目标元件	程序步
取上升沿检测	LDP	上升沿检测运算开始	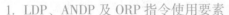	X，Y，M，S，T，C	2 步
与上升沿检测	ANDP	上升沿检测串联连接			
或上升沿检测	ORP	上升沿检测并联连接			

2. LDP、ANDP 及 ORP 使用说明

LDP、ANDP 及 ORP 指令仅在对应元件上升沿维持一个扫描周期的接通。

3. 应用举例

LDP、ANDP 及 ORP 指令的应用如图 1-90 所示。

（二）下降沿检测指令（LDF、ANDF 及 ORF）

LDF、ANDF 及 ORF 指令是进行下降沿检测的触点指令，仅在指定软元件下降沿时（由 ON→OFF 变化时）接通一个扫描周期。表示方法是在常开触点的中间加一个向下的箭头。

1. LDF、ANDF 及 ORF 指令使用要素

LDF、ANDF 及 ORF 指令的名称、助记符、功能、梯形图表示、目标元件及程序步等使用要素见表1-34。

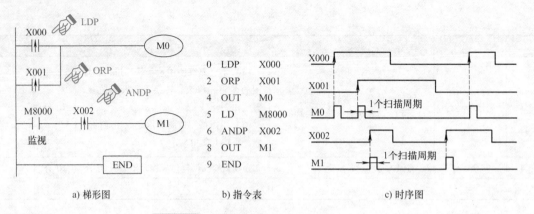

a) 梯形图　　　　　　b) 指令表　　　　　　c) 时序图

图 1-90　LDP、ANDP 及 ORP 指令的应用

表 1-34　LDF、ANDF 及 ORF 指令使用要素

名　称	助记符	功　能	梯形图表示	目标元件	程序步
取下降沿检测	LDF	下降沿检测运算开始			
与下降沿检测	ANDF	下降沿检测串联连接		X, Y, M, S, T, C	2 步
或下降沿检测	ORF	下降沿检测并联连接			

2. LDF、ANDF 及 ORF 指令使用说明

LDF、ANDF 及 ORF 指令仅在对应元件下降沿维持一个扫描周期的接通。

3. 应用举例

LDF、ANDF 及 ORF 指令的应用如图 1-91 所示。

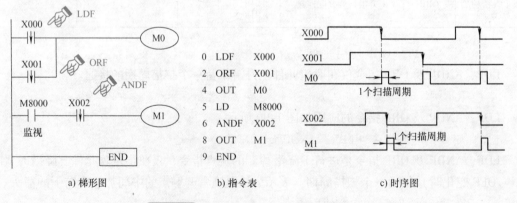

a) 梯形图　　　　　　b) 指令表　　　　　　c) 时序图

图 1-91　LDF、ANDF、ORF 指令的应用

六、项目总结

本项目以三相异步电动机Y-△减压起停单按钮控制为载体，着重讨论了脉冲（微分）输出指令 PLS、PLF 的使用要素，由 PLS 指令实现的二分频电路程序（单按钮起停控制程序）以及利用转化法将三相异步电动机Y-△减压起动继电器控制电路图转换为 PLC 控制的梯形图程序。在此基础上，利用基本逻辑指令编制了三相异步电动机Y-△减压起停单按钮控制的 PLC 程序，通过 GX Works2 编程软件进行程序的编辑、写入、I/O 端口连接及调试运行，达到会使用脉冲（微分）输出指令和栈指令编程的目的。

◈◈ 梳理与总结

本学习情境通过三相异步电动机起停的 PLC 控制、水塔水位的 PLC 控制、三相异步电动机正反转循环运行的 PLC 控制、三相异步电动机Y-△减压起停单按钮实现的 PLC 控制 4 个项目，来学习 FX_{2N} 系列 PLC 基本指令的编程。

1）PLC 的硬件主要由 CPU、存储器、输入/输出接口电路、通信接口、扩展接口、电源等组成；软件由系统程序和用户程序组成。

2）PLC 的工作方式采用不断循环顺序扫描的工作方式，每一次扫描所用的时间称为扫描周期。其工作过程分为输入采样阶段、程序执行阶段和输出刷新阶段。

3）PLC 的编程位元件有 X、Y、M、S。其中 X、Y 以八进制编号，其他元件均以十进制编号。

4）三菱 FX_{2N} 系列 PLC 定时器均为通电延时型，分为通用型和积算型两种，定时器的动作原理为定时器线圈通电瞬时开始，对 PLC 内置的 100ms、10ms、1ms 的时钟脉冲累计计时，当定时器的当前值等于设定值时，定时器动作，其常开触点闭合，常闭触点断开。通用型定时器与积算型定时器的区别在于通用型定时器在延时过程中，当定时线圈断电时，其当前值立即清零，线圈重新通电时，定时器当前值从零开始累计；而积算型定时器在延时过程中，当线圈断电时，其当前值保持不变，线圈再次通电时，定时器当前值从断电时的值开始累计计时。

在使用定时器编程过程中，若要实现对定时器重新计时或循环计时，则要注意对定时器的复位，即对定时器当前值清零。通用型定时器线圈断电后重新得电即可；积算型定时器则需通过复位指令将定时器复位后，定时器线圈重新得电才行。

5）三菱 FX_{2N} 系列 PLC 计数器分为内部计数器和外部信号计数器两种。内部计数器是 PLC 在执行扫描操作时对 X、Y、M、S、T、C 元件的信号进行计数，分为 16 位增计数器和 32 位增/减双向计数器。外部信号计数器又称为高速计数器，它是对外部输入信号进行计数，工作方式按中断方式进行，与 PLC 扫描周期无关，高速计数器一般均为 32 位增/减双向计数器。计数器在工作过程中对驱动的脉冲信号计数，当计数器当前值等于设定值时，计数器动作，其常开触点闭合，常闭触点断开。

在使用计数器编程过程中，要实现对计数器重新计数或循环计数，一定要注意用复位指令（RST）对计数器复位。

6）FX_{2N} 系列 PLC 共有 27 条基本指令，其中 LD、LDI、LDP、LDF、AND、ANI、OR、

ORI、LDP、LDF、ORP、ORF 为触点指令共 12 条，ANB、ORB、MPS、MRD、MPP、INV 为结合指令共 6 条，OUT、SET、RST、PLS、PLF 为驱动指令共 5 条，MC、MCR 为主控触点指令共 2 条，其他指令 NOP 1 条，结束指令 END 1 条。其中 ANB、ORB、MPS、MRD、MPP、MCR、INV、NOP、END 9 条指令无目标元件，其余的 18 条指令均有对应的目标元件。

练习与提高

一、填空题

1. 定时器的线圈_____时开始计时，定时时间到其常开触点_____，常闭触点_____。

2. 通用型定时器_____时被复位，复位后其常开触点_____，常闭触点_____，当前值为_____。

3. 计数器在计数过程中，复位输入_____、计数输入_____时，计数器的当前值加 1。计数当前值等于设定值时，其常开触点_____，常闭触点_____。再来计数脉冲时当前值将_____。复位输入到来时，计数器复位，复位后其常开触点_____，常闭触点_____，当前值为_____。

4. OUT 指令不能用于_____继电器。

5. _____是初始化脉冲，在_____时，它接通一个扫描周期。当 PLC 处于 RUN 状态时，M8000 一直为_____。

6. 主控触点后所接的触点应使用_____指令，回路块开始的分支处常闭触点应使用_____指令。

二、判断题

1. PLC 是一种数据运算控制的电子系统，专为在工业环境下应用而设计。它是用可编程序的存储器，通过执行程序，完成简单的逻辑功能。 （   ）

2. PLC 的输出端可直接驱动大容量的电磁铁、电磁阀及电动机等大负载。 （   ）

3. PLC 采用了典型的计算机结构，主要由 CPU、RAM、ROM 和专门设计的输入/输出接口电路等组成。 （   ）

4. 梯形图是 PLC 程序的一种，也是控制电路。 （   ）

5. 梯形图两边的所有母线都是电源线。 （   ）

6. PLC 的基本指令表达式由助记符、标识符和参数组成。 （   ）

7. PLC 是以"并行"方式进行工作的。 （   ）

8. PLC 产品技术指标中的存储器是指内部用户存储器的存储容量。 （   ）

9. FX$_{2N}$-48MR PLC 型号中"48"表示 I/O 点数，是指能够输入、输出开关量、模拟量的总个数，它与继电器触点个数相对应。 （   ）

10. 梯形图中的输入触点和输出线圈即为现场的开关状态，可直接驱动现场执行元件。 （   ）

11. PLC 的输入输出端口都采用光电隔离。 （   ）

12. OUT 指令是驱动线圈指令，用于驱动各种继电器。 （   ）

13. PLC 的 ANB 或 ORB 指令，在回路块串并联连接编程时可连续使用，且没有次数限制。 （   ）

14. PLC 的所有软元件全部采用十进制编号。 （   ）

15. PLC 的定时器相当于通用延时型时间继电器，所以 PLC 的控制无法实现断电延时功能。 （   ）

三、选择题

1. PLC 的程序中图形语言是（   ）。

A. 梯形图和顺序功能图　　　　B. 图形符号逻辑　　　　C. 继电-接触器控制原理图　　　　D. 卡诺图

2. 输入采样阶段，PLC 的 CPU 对各输入端进行扫描，将输入信号送入（　　）。

A. 累加器　　　　　　　B. 数据寄存器　　　　　　C. 状态寄存器　　　　　　D. 存储器

3. PLC 将输入信息采入 PLC 内部，执行（　　）后实现逻辑功能，最后输出达到控制要求。

A. 硬件　　　　　　　　B. 元件　　　　　　　　　C. 用户程序　　　　　　　D. 控制部件

4. （　　）是 PLC 的输出信号，控制外部负载，只能用程序指令驱动，外部信号无法驱动。

A. 输入继电器　　　　　B. 输出继电器　　　　　　C. 辅助继电器　　　　　　D. 状态继电器

5. 下列 PLC 型号中是 FX 系列基本单元晶体管输出的是（　　）。

A. FX_{2N}-32MR　　　　B. FX-48ET　　　　　　C. FX-16EYT-TB　　　　D. FX_{2N}-48MT

6. PLC 的（　　）输出是无触点输出，用于控制交流负载。

A. 晶体管　　　　　　　B. 继电器　　　　　　　　C. 晶闸管　　　　　　　　D. 二极管

7. PLC 的（　　）输出是有触点输出，既可控制交流负载又可控制直流负载。

A. 二极管　　　　　　　B. 晶闸管　　　　　　　　C. 继电器　　　　　　　　D. 晶体管

8. FX 系列 PLC 提供一个常开触点型的初始化脉冲是（　　），用于对程序进行初始化。

A. M8000　　　　　　　B. M8004　　　　　　　　C. M8001　　　　　　　　D. M8002

9. FX 系列 PLC 能提供 1000ms 时钟脉冲的特殊辅助继电器是（　　）。

A. M8011　　　　　　　B. M8012　　　　　　　　C. M8013　　　　　　　　D. M8014

10. 在编程时，PLC 的内部触点（　　）。

A. 可作常开触点使用，但只能使用一次　　　　　B. 可作常闭触点使用，但只能使用一次

C. 可作常开和常闭触点反复使用，无限制　　　　D. 只能使用一次

11. 在下列 FX 系列 PLC 基本指令中，（　　）指令没有目标元件。

A. AND　　　　　　　　B. ANI　　　　　　　　　C. ANB　　　　　　　　　D. ANDP

12. 在下列 FX 系列 PLC 基本指令中，表示在某一步上不进行任何操作的指令是（　　）。

A. INV　　　　　　　　B. NOP　　　　　　　　　C. MPS　　　　　　　　　D. ORB

四、简答题

1. 按结构形式不同，PLC 分为哪几种？各有何特点？

2. PLC 主要由哪几部分组成？各部分起何作用？

3. 简述 PLC 的工作过程。

4. FX_{2N}-32MR 型系列 PLC 最多可接多少个输入信号与多少个负载？它适用于控制交流还是直流负载？

5. OUT 指令与 SET 指令有何异同？

6. 主控指令和栈指令有何异同？

五、梯形图与指令表之间的相互转换（请将下列 1-5 题的梯形图转换为指令表，6 题的指令表转换为梯形图）

1. 写出图 1-92 所示梯形图对应的指令表程序。

2. 写出图 1-93 所示梯形图对应的指令表程序。

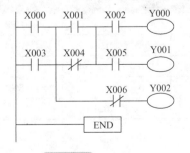

図 1-92　题 5-1 图

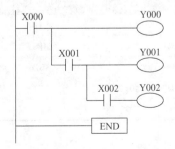

図 1-93　题 5-2 图

3. 写出图 1-94 所示梯形图对应的指令表程序。

4. 写出图 1-95 所示梯形图对应的指令表程序。

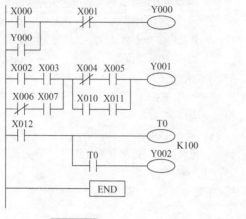 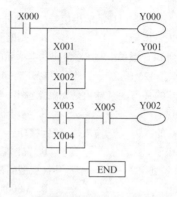

图1-94　题5-3图　　　　　　　　　　图1-95　题5-4图

5. 写出图 1-96 所示梯形图对应的指令表程序。

6. 画出表 1-35 ~ 表 1-37 中指令表程序对应的梯形图。

表 1-35　指令表（一）

序号	助记符	操作数	序号	助记符	操作数	序号	助记符	操作数	序号	助记符	操作数
0	LD	X001	5	LD	X005	10	ANB		15	AND	M3
1	ANI	X002	6	AND	X006	11	LD	M1	16	OUT	Y001
2	LD	X003	7	LD	X007	12	AND	M2	17	END	
3	ANI	X004	8	ANI	X010	13	ORB				
4	ORB		9	ORB		14	OUT	M34			

表 1-36　指令表（二）

序号	助记符	操作数	序号	助记符	操作数	序号	助记符	操作数	序号	助记符	操作数
0	LD	X002	3	MC	N0	7	OUT	Y002			K50
1	OR	Y002			M0	8	LD	X003	12	MCR	N0
2	ANI	X001	6	LDI	T1	9	OUT	T1	14	END	

表 1-37　指令表（三）

序号	助记符	操作数	序号	助记符	操作数	序号	助记符	操作数	序号	助记符	操作数
0	LD	X002	5	ANB		10	ANI	X034	15	MPP	
1	AND	M6	6	MPS		11	SET	M35	16	ANDP	X006
2	MPS		7	AND	X005	12	MRD		18	OUT	Y002
3	LD	X012	8	OUT	M12	13	AND	X001	19	END	
4	ORI	Y023	9	MPP		14	OUT	Y024			

六、程序设计题

1. 试用 SET、RST 指令和微分输出指令设计满足图 1-97 所示要求的梯形图。

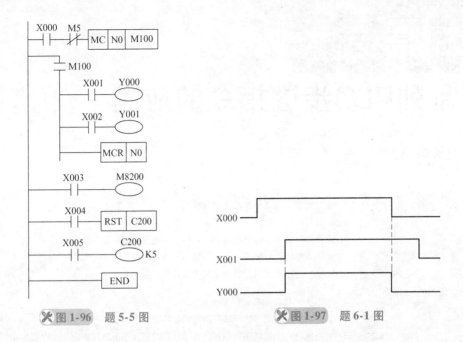

图 1-96 题 5-5 图 　　　　图 1-97 题 6-1 图

2. 试用 FX PLC 基本指令编制自动门开关控制的程序，自动门控制示意图如图 1-98 所示。当有人进入红外线检测范围，开门电动机开始工作，自动门打开，直到门接触到开门限位开关。假如门触动限位开关 7s，没有人进入检测区。关门电动机开始工作，门自动关闭。直到接触到关门限位开关。如果有人进入检测区，立即停止关闭工作。

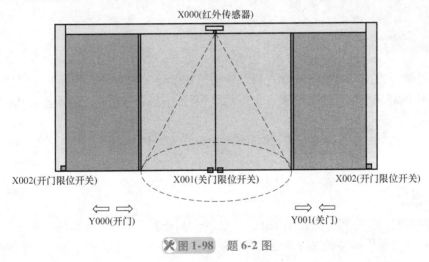

图 1-98 题 6-2 图

3. 试用 PLC 实现小车往复运行控制，系统启动后小车前进，行驶 20s，停止 5s，再后退 20s，停止 5s，如此往复运行 10 次，循环运行结束后指示灯以 1Hz 频率闪烁 5 次后熄灭。

4. 试用置位、复位指令编制三相异步电动机正反转运行的程序。

5. 用 PLC 实现一只按钮控制三盏灯亮灭，要求第一次按下按钮，第一盏灯亮，第二次按下按钮，第二盏灯亮，第三次按下按钮，第三盏灯亮，第四次按下按钮，第一、二、三盏灯同时亮，第五次按下按钮，第一、二、三盏灯同时熄灭。试画出 I/O 接线图并编制梯形图。

学习情境二

FX系列PLC步进指令的应用

教学目标	能力目标	1. 会分析顺序控制系统的工作过程 2. 能合理分配 I/O 地址，绘制顺序功能图 3. 能使用步进指令将顺序功能图转换为步进梯形图和指令表 4. 能熟练使用 GX Works2 编程软件编制顺序功能图、梯形图并写入 PLC 5. 能进行程序的模拟调试和在线调试
	知识目标	1. 熟练掌握 PLC 的状态继电器和步进指令的使用 2. 掌握顺序功能图与步进梯形图的相互转换 3. 掌握单序列、选择序列和并行序列顺序控制程序的设计方法
	素质目标	1. 培养刻苦勤奋、诚实守信、持之以恒的学习态度，练就过硬的技能，报效祖国 2. 具有脚踏实地、按部就班、求真务实的工作作风 3. 具有爱岗敬业、乐于奉献、团结协作、勇于创新的职业素养
教 学 重 点		顺序功能图；顺序功能图与步进梯形图的相互转换
教 学 难 点		并行序列的 STL 指令编程
参 考 学 时		12 ~ 18 学时

本学习情境通过两种液体混合的 PLC 控制、四节传送带的 PLC 控制和十字路口交通信号灯的 PLC 控制三个项目的学习和训练，掌握 FX 系列 PLC 步进指令的编程方法。

项目五　两种液体混合的 PLC 控制

一、项目导入

对生产原料的混合操作是化工、食品、饮料及制药等行业必不可少的工序之一。而采用 PLC 对原料混合操作的装置进行控制具有自动化程度高、生产效率高、混合质量高和适用范围广等优点，其应用较为广泛。

液体混合有两种、三种或多种，多种液体按照一定的比例混合是物料混合的一种典型形式，本项目主要通过两种液体混合装置的 PLC 控制来学习单序列顺序控制编程的基本方法。

二、相关知识

（一）状态继电器（S 元件）

状态继电器是一种在步进顺序控制的编程中表示"步"的继电器，它与后述的步进梯形开始指令 STL 组合使用。状态继电器不在顺序控制中使用时，也可作为普通的辅助继电器使用，且具有断电保持功能，或作信号报警用，用于外部故障诊断。FX 系列 PLC 状态继电器见表 2-1。

表 2-1　FX 系列 PLC 状态继电器

PLC 机型	初始化用	IST 指令时回零用	通 用	断电保持用	报 警 用
FX$_{1S}$系列		10 点 （S10 ~ S19）	—	128 点 （S0 ~ S127）	—
FX$_{1N}$系列		—	—	1000 点 （S0 ~ S999）	—
FX$_{2N}$、FX$_{2NC}$系列	10 点 （S0 ~ S9）			400 点 （S500 ~ S899）	100 点 （S900 ~ S999）
FX$_{3U}$系列		10 点 （S10 ~ S19）	480 点 （S20 ~ S499）	3496 点 其中，S500 ~ S899 （可变） 400 点，可以通过参数更改保 持/不保持的设定；S1000 ~ S4095（固定）3096 点	100 点 （S900 ~ S999）

FX$_{1S}$系列 PLC 共有状态继电器 128 点（S0 ~ S127）；FX$_{1N}$、FX$_{2N}$和 FX$_{2NC}$系列 PLC 共有状态继电器 1000 点（S0 ~ S999）；FX$_{3U}$系列 PLC 共有状态继电器 4096 点（S0 ~ S4095）。状态继电器有五种类型：初始状态继电器、回零状态继电器、通用状态继电器、断电保持状态继电器和报警用状态继电器。FX$_{2N}$、FX$_{2NC}$系列 PLC 状态继电器分类如下：

1）初始状态继电器。元件号为 S0 ~ S9，共 10 点，在顺序功能图（状态转移图）中指定为初始状态。

2）回零状态继电器。元件号为 S10 ~ S19，共 10 点，在多种运行模式控制中指定为返回原点的状态。

3）通用状态继电器。元件号为 S20 ~ S499，共 480 点，在顺序功能图中指定为中间工作状态。

4）断电保持状态继电器。元件号为 S500 ~ S899，共 400 点，用于来电后继续执行停电前状态的场合。

5）报警用状态继电器。元件号为 S900 ~ S999，共 100 点，可作报警组件用。

在使用状态继电器时应注意：

① 状态继电器与辅助继电器一样有无数对常开触点和常闭触点。

② FX$_{2N}$、FX$_{3U}$系列 PLC 可通过程序设定将 S0 ~ S499 设置为有断电保持功能的状态继电器。

（二）顺序功能图

FX 系列 PLC 除了梯形图形式的图形程序以外，还采用了顺序功能图（Sequential Function Chart，SFC）语言，用于编制复杂的顺序控制程序，利用这种编程方法能够较容易地编制出复杂的控制系统程序。

1. 顺序功能图的定义

顺序功能图又称状态转移图，是用步（或称为状态，用状态继电器 S 表示）、转移、转移条件和负载驱动来描述控制过程的一种图形。顺序功能图并不涉及所描述的控制功能的具体技术，是一种通用的技术语言。

各个 PLC 厂家都开发了相应的顺序功能图，各国也制定了顺序功能图的国家标准。现行的国家标准为 GB/T 21654—2008/IEC 60848：2002 顺序功能表图用 GRAFCET 规范语言。

2. 顺序功能图的组成要素

顺序功能图主要由步、有向连线、转移、转移条件和动作（或命令）等要素组成。

（1）步

1）步的表示。在顺序功能图中用矩形框表示步，框内是该步的编号。编程时一般用 PLC 内部的编程元件来代表步，因此经常直接用代表该步的编程元件的元件号作为步的编号，如图 2-1 所示，各步的编号分别为 S0、S20、S21、S22 和 S23。这样在根据顺序功能图设计梯形图时较为方便。

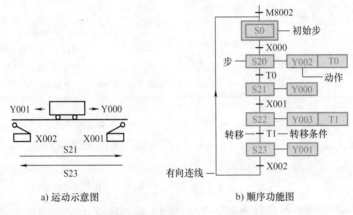

图 2-1　顺序功能图组成要素

2）初始步。与系统的初始状态相对应的步称为初始步。初始状态一般是系统等待启动命令的相对静止的状态。初始步在顺序功能图中用双方框"［S0］"表示，每个顺序功能图至少应有一个初始步。

注意：在顺序功能图中如果用 S 元件代表各步，初始步的编号只能选用 S0～S9；如果用 M 元件，则没有要求。

3）活动步。当系统正处于某一步时，该步处于活动状态，称该步为"活动步"。步处于活动状态时，相应的动作被执行。若为保持型动作，则该步不活动时继续执行该动作；若为非保持型动作，则该步不活动时，动作也停止执行。一般顺序功能图中保持型动作应该用文字或助记符标注，而非保持型动作不要标注。

（2）有向连线、转移和转移条件

1）有向连线。在顺序功能图中，随着时间的推移和转移条件的实现，将会发生步的活动状态的顺序进展，这种进展按有向连线规定的路线和方向进行。在画顺序功能图时，将代表各步的框按它们成为活动步的先后次序顺序排列，并用有向连线将它们连接起来。活动状态的进展方向习惯上是从上到下、从左到右，在这两个方向有向连线上的箭头可以省略。如果不是上述方向，应在有向连线上用箭头注明进展方向。

如果在画顺序功能图时有向连线必须中断（例如在复杂的顺序功能图中，用几个部分来表示一个顺序功能图时），应在有向连线中断处标明下一步的标号和所在页码，并在有向连线中断的开始和结束处用箭头标记。

2）转移。转移用有向连线上与有向连线垂直的短线来表示，转移将相邻两步分隔开。步的活动状态的进展是由转移的实现来完成的，并与控制过程的发展相对应。

3）转移条件。转移条件是与转移相关的逻辑命题。转移条件可以用文字语言、布尔代数表达式或图形符号标注在表示转移的短线旁边。转移条件"X"和"$\overline{X}$"分别表示在逻辑信号 X 为"1"状态和"0"状态时转移。符号"X↑"和"X↓"分别表示当 X 从 0→1 状态转换和从 1→0 状态转换时实现转移。使用最多的转移条件表示方法是布尔代数表达式，如转移条件（X000 + X003）·$\overline{C0}$。

（3）动作　一个控制系统可以划分为被控系统和施控系统，例如在数控车床系统中，数控装置是施控系统，而车床是被控系统。对于被控系统，在某一步要完成某些动作；对于施控系统，在某一步中则要向被控系统发出某些命令。动作和命令简称动作，并用矩形框中的文字或符号表示，该矩形框应与相应的步的符号相连。如果某一步有几个动作，可以用图 2-2 所示的两种画法来表示，但是图中并不隐含这些动作之间的任何顺序。

图 2-2　多个动作的表示方法

顺序功能图的组成要素及基本结构

3. 顺序功能图的基本结构

根据步与步之间转移的不同情况，顺序功能图有以下几种不同的基本结构形式。

（1）单序列结构　单序列由一系列相继激活的步组成，每一步的后面仅接有一个转移，每一个转移后面只有一个步，如图 2-3 所示。

（2）选择序列结构　选择序列的开始称为选择性分支，如图 2-4 所示，转移符号只能标在水平连线之下。如果步 S21 是活动步，并且转移条件 X001 = 1，则发生由步 S21→步 S22 的转移；如果步 S21 是活动步，并且转移条件 X004 = 1，则发生步 S21→步 S24 的转移；如果步 S21 是活动步，并且转移条件 X010 = 1，则发生步 S21→步 S26 的转移。选择序列在每一时刻一般只允许选择一个序列。

选择序列的结束称为选择性汇合或合并。在图 2-4 中，如果步 S23 是活动步，并且转移条件 X003 = 1，则发生由步 S23→步 S28 的转移；如果步 S25 是活动步，并且转移条件 X006 = 1，则发生步 S25→步 S28 的转移；如果步 S27 是活动步，并且转移条件 X012 = 1，则发生由步 S27→步 S28 的转移。

（3）并行序列结构　并行序列的开始称为分支，如图 2-5 所示，当转移条件的实现导致几个序列同时激活时，这些序列称为并行序列。图 2-5 中，当步 S22 是活动步且转移条件 X001 = 1 时，S23、S25、S27 这三步同时成为活动步，而步 S22 自动变为不活动步。为了强调转移的同步实现，水平连线用双线表示。步 S23、S25 和 S27 被同时激活后，每一个序列中活动步的转移将是独立的。在表示同步的水平线之上，只允许有一个转移符号。

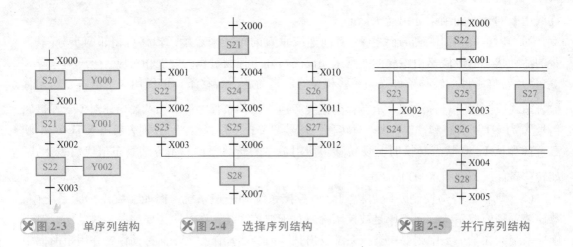

图 2-3　单序列结构　　　图 2-4　选择序列结构　　　图 2-5　并行序列结构

并行序列的结束称为汇合或合并，在图 2-5 中，在表示同步的水平线之下，只允许有一个转移符号。当直接连在双线上的所有前级步都处于活动状态且转移条件 X004 = 1 时，才会发生步 S24、S26 和 S27 到步 S28 的转移，即步 S28 变为活动步，而步 S24、S26 和 S27 自动同时变为不活动步。并行序列表示系统几个同时工作的独立部分的工作情况。

（4）跳步、重复和循环序列结构

1）跳步。在生产过程中，有时要求在一定条件下停止执行某些原定的动作，跳过一定步序执行之后的动作步，如图 2-6a 所示。当步 S20 为活动步时，若转移条件 X005 先变为 1，则步 S21 不为活动步，而直接转入步 S23，使其变为活动步。实际上这是一种特殊的选择序列。由图 2-6a 可知，步 S20 下面有步 S21 和 S23 两个选择性分支，而步 S23 是步 S20 和步 S22 的合并。

2）重复。在一定条件下，生产过程需要重复执行某几个工序步的动作，如图 2-6b 所示。当步 S26 为活动步时，如果 X004 = 0 而 X005 = 1，则序列返回到步 S25，重复执行步 S25、S26，直到 X004 = 1 时才转入到步 S27。这也是一种特殊的选择序列，由图 2-6b 可知，步 S26 后面有步 S25 和步 S27 两个选择性分支，而步 S25 是步 S24 和步 S26 的合并。

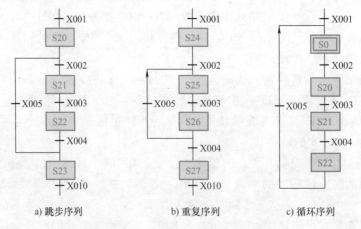

a) 跳步序列　　　　b) 重复序列　　　　c) 循环序列

图 2-6　跳步、重复和循环序列结构

3）循环。在一些生产过程中需要不间断地重复执行顺序功能图中各工序步的动作，如

图 2-6c 所示，当步 S22 结束后，立即返回初始步 S0，即在序列结束后，用重复的办法直接返回到初始步，形成了系统的循环过程，这实际上就是一种单序列的工作过程。

4. 顺序功能图中转移实现的基本规则

（1）转移实现的条件　在顺序功能图中，步的活动状态的进展是由转移的实现来完成的。转移实现必须同时满足两个条件：

1）该转移所有前级步必须是活动步。

2）对应的转移条件成立。

如果转移的前级步或后续步不止一个，转移的实现称为同步实现，如图 2-7 所示。

（2）转移应完成的操作

1）使所有由有向连线与相应转移符号相连的后续步都变为活动步。

2）使所有由有向连线与相应转移符号相连的前级步都变为不活动步。

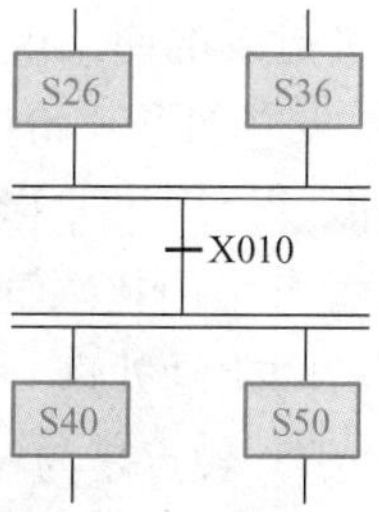

5. 绘制顺序功能图的注意事项

1）两个步绝对不能直接相连，必须用一个转移将它们隔开。

图 2-7　转移的同步实现

2）两个转移也不能直接相连，必须用一个步将它们隔开。

3）顺序功能图中的初始步一般对应于系统等待启动的初始状态，初始步可能没有输出执行，但初始步是必不可少的。如果没有该步，则无法表示初始状态，系统也无法返回初始状态。

4）自动控制系统应能多次重复执行同一工艺过程，因此在顺序功能图中一般应有由步和有向连线组成的闭环，即在完成一次工艺过程的全部操作之后，应从最后一步返回初始步，系统停留在初始状态（单周期操作，如图 2-1 所示），在连续循环工作方式时，应从最后一步返回下一个工作周期开始运行的第一步。

5）在顺序功能图中，只有当某一步的前级步是活动步时，该步才有可能变成活动步。如果用没有断电保持功能的编程元件代表各步，进入 RUN 工作方式时，它们均处于 OFF 状态，必须用初始化脉冲 M8002 的常开触点作为转移条件，将初始步预置为活动步，否则，因顺序功能图中没有活动步，系统将无法工作。如果系统具有手动和自动两种工作方式，由于顺序功能图是用来描述自动工作过程的，因此应在系统由手动工作方式进入自动工作方式时用一个适当的信号将初始步置为活动步。

（三）步进指令

FX 系列 PLC 有两条步进指令：STL 和 RET。STL 是步进梯形开始指令，是利用内部软元件状态继电器进行工序步控制的指令；RET 是步进返回指令，是表示状态流程结束，用于返回到主程序（左母线）的指令。按一定的规则编写的步进梯形图也可作为顺序功能图（SFC）处理，顺序功能图反过来也可形成步进梯形图。

1. 步进指令（STL、RET）使用要素

步进指令的名称、助记符、功能、梯形图表示、目标元件及程序步等使用要素见表 2-2。

表2-2 步进指令使用要素

名　称	助记符	功　能	梯形图表示	目标元件	程 序 步
步进梯形开始	STL	步进梯形图开始	⊢⊣⊢⊣⊢──◯	S	1 步
步进返回	RET	步进梯形图返回	⊢────[RET]	无	

2. 步进指令使用说明

步进指令的使用说明如图 2-8 所示。

1）步进梯形开始指令 STL 只有与状态继电器（S 元件）配合时才具有步进功能。使用 STL 指令的状态继电器常开触点称为 STL 触点，没有常闭的 STL 触点。用状态继电器代表顺序功能图的各步，每一步都具有三个功能：负载的驱动处理、指定转移条件和指定转移目标。

2）STL 触点是与左母线相连的常开触点，类似于主控触点，并且同一状态继电器的 STL 触点只能使用一次（并行序列的合并除外）。

STL触点驱动电路块的功能

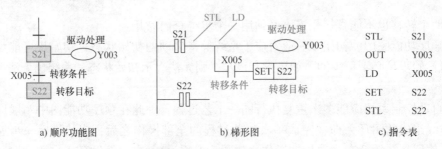

a) 顺序功能图　　　　　　　　　b) 梯形图　　　　　　　　c) 指令表

图2-8 STL 指令使用说明

3）STL 触点可以直接驱动或通过别的触点驱动 Y、M、S、T 或 C 等元件的线圈，STL 触点也可以使 Y、M 和 S 等元件置位或复位。与 STL 触点相连的触点应使用 LD、LDI、LDP 和 LDF 指令，在转移条件对应的回路中，不能使用 ANB、ORB、MPS、MRD 与 MPP 指令。

4）如果使状态继电器置位的指令不在 STL 触点驱动的电路块内，那么执行置位指令时，系统程序不会自动地将前级步对应的状态继电器复位。

5）驱动负载使用 OUT 指令。当同一负载需要连续多步驱动时，可使用多重输出，也可使用 SET 指令将负载置位，等到负载不需要驱动时再用 RST 指令将其复位。

6）STL 触点后不能使用 MC 或 MCR 指令，但可以使用跳转指令。

7）由于 CPU 只执行活动步对应的电路块，因此使用 STL 指令时允许"双线圈"输出，如图 2-9 和图 2-10 所示。

8）在状态转移过程中，由于在瞬间（1 个扫描周期）两个相邻的状态会同时接通，因此为了避免不能同时接通的一对输出同时接通，必须设置外部硬接线互锁或软件互锁，如图 2-11 所示。

9）各 STL 触点的驱动电路块一般放在一起，最后一个 STL 电路块结束时，一定要使用步进返回指令 RET 使其返回主母线。

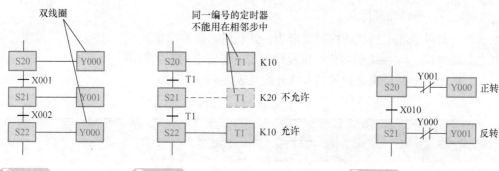

※图 2-9 双线圈输出　　**※图 2-10** 相邻步相同编号定时器输出　　**※图 2-11** 正反转的软件互锁控制

3. FX 系列 PLC 步进梯形图中常用的特殊辅助继电器

对于 FX 系列 PLC，在 SFC 控制中，常用的特殊辅助继电器见表 2-3。

表 2-3　FX 系列 PLC 步进梯形图中常用的特殊辅助继电器

特殊辅助继电器编号	名 称	功能和用途
M8000	RUN 运行	PLC 运行中接通，可作为驱动程序的输入条件或作为 PLC 运行状态显示
M8002	初始脉冲	在 PLC 进入 RUN 状态的瞬间，接通一个扫描周期。用于程序的初始化或 SFC 的初始步激活
M8034	禁止输出	当 M8034 为 ON 时，顺序控制程序继续运行，但输出继电器（Y）都被断开（禁止输出）
M8040	禁止转移	当 M8040 为 ON 时，禁止在所有步之间的转移，但活动步内的程序仍然继续运行，输出仍然执行
M8046	STL 动作	任一步激活时（即成为活动步），M8046 自动接通，用于避免与其他流程同时启动或用于工序的工作标志
M8047	STL 监视有效	当 M8047 为 ON 时，编程功能可自动读出正在工作中的状态元件编号，并加以显示

（四）步进指令编程方法

1. 使用 STL 指令编程的一般步骤

1）列出现场信号与 PLC 软继电器编号对照表，即进行输入/输出分配。

2）画出 I/O 接线图。

3）根据控制的具体要求绘制顺序功能图。

4）将顺序功能图转化为梯形图（按照图 2-8 所示的处理方法来处理每一状态）。

5）写出梯形图对应的指令表。

2. 单序列顺序控制的 STL 指令编程举例

单序列顺序控制是由一系列相继执行的工序步组成的，每一个工序步后面只能接一个转移条件，而每一转移条件之后仅有一个工序步。

每一个工序步即一个状态，用一个状态继电器进行控制，各工序步使用的状态继电器没有必要一定按顺序进行编号（其他的序列也是如此）。此外，

单序列顺序控制
STL指令编程

状态继电器也可作为转移条件。

某锅炉的鼓风机和引风机的控制要求为：开机时，先起动引风机，10s 后开鼓风机；停机时，先关鼓风机，5s 后关引风机。试设计满足上述要求的控制程序。

（1）I/O 地址分配 该锅炉控制 I/O 分配见表 2-4。

表 2-4 该锅炉控制 I/O 分配

输 入			输 出		
设 备 名 称	符 号	X 元件编号	设 备 名 称	符 号	Y 元件编号
起动按钮	SB1	X000	引风机接触器	KM1	Y000
停止按钮	SB2	X001	鼓风机接触器	KM2	Y001

（2）绘制顺序功能图 根据控制要求，整个控制过程分为 4 步：初始步 S0，没有驱动；起动引风机 S20，驱动 Y000 为 ON，起动引风机，同时驱动定时器 T0，延时 10s；起动鼓风机 S21，Y000 仍为 ON，引风机保持继续运行，同时驱动 Y001 为 ON，起动鼓风机；关鼓风机 S22，Y000 为 ON，Y001 为 OFF，鼓风机停止运行，引风机继续运行，同时驱动定时器 T1，延时 5s。其顺序功能图如图 2-12a 所示。这里需要说明的是，引风机起动后，一直保持运行状态，直到最后停机，在步进顺序控制中，STL 触点驱动的电路块、OUT 指令驱动的输出仅在当前步是活动步时有效，所以顺序功能图上步 S20、S21 和 S22 均需要有 Y000，否则引风机起动后，进入下一步就会停机。也可以用 SET 指令在步 S20 置位 Y000，这样在步 S21、S22 就可以不出现 Y000，但在步 S0 一定要复位 Y000。

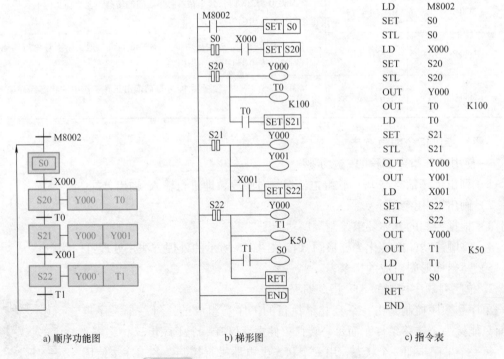

a) 顺序功能图　　　　　　b) 梯形图　　　　　　c) 指令表

图 2-12 鼓风机和引风机的顺序控制程序

（3）编制程序　利用步进指令，按照每一步 STL 指令驱动电路块需要完成的两个任务，先进行负载驱动处理，然后执行转移处理，将顺序功能图转化为梯形图，如图 2-12b 所示。对应的指令表如图 2-12c 所示。

三、项目实施

（一）训练目标

1）根据控制要求绘制单序列顺序功能图，并用步进指令转换成梯形图与指令表。

2）学会 FX 系列 PLC 的外部接线方法。

3）初步学会单序列顺序控制步进指令设计方法。

4）熟练使用三菱 GX Works2 编程软件进行步进指令程序输入，并写入 PLC 进行调试运行，查看运行结果。

（二）设备与器材

本项目实施所需设备与器材见表 2-5。

表 2-5　所需设备与器材

序号	名　称	型号规格	数　量	备　注
1	常用电工工具	十字螺钉旋具、一字螺钉旋具、尖嘴钳及剥线钳等	1 套	表中所列设备、器材的型号规格仅供参考
2	计算机（安装 GX Works2 编程软件）		1 台	
3	天煌 THPLC 实训台		1 台	
4	两种液体混合模拟控制装置挂件		1 个	
5	连接导线		若干	

（三）内容与步骤

1. 项目任务

本项目为两种液体混合操作，模拟装置控制面板如图 2-13 所示。SL1、SL2 和 SL3 为液面传感器，液体 A、B 阀门与混合液体阀门由电磁阀 YV1、YV2 与 YV3 控制，M 为搅匀电动机，控制要求如下：

① 初始状态：装置投入运行时，液体 A、B 阀门关闭，混合液体阀门打开 20s 将容器放空后关闭。

② 起动操作：合上起停开关 S，装置开始按下列的规律操作。液体 A 阀门打开，液体 A 流入容器。当液面到达 SL2 时，SL2 接通，关闭液体 A 阀门，打开液体 B 阀门。液面到达 SL1 时，关闭液体 B 阀门，搅匀电动机开始搅匀。搅匀电动机工作 60s 后停止搅动，混合液体阀门打开，开始放出混合液体。当液面下降到 SL3 时，SL3 由接通变为断开，再过 2s 后，容器放空，混合液体阀门关闭，完成一个操作周期。只要未断开开关，自动进入下一周期。

③ 停止操作：当断开起停开关 S 后，在当前的混合液操作处理完毕后，才停止操作（停在初始状态）。

2. I/O 地址分配与接线图

I/O 分配见表 2-6。

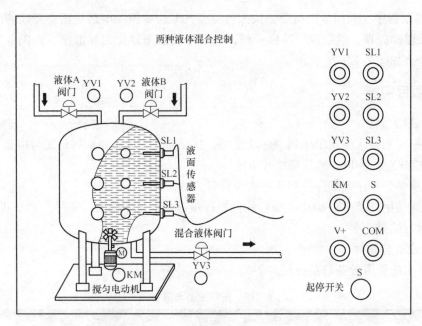

图 2-13 两种液体混合模拟装置控制面板

表 2-6 I/O 分配

输入			输出		
设 备 名 称	符 号	X 元件编号	设 备 名 称	符 号	Y 元件编号
起停开关	S	X000	液体 A 阀门	YV1	Y000
控制液体 B 传感器	SL1	X001	液体 B 阀门	YV2	Y001
控制液体 A 传感器	SL2	X002	混合液体阀门	YV3	Y002
控制混合液体传感器	SL3	X003	控制搅匀电动机接触器	KM	Y003

绘制 I/O 接线图，如图 2-14 所示。

3. 顺序功能图

根据控制要求画出顺序功能图，如图 2-15 所示。

4. 梯形图程序

利用 STL、RET 指令将图 2-15 所示的顺序功能图转换为梯形图，如图 2-16 所示。

5. 调试运行

利用编程软件将编写的梯形图程序写入 PLC，按照图 2-14 进行 PLC 外部接线。调试时请参照图 2-15，将 PLC 运行模式置为 RUN，观察 Y002 是否得电，延时 20s 后，观察 Y002 是否失电，Y002 失电后，按下 X000，观察 Y000 是否得电，得电后，合上 X002，观察 Y001 是否得电，依此类推，按照顺序功能图的顺序对程序进行调试，观察运行结果是否达到控制要求。

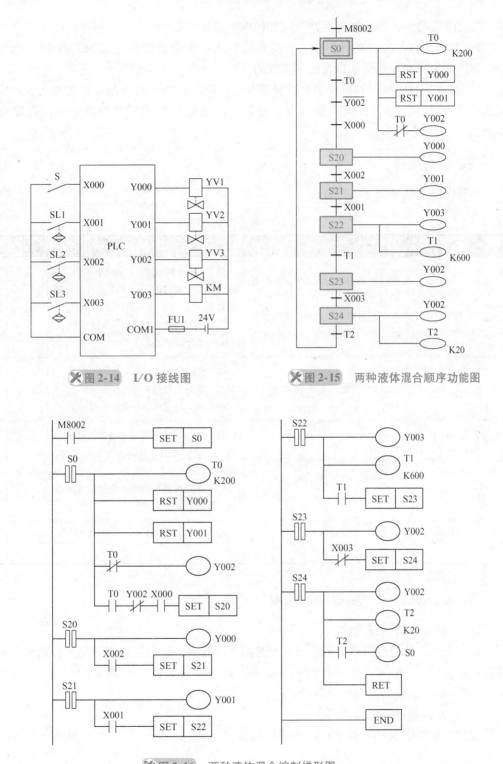

图 2-14　I/O 接线图

图 2-15　两种液体混合顺序功能图

图 2-16　两种液体混合控制梯形图

（四）分析与思考

1）为了使混合液体充分搅拌均匀，本项目中混合液体在搅拌过程中，要求先正向搅匀

89

6s，再反向搅匀 6s，然后循环 5 次，应如何编制程序？

2）在顺序控制步进梯形图中，当前步的后级步成为活动步是用 SET 或 OUT 指令实现的，它的前级步变为不活动步是如何实现的？

3）在本项目中当两种液体混合装置进入运行时，若要求断开起停开关时，装置完成当前状态任务后停止运行，当重新合上起停开关，装置从当前状态继续运行，程序应如何编制？

四、项目考核

项目实施考核见表 2-7。

表 2-7　项目实施考核表

序号	考核内容	考核要求	评分标准	配分	得分
1	电路及程序设计	（1）能正确分配 I/O，并绘制 I/O 接线图 （2）根据控制要求，正确编制梯形图程序	（1）I/O 分配错或少，每个扣 5 分 （2）I/O 接线图设计不全或有错，每处扣 5 分 （3）梯形图表达不正确或画法不规范，每处扣 5 分	40 分	
2	安装与连线	根据 I/O 分配，正确连接电路	（1）连线错 1 处，扣 5 分 （2）损坏元器件，每件扣 5～10 分 （3）损坏连接线，每根扣 5～10 分	20 分	
3	调试与运行	能熟练使用编程软件编制程序写入 PLC，并按要求调试运行	（1）不会熟练使用编程软件进行梯形图的编辑、修改、转换、写入及监视，每项扣 2 分 （2）不能按照控制要求完成相应的功能，每缺 1 项扣 5 分	20 分	
4	安全操作	确保人身和设备安全	违反安全文明操作规程，扣 10～20 分	20 分	
合　计					

五、知识拓展——步进梯形图编程技巧

（一）初始步的处理方法

初始步可由其他步驱动，但运行开始时必须用其他方法预先做好驱动，否则状态流程不可能向下进行。一般用系统的初始条件驱动，若无初始条件，可用 M8002 或 M8000（PLC 从 STOP→RUN 切换时的初始化脉冲）进行驱动。

（二）步进梯形图编程的顺序

编程时必须使用 STL 指令对应于顺序功能图上的每一步。步进梯形图中每一步的编程顺序为：先进行驱动处理，后进行转移处理。二者不能颠倒。驱动处理就是该步的输出处理，转移处理就是根据转移方向和转移条件实现下一步的状态转移。

（三）SET 指令和 OUT 指令在 STL 区内的使用

SET 指令和 OUT 指令均可使 STL 指令后的状态继电器置 1，即将后续步置为活动步，此

外还有自保持功能。SET 指令一般用于相邻步的状态转移，而 OUT 指令用于顺序功能图中闭环和跳步转移，如图 2-17 所示。

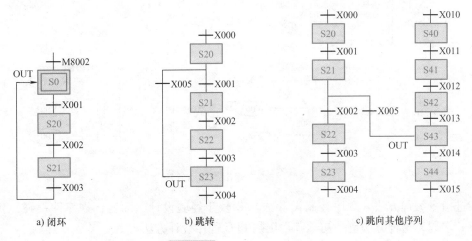

a) 闭环　　　　　　b) 跳转　　　　　　c) 跳向其他序列

✖ 图 2-17 闭环和跳步转移

（四）复杂转移条件程序的处理

转移回路中不能使用 ANB、ORB、MPS、MRD 与 MPP 指令，否则将出错。如果转移条件比较复杂，需要块运算，可以将转移条件放到该状态元件负载端处理，将复杂的转移条件转换为辅助继电器触点。复杂转移条件程序的处理如图 2-18 所示。

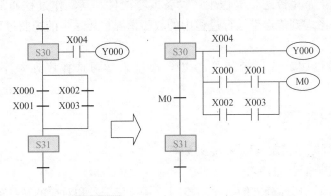

✖ 图 2-18 复杂转移条件程序的处理

（五）输出的驱动方法

输出的驱动方法如图 2-19 所示。图中，对于 STL 内的母线，一旦写入 LD、LDI、LDP 或 LDF 指令后，对不需要触点驱动的输出就不能再编程。需要把有触点驱动的输出调至最后，或者将没有触点驱动的输出增加驱动条件 M8000。

六、项目总结

本项目我们首先介绍了用状态继电器 S 表示各"步"，绘制顺序功能图，然后利用步进指令将顺序功能图转换成步进梯形图与指令表，最后通过两种液体混合装置 PLC 控制项目的实施，进一步掌握单序列顺序控制编程的方法。

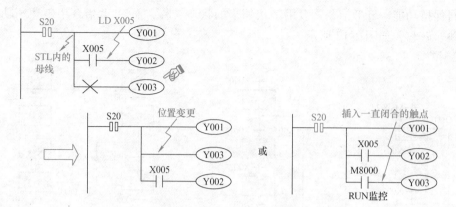

图 2-19　输出的驱动方法

步进指令编程方法（顺序控制设计法）相较于经验设计法而言，规律性很强，我们较易理解和掌握，这种方法也是初学者常用的 PLC 程序设计方法。

项目六　四节传送带的 PLC 控制

一、项目导入

在工业生产线上常用传送带输送生产设备或零配件，其动作过程通常按照一定顺序起动，反序停止，并考虑到传送带运行过程中的故障情况，传送带的控制过程就是典型的选择序列顺序控制。

本项目主要通过四节传送带装置的 PLC 控制来学习选择序列顺序控制程序的设计方法。

二、相关知识

（一）选择序列顺序控制 STL 指令的编程

选择序列顺序控制STL指令编程

1. 选择性分支与汇合的特点

图 2-20a 为具有选择性分支的顺序功能图，其转移符号和对应的转移条件只能标在水平连线之下。

如果 S20 是活动步，此时若转移条件 X001、X002 和 X003 三个中任一个为"1"，则活动步就转向转移条件满足的那条支路。例如：X002 = 1，此时由步 S20 向步 S31 转移，只允许同时选择一个序列。

注意：选择性分支处，当其前级步为活动步时，各分支的转移条件只允许一个首先成立。

如图 2-20b 所示，几个选择序列合并到一个公共的序列时，用与需要重新组合的序列数量相同的转移符号和水平连线来表示，转移符号和对应的转移条件只允许标在水平连线之上。如果 S39 是活动步，且转移条件 X011 = 1，则发生由步 S39 向步 S50 转移。

注意：选择性分支处的支路数不能超过 8 条。

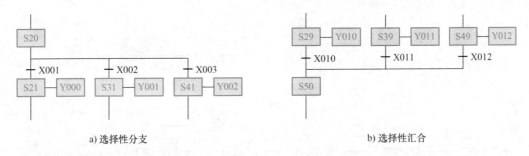

a) 选择性分支   b) 选择性汇合

图 2-20 选择性分支、汇合顺序功能图

2. 选择性分支与汇合的编程

（1）选择性分支的编程 进行选择性分支的编程时，先进行负载驱动处理，然后设置转移条件，从左到右逐个编程，如图 2-21 所示。在图 2-21a 中，在 S20 之后有三个选择性分支。当 S20 是活动步（S20 = 1）时，且转移条件 X001、X002 和 X003 中任一个条件满足，活动步将根据条件进行转移，若 X002 = 1，此时活动步转向 S31。在对应的梯形图中，有并行供选择的支路画出。

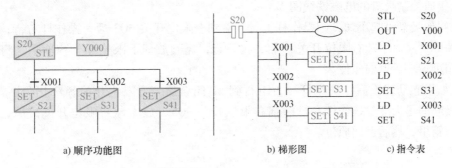

a) 顺序功能图   b) 梯形图   c) 指令表

图 2-21 选择性分支的编程

（2）选择性汇合的编程 选择性汇合的编程与一般状态的编程一样，先进行驱动处理，然后进行转移处理，如图 2-22 所示。编程时要先进行汇合前状态的输出处理，然后向汇合状态转移，此后从左到右进行汇合转移。可见梯形图中出现了三个 SET S50 ，即每一分支都汇合到 S50。

注意：选择性分支、汇合编程时，同一状态继电器的 STL 触点只能在梯形图中出现一次。

（二）编程举例

1. 控制要求

选择性工作传输机用于将大、小球分类送到右边的两个不同位置的箱里，如图 2-23 所示。其工作过程为：

1）当传输机位于起始位置时，上限位开关 SQ3 和左限位开关 SQ1 被压下，接近开关 SP 断开。

2）起动装置后，操作杆下行，一直到接近开关 SP 闭合。此时，若碰到的是大球，则下限位开关 SQ2 仍为断开状态；若碰到的是小球，则下限位开关 SQ2 为闭合状态。

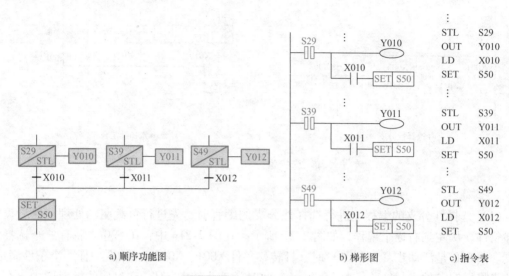

a) 顺序功能图　　　　　　　　　　　　　　b) 梯形图　　　　c) 指令表

图 2-22　选择性汇合的编程

3）接通控制吸盘的电磁铁线圈 YA。

4）假如吸盘吸起小球，则操作杆上行，碰到上限位开关 SQ3 后，操作杆右行；碰到右限位开关 SQ4（放小球右限位开关）后，再下行，碰到放球下限位开关 SQ6 后，将小球放到小球箱里，然后返回原位。

5）如果起动装置后，操作杆一直下行到 SP 闭合后，下限位开关 SQ2 仍为断开状态，则吸盘吸起的是大球，操作杆右行碰到右限位开关 SQ5（放大球右限位开关）后，将大球放到大球箱里，然后返回原位。

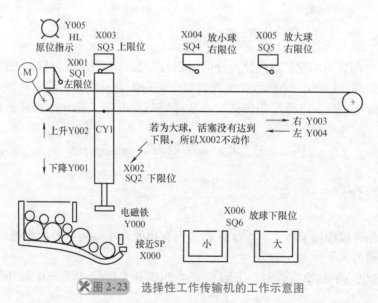

图 2-23　选择性工作传输机的工作示意图

2. I/O 地址分配

I/O 地址分配见表 2-8。

表 2-8　I/O 地址分配

输　　入			输　　出		
设备名称	符　号	X 元件编号	设备名称	符　号	Y 元件编号
起停手动开关	QS	X010	电磁铁	YA	Y000
接近开关	SP	X000	传输机下驱动电磁阀	YV1	Y001
左限位开关	SQ1	X001	传输机上驱动电磁阀	YV2	Y002
下限位开关	SQ2	X002	传输机右驱动电磁阀	YV3	Y003
上限位开关	SQ3	X003	传输机左驱动电磁阀	YV4	Y004
放小球右限位开关	SQ4	X004	原位指示灯	HL	Y005
放大球右限位开关	SQ5	X005			
放球下限位开关	SQ6	X006			

3. 顺序功能图

根据控制要求，整个控制过程划分为 12 个阶段，即 12 步，分别为：①初始状态 S0，驱动 Y005 为 ON，点亮原位指示灯；②下降 S21，驱动 Y001 为 ON，操作杆下行；③吸小球 S22，置位 Y000，吸附小球，同时，驱动定时器 T1，延时 1s；④上升 S23，驱动 Y002 为 ON，操作杆上行；⑤右行 S24，驱动 Y003 为 ON，操作杆右行；⑥吸大球 S25，置位 Y000，吸附大球，同时，驱动定时器 T1，延时 1s；⑦上升 S26，驱动 Y002 为 ON，操作杆上行；⑧右行 S27，驱动 Y003 为 ON，操作杆右行；⑨下降 S30，驱动 Y001 为 ON，操作杆下行；⑩放球 S31，复位 Y000，释放小球或大球，同时，驱动定时器 T2，延时 1s；⑪上升 S32，驱动 Y002 为 ON，操作杆上行；⑫左行 S33，驱动 Y004 为 ON，操作杆左行，然后返回初始状态。其顺序功能图如图 2-24 所示。

4. 编制程序

由顺序功能图可知，从操作杆下降吸球（S21）时开始进入选择性分支，若吸盘吸起小球（下限位开关 SQ2 闭合），执行左边的分支；若吸盘吸起大球（SQ2 断开），执行右边的分支。在状态 S30（操作杆碰到右限位开关）结束分支进行汇合，以后就进入单序列流程结构。需要注意的是，只有装置在原点才能开始工作循环。根据步进指令编制的梯形图程序如图 2-25 所示。

三、项目实施

（一）训练目标

1）根据控制要求绘制选择序列顺序功能图，并用步进指令转换成梯形图与指令表。

2）学会 FX 系列 PLC 的外部接线方法。

3）初步学会选择序列顺序控制步进指令设计方法。

4）熟练使用三菱 GX Works2 编程软件进行步进指令程序输入，并写入 PLC 进行调试运行，查看运行结果。

（二）设备与器材

本项目实施所需设备与器材见表 2-9。

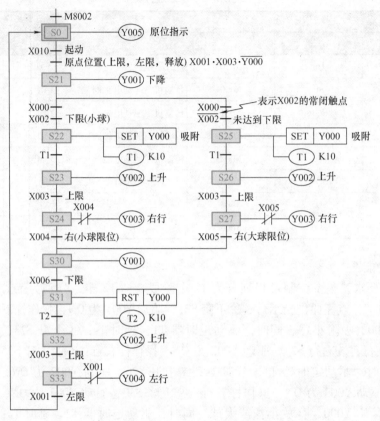

图 2-24　大小球分拣顺序功能图

表 2-9　所需设备与器材

序号	名　称	型号规格	数　量	备　注
1	常用电工工具	十字螺钉旋具、一字螺钉旋具、尖嘴钳及剥线钳等	1 套	表中所列设备、器材的型号规格仅供参考
2	计算机（安装 GX Works2 编程软件）		1 台	
3	天煌 THPLC 实训台		1 台	
4	四节传送带模拟控制挂件		1 个	
5	连接导线		若干	

（三）内容与步骤

1. 项目任务

图 2-26 所示为四节传送带模拟控制面板，四节传送带各用一台电动机带动，控制要求如下：

① 起动控制：按下起动按钮 SB1，先起动最末一节传送带，经过 5s 延时，再依次起动其他传送带，即按 M4→M3→M2→M1 反序起动。

② 停止控制：按下停止按钮 SB2，先停止最前一节传送带，待料运送完毕后（经过 5s 延时）再依次停止其他传送带，即按 M1→M2→M3→M4 顺序停止。

③ 故障控制：当某条传送带发生故障时，该传送带及其前面的传送带立即停止，而该传送带以后的传送带待料运完后才停止。例如 M2 出现故障，M1、M2 立即停止，经过 5s 延

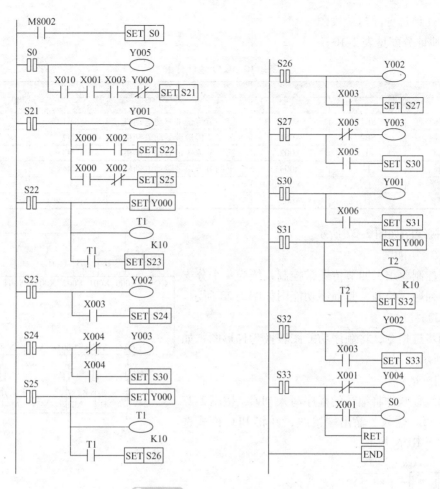

图 2-25　大小球分拣控制梯形图

时后，M3 停止，再过 5s，M4 停止。

图 2-26 中的 A、B、C、D 表示故障设定；M1、M2、M3、M4 表示传送带的驱动电动机。起动、停止用常开按钮来实现，故障设置用钮子开关来模拟，电动机的停转或运行用发光二极管来模拟。

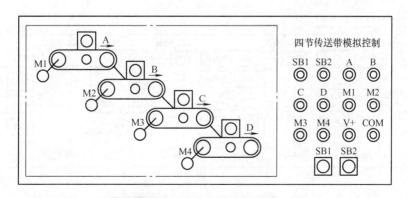

图 2-26　四节传送带模拟控制面板

2. I/O 地址分配与接线图

I/O 地址分配见表 2-10。

表 2-10 I/O 地址分配

输　　入			输　　出		
设 备 名 称	符　号	X 元件编号	设 备 名 称	符　号	Y 元件编号
起动按钮	SB1	X000	第一节传送带驱动电动机	M1	Y000
停止按钮	SB2	X001	第二节传送带驱动电动机	M2	Y001
M1 故障	A	X002	第三节传送带驱动电动机	M3	Y002
M2 故障	B	X003	第四节传送带驱动电动机	M4	Y003
M3 故障	C	X004			
M4 故障	D	X005			

I/O 接线图如图 2-27 所示。

3. 顺序功能图

根据控制要求，四节传送带控制系统为 4 个分支的选择序列顺序控制，其顺序功能图如图 2-28 所示。

4. 编制程序

利用步进指令，将顺序功能图转换为梯形图，如图 2-29 所示。

5. 调试运行

利用编程软件将编写的程序写入 PLC，按图 2-27 所示进行 PLC 输入、输出端接线，并将 PLC 模式选择开关拨至 RUN 状态。

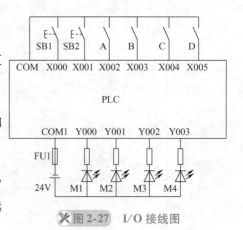

※图 2-27 I/O 接线图

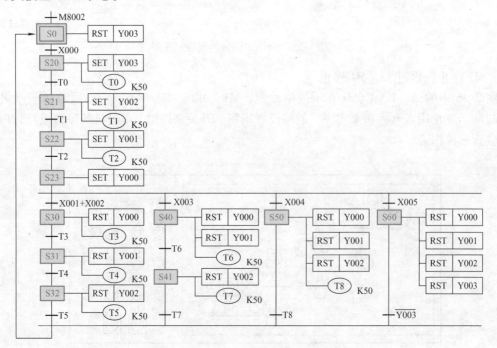

※图 2-28 四节传送带顺序功能图

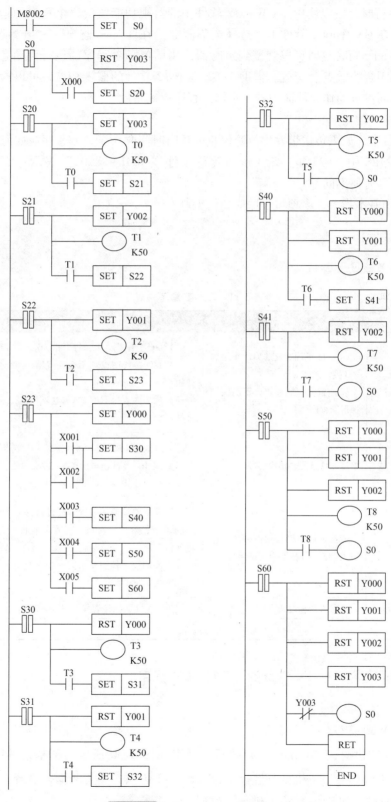

图 2-29　四节传送带控制梯形图

当PLC运行时，可以使用GX Works2软件中的监视功能监视整个程序的运行过程，以便调试程序。在GX Works2软件上，选择菜单命令"在线"→"监视"→"开始监视"，可以全面监控PLC的运行，这时可以观察到定时器的当前值随着程序的运行而动态变化，得电动作的线圈和闭合的触点会变蓝。借助于GX Works2软件的监视功能，可以检查哪些线圈和触点该动作而没有动作，从而为进一步修改程序提供帮助。

（四）分析与思考

1）本项目中，如果传送带发生故障停止的延时时间改为6s，其程序应如何编制？

2）在图2-28中，S23步→S30步的转移条件"X001 + X002"表示什么意思？它与"X001 · X002"有何不同？

3）如果用基本指令，本项目程序应如何编制？

四、项目考核

项目实施考核见表2-11。

表2-11　项目实施考核表

序号	考核内容	考核要求	评分标准	配分	得分
1	电路及程序设计	（1）能正确分配I/O，并绘制I/O接线图 （2）根据控制要求，正确编制梯形图程序	（1）I/O分配错或少，每个扣5分 （2）I/O接线图设计不全或有错，每处扣5分 （3）梯形图表达不正确或画法不规范，每处扣5分	40分	
2	安装与连线	根据I/O分配，正确连接电路	（1）连线错1处，扣5分 （2）损坏元器件，每件扣5～10分 （3）损坏连接线，每根扣5～10分	20分	
3	调试与运行	能熟练使用编程软件编制程序写入PLC，并按要求调试运行	（1）不会熟练使用编程软件进行梯形图的编辑、修改、转换、写入及监视，每项扣2分 （2）不能按照控制要求完成相应的功能，每缺1项扣5分	20分	
4	安全操作	确保人身和设备安全	违反安全文明操作规程，扣10～20分	20分	
合　　计					

五、知识拓展——GX Works2编制SFC程序

1. 新建工程

打开GX Works2软件，选择菜单命令"工程"→"新建"或单击工具栏上"新建"图标（也可以按快捷键"Ctrl + N"）执行，弹出如图2-30所示对话框，具体设置如下："系列"选择"FXCPU"；"机型"选择"FX2N/ FX2NC"；"工程类型"选择"简单工程"；"程序语言"选择"SFC"。单击"确定"按钮，新建完成。

2. 梯形图块编辑

新建设置完毕，进入图 2-31 所示块信息设置界面，在此界面中设置块类型。在 SFC 程序中至少包含 1 个梯形图块和 1 个 SFC 块。下面以图 2-32 所示三相异步电动机正反转循环运行顺序功能图为例，介绍 GX Works2 编程软件编制 SFC 程序的方法。

图 2-32 顺序功能图可分为两个程序块，1 个梯形图块和 1 个 SFC 块，首先建立梯形图块，在"块信息设置"对话框中设置如下：在"标题"栏输入"程序 A"；"块类型"选择"梯形图块"。单击"执行"按钮，进入 SFC 编辑界面。

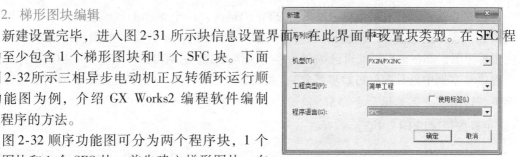

图 2-30 "新建"对话框

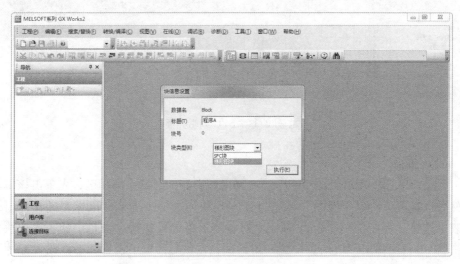

图 2-31 程序块设置界面

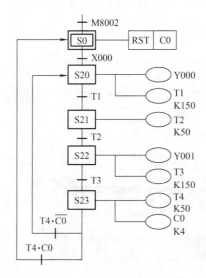

图 2-32 三相异步电动机正反转循环运行顺序功能图

　　在 SFC 编辑界面有两个区：一个是 SFC 编辑区；一个是梯形图编辑区。SFC 编辑区是编辑 SFC 程序的，而梯形图编辑区是用来编辑梯形图的。不管是梯形图块还是 SFC 程序的内置梯形图，都在梯形图编辑区编制。将光标移入梯形图编辑区，编辑激活初始步梯形图部分程序（本例中只有置位初始步部分），如图 2-33 所示，程序编辑完成后需要对所编写的程序进行转换，选择菜单命令"转换/编译" → "转换" 或单击工具栏上"转换"图标 （也可以按快捷键 F4）执行。

图 2-33　SFC 编辑界面

3. SFC 块编辑

　　（1）建立 SFC 块　梯形图块编辑完毕，在图 2-33 中的 SFC 编辑区，先单击该编辑区任意处，然后选择菜单命令"视图" → "打开 SFC 块列表"（或单击鼠标右键在弹出的下拉菜单列表中选择"视图" → "打开 SFC 块列表"子菜单）执行，在打出的程序块块信息列表中双击 No. 1 行便弹出"块信息设置"对话框，在该对话框中设置如下：在"标题"栏输入"程序 B"，"块类型"选择"SFC 块"，如图 2-34 所示。单击"执行"按钮，建立 1 个 SFC 块，如图 2-35 所示。也可以在导航窗口中右击"MAIN"，在弹出的下拉列表栏选择"新建数据"或"打开 SFC 块列表"执行。

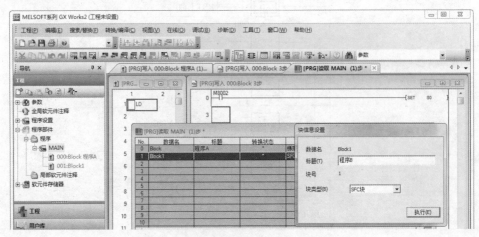

图 2-34　块信息设置界面

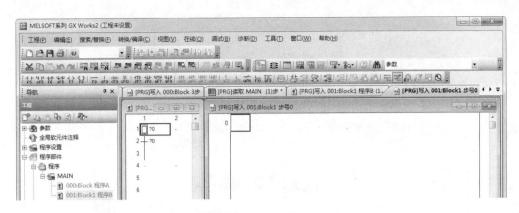

图 2-35　SFC 块编辑界面

（2）构建状态转移框架　在图 2-35 中，SFC 编辑区出现了表示初始状态的双线框及表示状态相连的有向连线和表示转移的横线，双线框和横线旁有两个"？0"，第 1 个"？0"表示初始状态 S0 驱动处理梯形图还没有编辑，第 2 个"？0"表示转移条件梯形图还没有编辑。

1）添加状态。添加状态时，需选择正确的位置，如图 2-36 所示，S20 正确的位置是在图中蓝色框的位置，双击蓝色框区域，也可以单击工具栏上"步"图标 或按功能键 F5 或选择菜单命令"编辑"→"SFC 符号"→"［STEP］步"执行，弹出"SFC 符号输入"对话框，具体设置如下："图形符号"选择"STEP"（"STEP"表示状态，"JUMP"表示跳转，"｜"表示竖线）；编号由"10"改为"20"。单击"确定"按钮，即添加状态 S20。

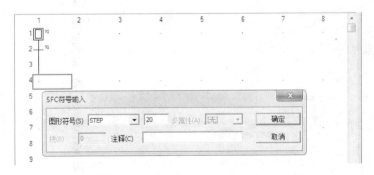

图 2-36　添加状态

2）添加转移条件。添加完一个状态，再添加转移条件，如图 2-37 所示，双击蓝色框区域，也可以单击工具栏上"转移"图标 或按功能键 F5 或选择菜单命令"编辑"→"SFC 符号"→"［TR］转移"执行，弹出"SFC 符号输入"对话框，具体设置如下："图形符号"选择"TR"（"TR"表示转移条件，"－－D"表示选择分支，"＝＝D"表示并行分支，"－－C"表示选择合并，"＝＝C"表示并行合并，"｜"表示竖线），后面编号按顺序自动生成"1"，也可以修改，但不能重复。单击"确定"按钮，完成添加转移条件。

按照相同的方法依次建立状态 S20～S23 和转移条件 TR1～TR3。

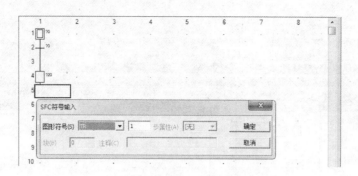

图 2-37　添加转移条件

3）建立选择分支。在 S23 下建立一个选择分支，如图 2-38 所示，双击蓝色框，在弹出的"SFC 符号输入"对话框中，具体设置如下："图形符号"选择"－－D"，编号输入 1，也可以单击工具栏上"选择分支"图标 F6 或按功能键 F6 或选择菜单命令"编辑"→"SFC符号"→"［－－D］选择分支"执行。单击"确定"按钮，即建立了一个选择分支。

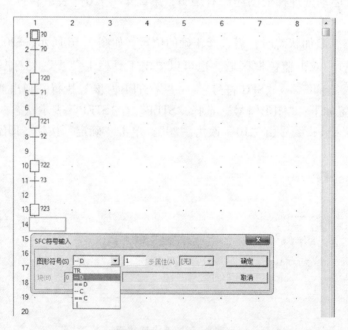

图 2-38　新建选择分支

4）建立跳转目标。首先按照上述方法建立第一分支的转移条件 TR4，然后再建立跳转目标 S0，单击工具栏上"跳转"图标 或按功能键 F8 或选择菜单命令"编辑"→"SFC符号"→"［JUMP］跳步"执行，在弹出的"SFC 输入"对话框中只需输入跳转目标状态的编号"0"，如图 2-39 所示，单击"确定"按钮即可，这样便完成了第一个分支跳转目标的编辑，如图 2-40 所示。完成后会看到有一转向箭头指向 0，同时，在初始状态 S0 的双线框中多了一个小黑点，说明该状态为跳转的目标状态。

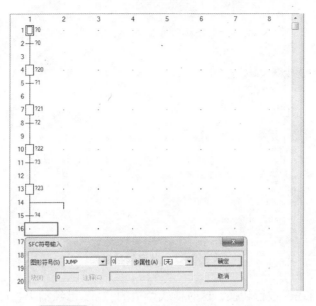

图 2-39　新建第一分支转移条件和跳转目标

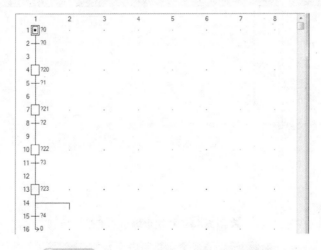

图 2-40　建成第一分支转移条件和跳转目标

在图 2-40 中采用与第一分支相同的方法分别建立第二分支的转移条件和跳转目标，即完成转移框架的建立，如图 2-41 所示。

4. SFC 块内置梯形图编辑

（1）输出的编辑　如图 2-42 所示，首先将 SFC 编辑区的蓝色编辑框定位在状态 0 右侧"？0"位置，然后将光标移入梯形图编辑区单击，输入 S0 的驱动处理"RST　C0"，采用梯形图方式输入，输入完成后需要进行变换，此时"？0"变为"0"表示 S0 状态的驱动处理已经完成，如果该状态没有输出，则"？"存在，不会影响程序的执行。

（2）转移条件的编辑　在图 2-42 中，单击横线"？0"，将光标移入梯形图编辑区，输入 S0 转移到 S20 的转移条件，用梯形图方式编写时在输入条件后连接"TRAN"，表示该回

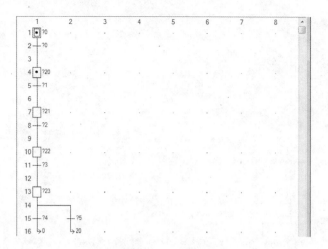

图 2-41　状态转移框架

路为转移条件，最后还要进行转换，这时横线旁边的 "？" 已经消失，说明转移条件输入已经完成，如图 2-43 所示。注意转移条件中不能有 "？" 存在，否则程序将不能变换。

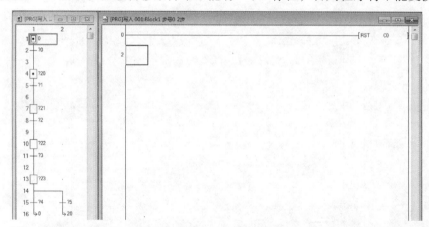

图 2-42　初始步输出的编辑

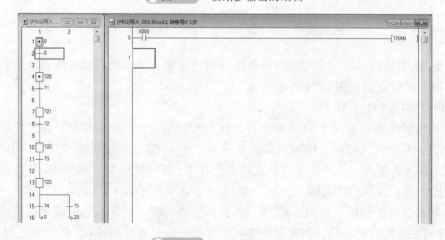

图 2-43　转移条件的编辑

其他状态的输出处理和转移条件的编辑方法基本相同，依次编写各状态的输出处理和转移（跳转）条件，完成整个程序的编写，此时 SFC 框架图上所有步编号前面和所有转移条件前面的"?"均消失。

这里需要说明的是，上述介绍是将构建 SFC 框架与编制 SFC 程序分开进行的，便于初学者掌握其方法和步骤，在今后利用 GX Works2 编程软件绘制 SFC 图时可以将构建 SFC 框架与编制 SFC 块内置梯形图同步进行，即绘制一步 SFC 图后便进行对应的输出处理编程，然后再建立转移条件和转移条件的编辑。

5. SFC 程序整体转换

上面介绍的编程是梯形图块和 SFC 块的程序分开编制的。整体 SFC 及其内置梯形图块并未串接在一起，因此，需要在 SFC 中对整个程序进行转换。整体 SFC 程序编制完成后，选择菜单命令"转换/编译"→"转换（所有程序）"执行或单击工具栏上"转换（所有程序）"图标 即可。

注意：如果 SFC 程序编制完成，未进行整体转换，一旦离开 SFC 编辑界面，那么刚刚编制完成的 SFC 及其内置梯形图则被删去。

6. SFC 程序写入及调试运行

对于 FX_{2N} 系列 PLC，SFC 程序整体转换后，可将 SFC 程序写入 PLC 进行调试运行，其写入的方法与梯形图程序写入方法相同，这里不再赘述。将上述编制的正反转循环运行 SFC 程序写入 PLC 后，把 PLC 运行开关打到 RUN 状态，按下起动按钮，程序进入运行状态，可以看到 SFC 块的各步按照控制要求一次循环推进，处于活动步对应的方框以深蓝色显示，非活动步以白色显示，如图 2-44 所示。

应当指出，PLC 中的 SFC 程序也可以执行读取，这时新建的语言程序必须选择 SFC，若新建的语言程序选择的是梯形图，则读取的是步进梯形图程序。

7. SFC 程序与梯形图的转换

SFC 程序和步进梯形图可以相互转换，如图 2-45 所示，选择菜单命令"工程"→"工程类型更改"执行，弹出"工程类型更改"对话框，如图 2-46a 所示，选择"更改程序语言类型"，单击"确定"按钮，弹出语言更改确认对话框，如图 2-46b 所示，单击"确认"按钮，即完成语言类型的转换。转换后界面为灰色，这时可在导航窗口双击程序关联的"MAIN"，即出现转换后的梯形图程序。

六、项目总结

本项目以四节传送带控制为载体，介绍了选择性分支和汇合的编程方法；以大小球分拣控制为例，分析了步进指令在选择序列编程中的具体应用。在此基础上进行了四节传送带的 PLC 控制的程序编制、程序输入和调试运行。

至此，我们已经学习了单序列、选择序列 STL 指令编程的方法，请读者加强复习，及时消化巩固。

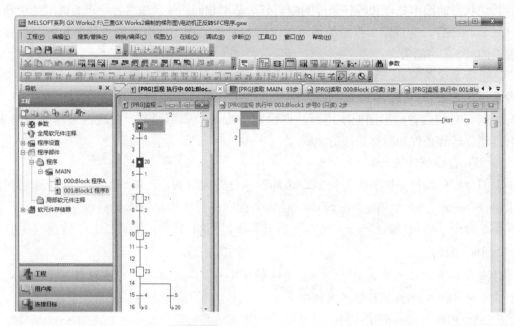

图 2-44　SFC 程序运行监视状态

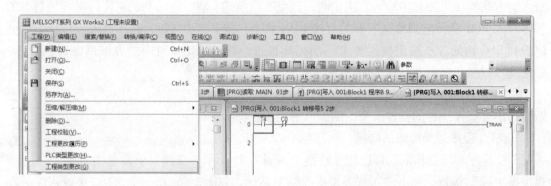

图 2-45　SFC 程序与步进梯形图的转换

a)"工程类型更改"对话框　　　　　　　　b) 语言更改确认对话框

图 2-46　"工程类型更改"对话框及语言更改确认对话框

项目七　十字路口交通信号灯的 PLC 控制

一、项目导入

在繁华的都市，为了使交通顺畅，交通信号灯起到非常重要的作用。常见的交通信号灯有主干道路上的十字路口交通信号灯以及为保障行人横穿车道的安全和道路的通畅而设置的人行横道交通信号灯。交通信号灯是生活中常见的一种无人控制信号灯，它们能否正常运行直接关系着交通安全。

本项目通过十字路口交通信号灯的 PLC 控制，进一步学习并行序列顺序控制步进指令的编程方法。

二、相关知识

（一）并行序列顺序控制 STL 指令的编程

1. 并行性分支与汇合的特点

并行性分支是指同时处理的程序流程。并行性分支、汇合的顺序功能图如图 2-47a、b 所示。并行性分支的三个单序列同时开始且同时结束，构成并行序列的每一分支的开始和结束处没有独立的转移条件，而是共用一个转移和转移条件，在顺序功能图上分别画在水平连线上和水平连线下。为了与选择序列的功能图相区别，并行序列功能图中分支、汇合处的横线画成双线。

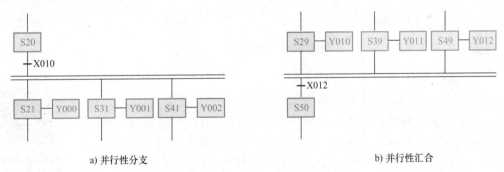

a) 并行性分支　　　　　　　　　　b) 并行性汇合

✖ 图 2-47 并行性分支、汇合顺序功能图

注意：并行序列分支处的支路数不能超过 8 条。

2. 并行性分支与汇合的编程

（1）并行性分支的编程　并行性分支的编程如图 2-48 所示，在编程时，先进行负载驱动处理，然后进行转移处理。转移处理按从左到右的顺序依次进行，与单序列不同的是该处的转移目标有两个及以上。

（2）并行性汇合的编程　并行性汇合的编程如图 2-49 所示。编程时，首先只执行汇合前的驱动处理，然后共同执行向汇合状态的转移处理。采用的方法是用并行性分支最后一步的 STL 触点相串联。由图 2-49b 可知，并行性汇合处编程时采用三个 STL 触点串联再串接转移条件 X010 置位 S50，使 S50 成为活动步，从而实现并行序列的汇合。在图 2-49c 指令表

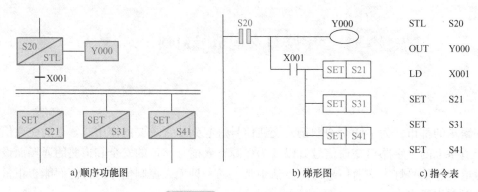

a) 顺序功能图　　　　　　　　　b) 梯形图　　　　　　　　c) 指令表

图 2-48 并行性分支的编程

中，并行性汇合处连续三次使用 STL 指令。一般情况下，STL 指令最多只能连续使用 8 次。

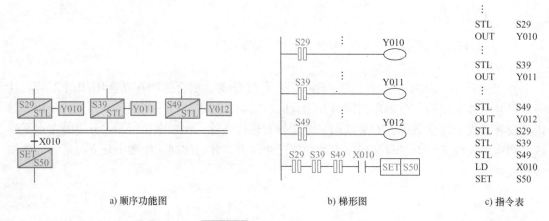

a) 顺序功能图　　　　　　　　　b) 梯形图　　　　　　　　c) 指令表

图 2-49 并行性汇合的编程

（二）编程举例

图 2-50 所示为按钮式人行横道交通信号灯示意图。正常情况下，汽车通行，即车道绿灯 HL3 亮、人行横道红灯 HL5 亮；当行人需要过马路时，则按下按钮 SB1（或 SB2），30s 后车道交通信号灯变为黄灯亮，10s 后变为红灯亮，当车道红灯亮时，人行横道红灯 HL5 亮 5s 转为绿灯 HL6 亮，15s 后人行横道绿灯开始闪烁，闪烁 5 次后人行横道红灯 HL5 亮，5s 后车道绿灯 HL6 亮。各方向信号灯控制时序图如图 2-51 所示。

并行序列顺序控制STL指令编程

从交通信号灯的控制要求可知：人行横道交通信号灯和车道交通信号灯是同时工作的，因此，控制程序是一个并行序列顺序控制，可以采用并行序列分支与汇合的编程方法编制交通灯控制程序。

1. I/O 地址分配

I/O 地址分配见表 2-12。

2. I/O 接线图

I/O 接线图如图 2-52 所示。

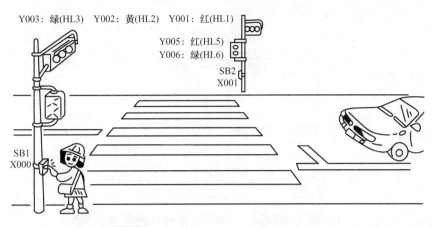

图 2-50 按钮式人行横道交通信号灯示意图

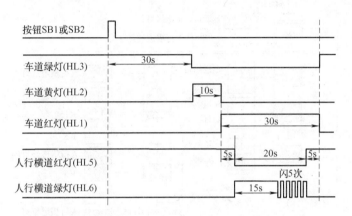

图 2-51 按钮式人行横道交通信号灯控制时序图

表 2-12 I/O 地址分配

输　　入			输　　出		
设备名称	符　　号	X 元件编号	设备名称	符　　号	Y 元件编号
左起动按钮	SB1	X000	车道红灯	HL1	Y001
右起动按钮	SB2	X001	车道黄灯	HL2	Y002
			车道绿灯	HL3	Y003
			人行横道红灯	HL5	Y005
			人行横道绿灯	HL6	Y006

3. 顺序功能图

根据控制要求，按钮式人行横道交通信号灯控制系统是具有两个分支的并行序列，车道分支有绿灯亮 30s、黄灯亮 10s 和红灯亮 30s 共 3 步，人行横道分支有红灯亮 45s、绿灯亮 15s、绿灯闪亮 5 次（绿灯不亮 0.5s、绿灯亮 0.5s）和红灯亮 5s 共 5 步，再加上初始步，绘制的顺序功能图如图 2-53 所示。

4. 编制程序

使用 GX Works2 编程软件将顺序功能图转换为梯形图，选择菜单命令"工具"→"选

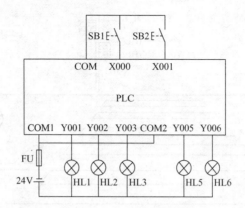

图 2-52 按钮式人行横道交通信号灯控制 I/O 接线图

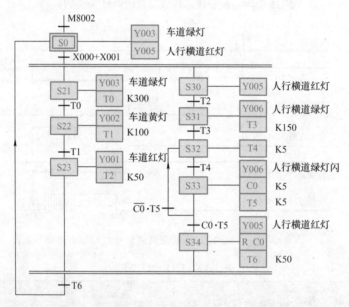

图 2-53 按钮式人行横道交通信号灯控制顺序功能图

项"执行，将程序编辑器中的梯形图显示格式设置为"以触点格式显示步进梯形图（STL）指令"，如图 2-54 所示。这里要特别注意并行序列分支和汇合处的编程。

三、项目实施

（一）训练目标

1）根据控制要求绘制并行序列顺序功能图，并用步进指令转换成梯形图和指令表。

2）初步学会并行序列顺序控制步进指令设计方法。

3）学会 FX 系列 PLC 的外部接线方法。

4）熟练使用三菱 GX Works2 编程软件进行步进指令程序输入，并写入 PLC 进行调试运行，查看运行结果。

（二）设备与器材

本项目所需设备与器材见表 2-13。

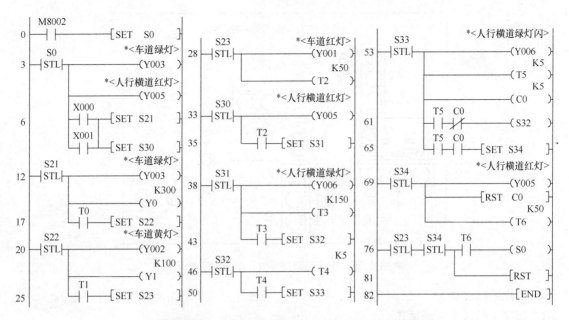

图2-54　按钮式人行横道交通信号灯控制梯形图

表2-13　所需设备与器材

序号	名　　称	型号规格	数　量	备　注
1	常用电工工具	十字螺钉旋具、一字螺钉旋具、尖嘴钳及剥线钳等	1套	表中所列设备、器材的型号规格仅供参考
2	计算机（安装 GX Works2 编程软件）		1台	
3	天煌 THPLC 实训台		1台	
4	十字路口交通灯模拟控制挂件		1个	
5	连接导线		若干	

（三）内容与步骤

1. 项目任务

十字路口交通信号灯模拟控制面板如图 2-55 所示，信号灯受一个起动开关控制，当起动开关接通时，信号灯系统开始工作，且先东西红灯亮，南北绿灯亮。当起动开关断开时，信号灯系统完成一次循环后，所有信号灯都熄灭。十字路口交通信号灯变化规律见表 2-14。

表2-14　十字路口交通信号灯变化规律

南北方向	信号灯	绿灯 HL0 亮	绿灯 HL0 闪亮 3 次	黄灯 HL2 亮	红灯 HL4 亮		
	时间/s	25	3	2	30		
东西方向	信号灯	红灯 HL5 亮			绿灯 HL1 亮	绿灯 HL1 闪亮 3 次	黄灯 HL3 亮
	时间/s	30			25	3	2

东西方向的红灯亮 30s 期间，南北方向的绿灯亮 25s，后闪亮 3 次，共 3s，然后绿灯灭，接着南北方向的黄灯亮 2s，完成了半个循环。再转换成南北方向的红灯亮 30s，在此期间，

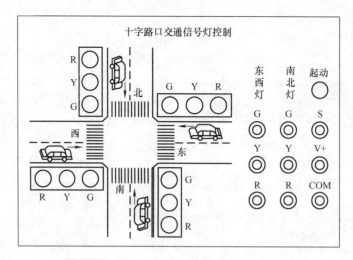

✖ 图2-55　十字路口交通信号灯模拟控制面板

东西方向的绿灯亮25s，后闪亮3次，共3s，然后绿灯灭，接着东西方向的黄灯亮2s。完成一个周期，进入下一个循环。

2. I/O 地址分配与接线图

十字路口交通信号灯控制系统I/O地址分配见表2-15。

表2-15　十字路口交通信号灯控制系统 I/O 地址分配

输　　入			输　　出		
设备名称	符　　号	X 元件编号	设备名称	符　　号	Y 元件编号
起动开关	S	X000	南北方向绿灯	HL0、HL01	Y000
			东西方向绿灯	HL1、HL11	Y001
			南北方向黄灯	HL2、HL21	Y002
			东西方向黄灯	HL3、HL31	Y003
			南北方向红灯	HL4、HL41	Y004
			东西方向红灯	HL5、HL51	Y005

I/O 接线图如图2-56所示。

3. 顺序功能图

根据控制要求，十字路口交通信号灯控制为有两个分支的并行序列顺序控制，由表2-14交通灯变化规律可知，南北和东西两个方向都分为5步，其中闪亮用两步来表示，不亮0.5s，亮0.5s，并用一个计数器计不亮和亮（即闪亮）的次数，两个计数器的设定值均为3，闪亮3次是通过内部小循环实现的，即利用计数器的当前值是否达到3，分出了两个选择，未达到3返回重复闪亮，达到3执行下一步，再加上初始步，整个控制过程共11步，绘制的顺序功能图如图2-57所示。

4. 编制程序

利用步进指令将顺序功能图转换为梯形图，转换时一定要注意并行性分支和汇合处的编程。梯形图如图2-58所示。

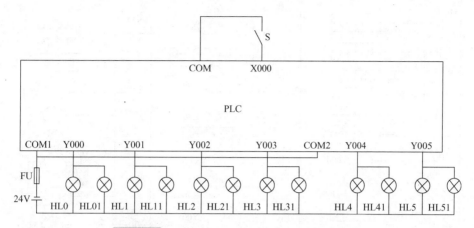

图 2-56　十字路口交通信号灯控制 I/O 接线图

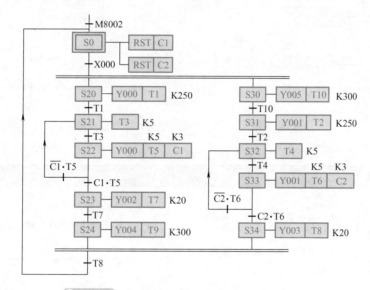

图 2-57　十字路口交通信号灯控制顺序功能图

5. 调试运行

利用 GX Works2 编程软件按照图 2-57 绘制 SFC 程序，转换后写入 PLC，按照图 2-56 进行 PLC 输入/输出端接线，调试运行，观察运行结果。

（四）分析与思考

1）本项目中南北方向和东西方向绿灯闪亮 3s 是如何实现的呢？如果用定时器，能否实现？

2）如果用单序列步进指令编程，程序应如何设计？

3）图 2-57 所示顺序功能图包含了顺序功能图的哪几种基本结构？

四、项目考核

项目实施考核见表 2-16。

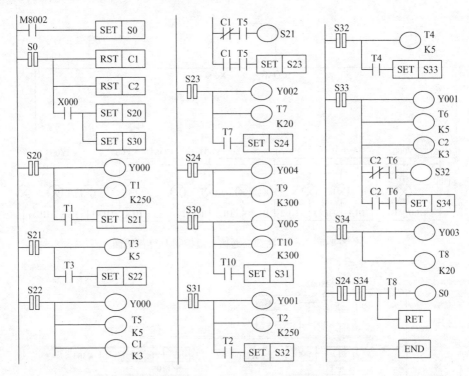

图 2-58　十字路口交通信号灯控制梯形图

表 2-16　项目实施考核表

序号	考核内容	考核要求	评分标准	配分	得分
1	电路及程序设计	（1）能正确分配 I/O，并绘制 I/O 接线图 （2）根据控制要求，正确编制梯形图程序	（1）I/O 分配错或少，每个扣 5 分 （2）I/O 接线图设计不全或有错，每处扣 5 分 （3）梯形图表达不正确或画法不规范，每处扣 5 分	40 分	
2	安装与连线	根据 I/O 分配，正确连接电路	（1）连线错 1 处，扣 5 分 （2）损坏元器件，每件扣 5～10 分 （3）损坏连接线，每根扣 5～10 分	20 分	
3	调试与运行	能熟练使用编程软件编制程序写入 PLC，并按要求调试运行	（1）不会熟练使用编程软件进行梯形图的编辑、修改、转换、写入及监视，每项扣 2 分 （2）不能按照控制要求完成相应的功能，每缺 1 项扣 5 分	20 分	
4	安全操作	确保人身和设备安全	违反安全文明操作规程，扣 10～20 分	20 分	
		合　　计			

五、知识拓展——跳步、重复和循环序列编程

（一）部分重复的编程方法

在一些情况下，需要返回某个状态重复执行一段程序，可以采用部分重复的编程方法，如图2-59所示。

（二）同一分支内跳转的编程方法

在一条分支的执行过程中，由于某种需要可能会跳过几个状态，执行下面的程序。此时，可以采用同一分支内跳转的编程方法，如图2-60所示。

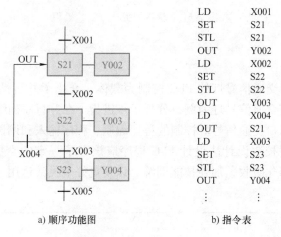

a) 顺序功能图   b) 指令表

图 2-59 部分重复的编程

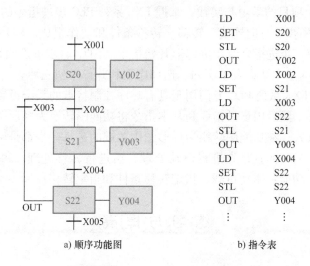

a) 顺序功能图   b) 指令表

图 2-60 同一分支内跳转的编程

（三）跳转到另一条分支的编程方法

在某种情况下，要求程序从一条分支的某个状态跳转到另一条分支的某个状态继续执行。此时，采用跳转到另一条分支的编程方法，如图2-61所示。

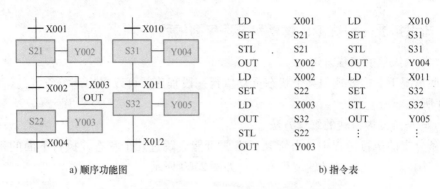

| a) 顺序功能图 | b) 指令表 |

🔧 图2-61　跳转到另一分支的编程

六、项目总结

本项目以十字路口交通信号灯的 PLC 控制为载体，介绍了并行性分支和汇合的编程方法；以按钮式人行横道交通信号灯为例，分析了步进指令在并行序列编程中的具体应用。在此基础上进行了十字路口交通信号灯控制的程序编制、程序输入和调试运行。

至此，我们对顺序控制设计法设计 PLC 程序应该有了一定的掌握，请读者加强复习，把所学的知识进一步消化吸收，加强技能训练，以便更好地灵活运用。

◈◈ 梳理与总结

本学习情境通过两种液体混合的 PLC 控制、四节传送带的 PLC 控制、十字路口交通信号灯的 PLC 控制 3 个项目的学习与实践，掌握 FX_{2N} 系列 PLC 步进指令的编程应用。

1）顺序功能图由步、有向连线、转移、转移条件和动作组成。顺序功能图的绘制是顺序控制设计法的关键，步进指令有步进梯形开始指令（STL）、步进返回指令（RET）两条。

2）顺序功能图的基本结构有单序列、选择序列和并行序列三种。

3）步进指令是 FX_{2N} 系列 PLC 专门用于具有顺序控制特点的系统设置的。在程序设计时首先绘制顺序功能图，然后用步进指令和基本指令将功能图转换为梯形图，这种编程方法称为步进指令的编程方式，在功能图转换为梯形图中关键的是每一步都是围绕驱动处理和转移处理这两个目标进行的，而且是先进行驱动处理，后进行转移处理。每一步 STL 驱动的电路块一般都具有三个功能：驱动负载、指定转移条件和指定转移目标。

📖 练习与提高

一、填空题

1. _____是构成顺序功能图的重要软元件，它必须与_____指令配合使用。

2. 与步进 STL 触点相连的触点应使用_____或_____指令。

3. 在顺序控制系统中，步进指令编程原则是：先进行_____，然后进行_____。状态转移处理是根据_____和转移_____实现向下一个状态的转移。

4. 在顺序控制中，运行开始时必须使初始步成为活动步，一般可用_____或_____进行驱动。

5. FX$_{2N}$ 系列 PLC 的状态继电器中,初始状态继电器为_____,通用状态继电器为_____。

6. 若为顺序不连续转移(跳转),不能使用 SET 指令进行状态转移,应改用_____指令进行状态转移。

二、判断题

1. FX 系列 PLC 步进指令中的每个状态继电器需具有三个功能:负载的驱动处理、指定转移条件和指定转移目标。　　　　　　　　　　　　　　　　　　　　　　　　　　　　　　　　　( )

2. PLC 中的选择序列指的是多个流程分支可同时执行的分支流程。　　　　　　　　　( )

3. 用 PLC 步进指令编程时,先要分析控制过程,确定步进和转移条件,按规则画出顺序功能图;再根据顺序功能图画出梯形图;最后由梯形图写出指令表。　　　　　　　　　　　　( )

4. 当状态继电器不用于步进顺序控制时,它可作为输出继电器用于程序中。　　　　　( )

5. 在步进触点后面的电路块中不允许使用主控或主控复位指令。　　　　　　　　　　( )

6. 由于步进指令具有主控和跳转作用,因此,不必每一条 STL 指令后面都加一条 RET 指令,只需在最后使用一条 RET 指令即可。　　　　　　　　　　　　　　　　　　　　　　( )

7. 顺序控制程序中不允许出现双线圈输出。　　　　　　　　　　　　　　　　　　　( )

8. 顺序控制系统的 PLC 程序只能采用顺序功能图(SFC)编写。　　　　　　　　　( )

三、选择题

1. FX 系列 PLC 中步进梯形开始指令 STL 的目标元件是( )。

A. 输入继电器 X　　　　　　　　　　　　　B. 输出继电器 Y

C. 状态继电器 S　　　　　　　　　　　　　D. 辅助继电器 M(特殊辅助继电器元件除外)

2. FX 系列 PLC 中步进返回指令 RET 的功能是( )。

A. 程序的复位指令

B. 程序的结束指令

C. 将步进触点由子母线返回到原来的左母线

D. 将步进触点由左母线返回到原来的子母线

3. 下列不属于顺序功能图基本结构的是( )。

A. 单序列　　　　　　B. 选择序列　　　　　　C. 循环序列　　　　　　D. 并行序列

4. 在 PLC 程序设计中,( )表达方式与继电-接触器原理图相似。

A. 指令表　　　　　　B. 顺序功能图　　　　　C. 梯形图　　　　　　　D. 功能块图

四、简答题

1. 状态继电器分哪几类?试收集资料并举例说明断电保持状态继电器使用的场合。

2. 什么是顺序功能图?它由哪几部分组成?顺序功能图分哪几类?

3. 在顺序功能图中,"步"划分的依据是什么?

五、程序转换题

试画出图 2-62 所示顺序功能图对应的梯形图。

六、程序设计题

1. 试用步进指令设计三相异步电动机正反转控制的程序。

2. 试用步进指令设计三相异步电动机丫-△减压起动控制的程序,假设三相异步电动机丫联结起动的时间为 10s。

3. 试用步进指令编制程序。要求:

1)按下起动按钮,电动机 M1 立即起动,2s 后电动机 M2 起动,再过 2s 电动机 M3 起动。

2)进入正常运行状态后,按下停止按钮,电动机 M3 立即停止,5s 后电动机 M2 停止,再过 1.5s 电动机 M1 停止。不考虑起动过程的停止情况。

4. 设计一个汽车库自动门控制系统,具体控制要求是:汽车到达车库门前,超声波开关接收到来车的

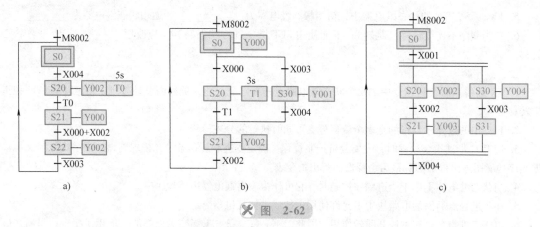

图 2-62

信号，门电动机正转，门上升，当门升到顶点碰到上限开关时，停止上升；汽车驶入车库后，光敏开关发出信号，门电动机反转，门下降，当碰到下限位开关后，门电动机停止。试画出 PLC 的 I/O 接线图，并设计梯形图程序。

5. 两种液体混合控制，混合装置示意图如图 2-63 所示。控制要求如下：

1）在初始状态时，3 个容器都是空的，所有阀门均关闭，搅拌电动机未运行。

2）按下起动按钮，阀 1 和阀 2 得电运行，注入液体 A 和 B。

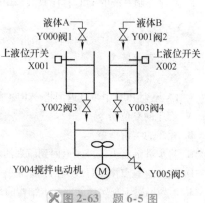

图 2-63　题 6-5 图

3）当两个容器的上液位开关闭合时，停止进料，开始放料。分别经过 3s（阀 3）、5s（阀 4）的延时，放料完毕。搅拌电动机开始工作，1min 后，停止搅拌，混合液体开始放料（阀 5）。

4）10s 后，放料结束（关闭阀 5）。

试设计控制程序。

学习情境三
FX系列PLC常用功能指令的应用

教学目标	能力目标	1. 能分析较复杂的 PLC 控制系统 2. 能使用常用功能指令编制较简单的控制程序 3. 能熟练使用 GX Works2 编程软件编制梯形图并写入 PLC 4. 能进行程序的模拟调试和在线调试
	知识目标	1. 熟悉功能指令的基本格式 2. 掌握 FX 系列 PLC 位元件和字元件的使用 3. 掌握常用功能指令的功能及编程应用
	素质目标	1. 在项目开展过程中，增强自信心，树立争做大国工匠的信念 2. 培养学以致用的工程意识，增强使命担当
教 学 重 点		传送、比较、循环与移位指令的编程
教 学 难 点		算术及逻辑运算、子程序调用指令的编程
参 考 学 时		16 ~ 24 学时

本学习情境通过跑马灯的 PLC 控制、8 站小车随机呼叫的 PLC 控制、抢答器的 PLC 控制及自动售货机的 PLC 控制四个项目的学习和训练，掌握 FX 系列 PLC 传送、比较、循环与移位、位移位、算术及逻辑运算、子程序调用等常用功能指令的编程方法。

项目八　跑马灯的 PLC 控制

一、项目导入

在日常生活中，经常看到广告牌上的各种彩灯在夜晚时灭时亮、有序变化，形成绚烂多姿的效果。本项目将以 8 盏小灯组成循环点亮的跑马灯为例，来分析如何通过 PLC 实现其控制。为此，我们首先来学习功能指令的基本知识及应用。

二、相关知识

（一）功能指令的表达形式

FX 系列 PLC 的功能指令（又称为应用指令）主要由助记符和操作数两部分组成，功能指令的表示形式与基本指令不同，一条基本指令只能完成一个特定操作，而一条功能指令却能完成一系列操作，相当于执行一个能够实现某特定功能的子程序，所以功能指令的功能强大，编程更简练，能用于运动控制、模拟量控制等场合。基本指令和梯形图符号之间是相互对应的，而功能指令采用梯形图和助记符相结合的形式，意在表达本指令要做什么，不含表达梯形图符号间的相互关系的成分，而是直接表达本指令要做什么。

1. 功能指令的编号和助记符

功能指令的表达形式如图 3-1 所示。

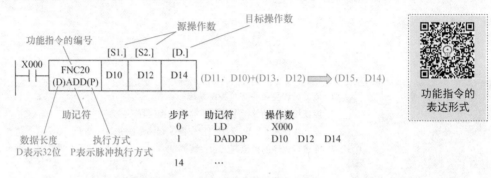

※图3-1　功能指令的表达形式

（1）功能指令的编号　功能指令按 FNC0 ~ FNC295 来编号。

（2）助记符　功能指令的助记符（又称为操作码）表示指令的功能，如 ADD、MOV 等。

2. 数据长度及执行方式

（1）数据长度　功能指令可处理 16 位数据和 32 位数据，数据长度的表示方法如图 3-2 所示。

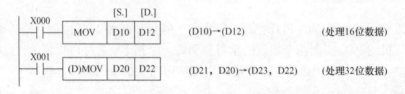

※图3-2　数据长度的表示方法

功能指令中在助记符前面加"（D）"（Double）表示 32 位数据，如（D）MOV。处理 32 位数据时，数据由元件号相邻的两个 16 位字元件组成，首地址用奇数、偶数均可，但建议首地址统一采用偶数编号。

需要说明的是：32 位计数器 C200 ~ C255 的当前值寄存器不能用作 16 位数据的操作数，只能用作 32 位数据的操作数。

（2）执行方式　功能指令执行方式有连续执行方式和脉冲执行方式两种。

1）连续执行方式：每个扫描周期都重复执行一次。

2）脉冲执行方式：只在执行信号由 OFF→ON 时执行一次，在指令助记符后加"（P）"（Pulse）。

如图 3-3 所示，当 X000 为 ON 时，第一个逻辑行的指令在每个扫描周期都被重复执行一次。第二个逻辑行中仅当 X001 由 OFF 变为 ON 时才有效，当 PLC 扫描到这一行时执行该传送指令。在不需要每个扫描周期都执行时，用脉冲执行方式可缩短程序处理时间。

对于上述两条指令，当 X000 和 X001 为 OFF 状态时，两条指令都不执行，目标操作数的内容保持不变，除非另行指定或其他指令使目标操作数的内容发生变化。

"（D）"和"（P）"可同时使用，如"（D）MOV（P）"表示 32 位数据的脉冲执行方式。另外，有些指令，如 XCH、INC、DEC 和 ALT 等，用连续执行方式时要特别留心。

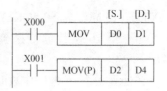

✖ 图 3-3　执行方式的表示方法

3. 操作数

操作数指明参与操作的对象。操作数按功能分为源操作数、目标操作数和其他操作数；按组成形式分为位元件、位元件组合、字元件和常数。

源操作数 S：执行指令后数据不变的操作数，使用变址功能时，表示为"［S. ］"，当源操作数不止 1 个时，可用"［S1. ］""［S2. ］"等表示。

目标操作数 D：执行指令后数据被刷新的操作数，使用变址功能时，表示为"［D. ］"，当目标操作数不止 1 个时，可用"［D1. ］""［D2. ］"等表示。

其他操作数 m、n：补充注释的常数，用 K（十进制）和 H（十六进制）表示，两个或两个以上时可用 m1、m2、n1、n2 等表示。

（二）功能指令的数据结构

1. 位元件和字元件

（1）位元件　只处理 ON 或 OFF 两种状态的元件称为位元件 ，如 X、Y、M、S、T 和 C 的触点。

（2）字元件　处理数据的元件称为字元件。一个字元件由 16 位二进制数组成，如 T、C 和 D。字元件范围见表 3-1。

功能指令的
数据结构

需要说明的是，定时器和计数器具有双重性，它们的触点在编程时可以作为位元件使用，它们的设定值和当前值寄存器又可以作为字元件使用。

表 3-1　字元件范围

符　号	表 示 内 容
KnX	输入继电器位元件组合的字元件，也称为输入位元件组合
KnY	输出继电器位元件组合的字元件，也称为输出位元件组合
KnM	辅助继电器位元件组合的字元件，称为辅助位元件组合
KnS	状态继电器位元件组合的字元件，也称为状态位元件组合
T	定时器当前值寄存器
C	计数器当前值寄存器
D	数据寄存器
V、Z	变址寄存器

2. 位元件组合

位元件组合表示数据。4 个连续位元件作为一个基本单元进行组合，称为位元件组合，代表 4 位 BCD 码，也表示 1 位十进制数，用 KnP 表示，K 为十进制，n 为位元件组合的组数（n = 1 ~ 8），P 为位元件组合的首地址位元件，一般用 0 编号的元件。通常的表现形式为

KnX000、KnM0、KnS0 和 KnY000。

当一个 16 位数据传送到 K1M0、K2M0 和 K3M0 时，只传送相应的低位，高位数据溢出。

在处理一个 16 位操作数时，参与操作的位元件组合由 K1 ~ K4 指定。若仅由 K1 ~ K3 指定，不足部分的高位作 0 处理，这意味着只能处理正数（符号位为 0）。

3. 变址寄存器（V、Z）

变址寄存器用于改变操作数的地址，其作用是存放改变地址的数据。变址寄存器由 V0 ~ V7、Z0 ~ Z7 共 16 点的 16 位变址数据寄存器构成。变址寄存器的使用如图 3-4 所示。

实际地址 = 当前地址 + 变址数据

32 位运算时 V 和 Z 组合使用，V 为高 16 位，Z 为低 16 位。

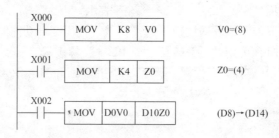

图 3-4　变址寄存器的使用

（三）传送指令（MOV）

1. MOV 指令使用要素

MOV 指令的名称、编号（位数）、助记符、功能、操作数及程序步等使用要素见表 3-2。

表 3-2　MOV 指令使用要素

名　称	编号（位数）	助记符	功　能	操　作　数		程　序　步
				[S.]	[D.]	
传送	FNC12（16/32）	MOV MOV（P）	将源操作数 [S.] 的数据送到指定的目标操作数 [D.] 中	K、H、KnX、KnY、KnM、KnS、T、C、D、V、Z	KnY、KnM、KnS、T、C、D、V、Z	5 步（16 位）9 步（32 位）

2. MOV 指令使用说明

1）该指令将源操作数 [S.] 中的数据传送到目标操作数 [D.] 中去。

2）MOV 指令可以进行 32 位数据长度和脉冲执行方式的操作。

3）如果 [S.] 为十进制常数，执行该指令时自动转换成二进制数后进行数据传送。

4）当执行条件不满足时，MOV 指令不执行，[D.] 中的数据保持不变。

3. MOV 指令的应用

MOV 指令的应用如图 3-5 所示。

这是一条 32 位脉冲传送指令，当 X000 由 OFF 变为 ON 时，该指令执行的功能是把 K100 送入（D11，D10）中，即（D11，D10）= K100。在执行过程中 PLC 会将十进制常数 100 自动转换成二进制数写入（D11，D10）中。

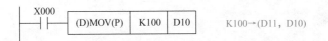

K100→(D11, D10)

✖图 3-5　MOV 指令的应用

MOV、ROR、ROL指令的编程及应用

（四）循环移位指令（ROR、ROL）

1. 循环移位指令（ROR、ROL）使用要素

循环移位指令（ROR、ROL）的名称、编号（位数）、助记符、功能、操作数及程序步等使用要素见表 3-3。

表 3-3　循环移位指令使用要素

名　称	编号（位数）	助记符	功　能	操　作　数		程　序　步
				[D.]	n	
循环右移	FNC30（16/32）	ROR ROR（P）	使目标操作数的数据向右循环移 n 位	KnY, KnM, KnS T, C, D, V, Z	K, H n≤16（32）	5 步（16 位）9 步（32 位）
循环左移	FNC31（16/32）	ROL ROL（P）	使目标操作数的数据向左循环移 n 位			

2. 循环移位指令（ROR、ROL）使用说明

1）对于连续执行方式，在每个扫描周期都会进行一次循环移位动作，因此，在使用循环移位指令时，最好使用脉冲执行方式。

2）当目标操作数采用位元件组合时，位元件的组数在 16 位指令中应为 K4，在 32 位指令中应为 K8，否则指令不能执行。

3）循环右移和循环左移指令执行过程中，每次移出［D.］的低位（或高位）数据循环进入［D.］的高位（或低位）。最后移出［D.］的那一位数值同时存入进位标志位 M8022 中。

3. 循环移位指令（ROR、ROL）的应用

图 3-6a 中，当 X000 由 OFF 变为 ON 时，各数据向右循环移 3 位，即从高位移向低位，从低位移出的数据再循环进入高位，最后从最低位移出的 1 存入 M8022 中。

图 3-6b 中，当 X001 由 OFF 变为 ON 时，各数据向左循环移 3 位，即从低位移向高位，从高位移出的数据再循环进入低位，最后从最高位移出的 1 存入 M8022 中。

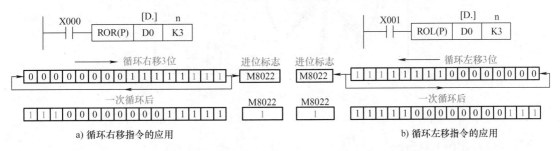

a) 循环右移指令的应用　　　　　　　　　　b) 循环左移指令的应用

✖图 3-6　循环移位指令的应用

三、项目实施

（一）训练目标

1）熟练掌握循环移位指令和传送指令在程序中的应用。

2）学会 FX 系列 PLC 的外部 I/O 接线。

3）能根据控制要求编写梯形图程序。

4）熟练使用三菱 GX Works2 编程软件，编制梯形图程序并写入 PLC 进行调试运行，查看运行结果。

（二）设备与器材

本项目实施所需的设备与器材见表3-4。

表3-4　所需设备与器材

序号	名　称	型号规格	数　量	备　注
1	常用电工工具	十字螺钉旋具、一字螺钉旋具、尖嘴钳及剥线钳等	1套	表中所列设备、器材的型号规格仅供参考
2	计算机（安装 Works2 编程软件）		1台	
3	天煌 THPLC 实训台		1台	
4	跑马灯模拟控制挂件		1个	
5	连接导线		若干	

（三）内容与步骤

1. 项目任务

HL1～HL8 八组灯组成跑马灯，其模拟控制面板如图3-7所示。按下起动按钮时，灯先以正序每隔1s轮流点亮（即 HL1→HL2→…→HL8），HL8 亮后，停5s；然后以反序每隔1s轮流点亮（即 HL8→HL7→…→HL1），当 HL1 再亮后，停5s。重复上述过程。当按下停止按钮时，跑马灯熄灭。

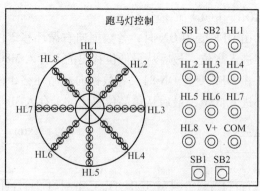

图3-7　跑马灯模拟控制面板

2. I/O 地址分配与接线图

跑马灯控制的 I/O 分配见表3-5。

跑马灯控制 I/O 接线图如图3-8所示。

表3-5　跑马灯控制 I/O 分配

输　入			输　出		
设 备 名 称	符　号	X 元件编号	设 备 名 称	符　号	Y 元件编号
起动按钮	SB1	X000	跑马灯 1	HL1	Y000
停止按钮	SB2	X001	跑马灯 2	HL2	Y001
			跑马灯 3	HL3	Y002
			跑马灯 4	HL4	Y003
			跑马灯 5	HL5	Y004
			跑马灯 6	HL6	Y005
			跑马灯 7	HL7	Y006
			跑马灯 8	HL8	Y007

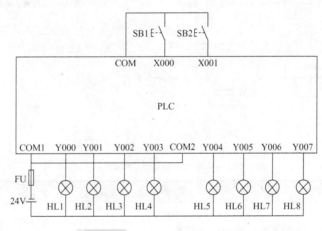

图3-8　跑马灯控制 I/O 接线图

3. 编制程序

根据控制要求编写梯形图程序，如图3-9所示。

4. 调试运行

利用编程软件将编写的梯形图程序写入 PLC，按照图3-8进行 I/O 接线，调试运行，观察运行结果。

（四）分析与思考

1）本项目中，如果跑马灯正向点亮到 HL8、反向点亮到 HL1 时实现 5s 的闪亮，程序应如何编制？

2）在本项目中 PLC 只需 8 点输出，能否将 ROR、ROL 指令的目标、操作数 K4 Y000 改为 K2 Y000？说明理由。

四、项目考核

项目实施考核见表3-6。

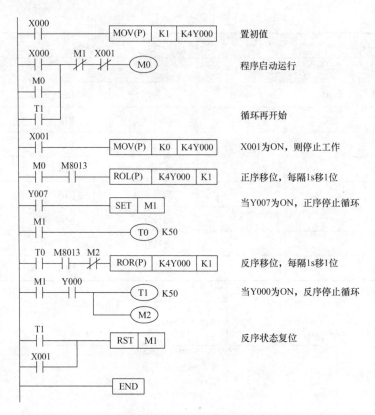

❌ 图 3-9　跑马灯控制梯形图

表 3-6　项目实施考核表

序号	考核内容	考核要求	评分标准	配分	得分
1	电路及程序设计	（1）能正确分配 I/O，并绘制 I/O 接线图 （2）根据控制要求，正确编制梯形图程序	（1）I/O 分配错或少，每个扣 5 分 （2）I/O 接线图设计不全或有错，每处扣 5 分 （3）梯形图表达不正确或画法不规范，每处扣 5 分	40 分	
2	安装与连线	根据 I/O 分配，正确连接电路	（1）连线错 1 处，扣 5 分 （2）损坏元器件，每件扣 5 ~ 10 分 （3）损坏连接线，每根扣 5 ~ 10 分	20 分	
3	调试与运行	能熟练使用编程软件编制程序写入 PLC，并按要求调试运行	（1）不会熟练使用编程软件进行梯形图的编辑、修改、转换、写入及监视，每项扣 2 分 （2）不能按照控制要求完成相应的功能，每缺 1 项扣 5 分	20 分	
4	安全操作	确保人身和设备安全	违反安全文明操作规程，扣 10 ~ 20 分	20 分	
合　计					

STFL、STFR
指令的编程及
应用

五、知识拓展

（一）位移位指令（SFTR、SFTL）

1. 位移位指令（SFTR、SFTL）使用要素

位移位指令的名称、编号（位数）、助记符、功能、操作数及程序步等使用要素见表3-7。

表 3-7　位移位指令使用要素

名　称	编号 （位数）	助记符	功　能	操　作　数				程序步
				[S.]	[D.]	n1	n2	
位右移	FNC34 （16）	SFTR SFTR（P）	将以 [D.] 为首地址的n1位位元件的状态向右移 n2位，其高位由 [S.] 为首地址的 n2 位位元件的状态移入	X, Y, M, S	Y, M, S	K, H n2≤n1≤1024		9 步
位左移	FNC35 （16）	SFTL SFTL（P）	将以 [D.] 为首地址的n1位位元件的状态向左移 n2位，其低位由 [S.] 为首地址的 n2 位位元件的状态移入					

2. 位移位指令（SFTR、SFTL）使用说明

1）位移位指令（SFTR、SFTL）的源操作数、目标操作数都是位元件，n1 指定目标操作数的长度，n2 指定源操作数的长度，也是移位的位数。

2）位移位指令目标操作数的位元件不能为输入继电器（X 元件）。

3. 位移位指令（SFTR、SFTL）的应用

位右移指令（SFTR）和位左移指令（SFTL）的应用如图 3-10 所示。

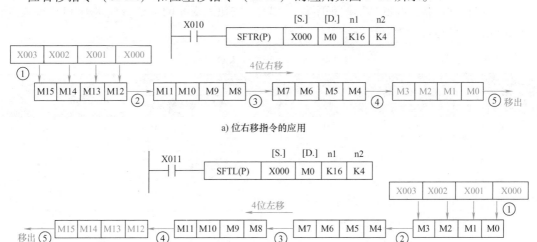

a) 位右移指令的应用

b) 位左移指令的应用

✖ 图3-10　位移位指令的应用

在图 3-10a 中，当 X010 由 OFF→ON 时，位右移指令（4 位 1 组）按以下顺序移位：X003 ~ X000→M15 ~ M12，M15 ~ M12→M11 ~ M8，M11 ~ M8→M7 ~ M4，M7 ~ M4→M3 ~ M0，M3 ~ M0 移出，即从高位移入，低位移出。

在图 3-10b 中，当 X011 由 OFF→ON 时，位左移指令（4 位 1 组）按以下顺序移位：X003 ~ X000→M3 ~ M0，M3 ~ M0→M7 ~ M4，M7 ~ M4→M11 ~ M8，M11 ~ M8→M15 ~ M12，M15 ~ M12 移出，即从低位移入，高位移出。

（二）天塔之光模拟控制

1. 控制要求

天塔之光模拟控制面板如图 3-11 所示。合上起动开关后，系统会每隔 1s 按以下规律显示：HL1→HL1、HL2 →HL1、HL3→HL1、HL4→HL1、HL2 →HL1、HL2、HL3、HL4→HL1、HL8 →HL1、HL7→HL1、HL6→HL1、HL5 →HL1、HL8→HL1、HL5、HL6、HL7、HL8→HL1→HL1、HL2、HL3、HL4→ HL1、HL2、HL3、HL4、HL5、HL6、HL7、HL8→HL1……如此循环，周而复始。断开起动开关系统立即停止。

2. I/O 地址分配

天塔之光控制 I/O 分配见表 3-8。

3. 编制程序

根据控制要求编写梯形图，如图 3-12 所示。

4. 调试运行

利用编程软件将编写的梯形图程序写入 PLC，按照表 3-8 的 I/O 分配进行 PLC 输入/输出端接线，调试运行，观察运行结果。

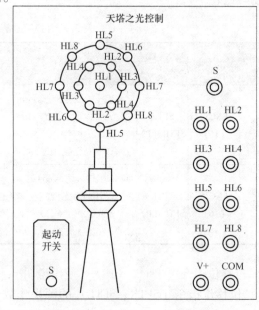

图 3-11 天塔之光模拟控制面板

表 3-8 天塔之光控制 I/O 分配

输　　入			输　　出		
设 备 名 称	符　　号	X 元件编号	设 备 名 称	符　　号	Y 元件编号
起动开关	S	X000	灯 1	HL1	Y000
			灯 2	HL2	Y001
			灯 3	HL3	Y002
			灯 4	HL4	Y003
			灯 5	HL5	Y004
			灯 6	HL6	Y005
			灯 7	HL7	Y006
			灯 8	HL8	Y007

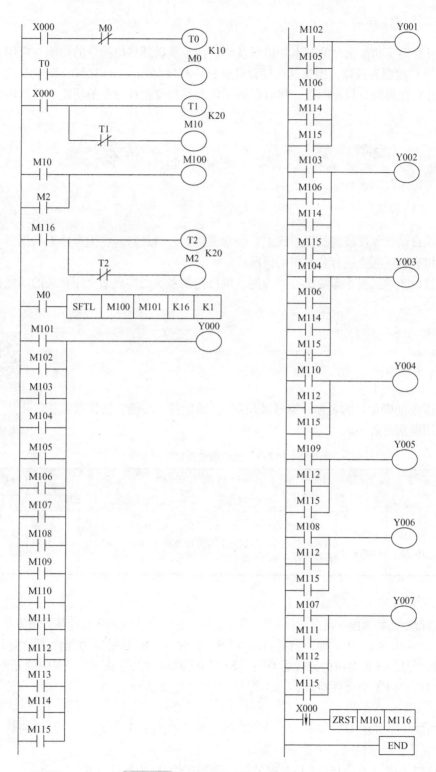

✖ 图 3-12　天塔之光模拟控制梯形图

六、项目总结

本项目介绍了功能指令的基本知识以及传送指令、循环移位指令的功能与应用。然后以跑马灯的 PLC 控制为载体，围绕其程序设计分析、程序写入、I/O 接线、调试及运行开展项目实施，针对性很强，目标明确。然后拓展了位右移和位左移指令的功能，并举例说明其具体的应用。

项目九 8 站小车随机呼叫的 PLC 控制

一、项目导入

在工业自动化程度较高的生产线上，经常会遇到一台送料车在生产线上根据各工作台请求，前往相应的呼叫点进行装卸料的情况。

本项目以 8 站送料小车随机呼叫为例，围绕控制系统的实现来介绍相关的功能指令及程序设计方法。

二、相关知识

（一）比较指令（CMP）

1. 比较指令（CMP）使用要素

比较指令（CMP）的名称、编号（位数）、助记符、功能、操作数及程序步等使用要素见表 3-9。

CMP、ZCP、
ZRST指令的
编程及应用

表 3-9 比较指令使用要素

名　称	编号（位数）	助记符	功　能	操　作　数			程　序　步
				[S1.]	[S2.]	[D.]	
比较	FNC10（16/32）	CMP CMP（P）	将源操作数 [S1.]、[S2.] 的数据进行比较，结果送到目标操作数 [D.] 中	K、H、KnX、KnY、KnM、KnS、T、C、D、V、Z		Y、M、S	7 步（16 位）13 步（32 位）

2. 比较指令使用说明

1）该指令是将源操作数 [S1.] 和 [S2.] 中的二进制代数值进行比较，结果送到目标操作数 [D.]～[D.+2] 中。即，当 [S1.]＞[S2.] 时，[D.] 对应的元件为 ON；[S1.]＝[S2.] 时，[D.+1] 对应的元件为 ON；[S1.]＜[S2.] 时，[D.+2] 对应的元件为 ON。

2）[D.] 由 3 个元件组成，[D.] 中给出的是首地址元件，其他两个为后面的相邻元件。

3）当执行条件由 ON→OFF 时，CMP 指令将不执行，但 [D.] 中元件的状态保持不变，如果要清除比较结果，需要用复位指令 RST。

4）该指令可以进行 16/32 位数据处理，采用连续/脉冲执行方式。

5）指令中指定的操作数不全、元件超出范围、软元件地址不对时，程序会出错。

3. 比较指令的应用

比较指令的应用如图 3-13 所示。

图 3-13 所示为 16 位连续型比较指令。当 X000 为 ON 时，每一扫描周期均执行一次比较，当计数器 C20 的当前值小于十进制常数 100 时，M0 闭合；当计数器 C20 的当前值等于十进制常数 100 时，M1 闭合；当计数器 C20 的当前值大于十进制常数 100 时，M2 闭合。当 X000 为 OFF 时，不执行 CMP 指令，但 M0、M1、M2 的状态保持不变。

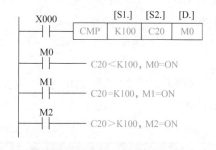

图 3-13 比较指令的应用

（二）区间比较指令（ZCP）

1. 区间比较指令使用要素

区间比较指令（ZCP）的名称、编号（位数）、助记符、功能、操作数及程序步等使用要素见表 3-10。

表 3-10 区间比较指令使用要素

名 称	编号（位数）	助记符	功 能	操 作 数				程 序 步
				[S1.]	[S2.]	[S.]	[D.]	
区间比较	FNC11（16/32）	ZCP ZCP（P）	将一个源操作数 [S.] 与两个源操作数 [S1.] 和 [S2.] 的数据进行代数比较，结果送到目标操作数 [D.] 中	K、H、KnX、KnY、KnM、KnS、T、C、D、V、Z			Y、M、S	9 步（16 位）17 步（32 位）

2. 区间比较指令使用说明

1）ZCP 指令是将源操作数 [S.] 的数据和两个源操作数 [S1.] 和 [S2.] 的数据进行比较，结果送到 [D.] 中，[D.] 由 3 个元件组成，[D.] 为三个相邻元件的首地址元件。当 [S.] < [S1.] 时，[D.] 对应的元件为 ON；[S1.] ≤ [S.] ≤ [S2.] 时，[D. +1] 对应的元件为 ON；[S.] > [S2.] 时，[D. +2] 对应的元件为 ON。

2）ZCP 指令为二进制代数比较，并且 [S1.] < [S2.]，如果 [S1.] > [S2.]，则把 [S1.] 视为 [S2.] 处理。

3）当执行条件由 ON→OFF 时，不执行 ZCP 指令，但 [D.] 中元件的状态保持不变，若要清除比较结果，需要用复位指令。

4）该指令可以进行 16/32 位数据处理，采用连续/脉冲执行方式。

3. 区间比较指令的应用

区间比较指令的应用如图 3-14 所示。

图 3-14 所示为 16 位脉冲型区间比较指令。当 X010 由 OFF 变为 ON 时，执行一次区间比较，当计数器 C30 的当前值小于十进制常数 100 时，M3 闭合；当计数器 C30 的当前值大于等于十进

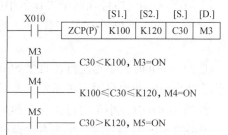

图 3-14 区间比较指令的应用

制常数 100，且小于等于十进制常数 120 时，M4 闭合；当计数器 C30 的当前值大于十进制常数 120 时，M5 闭合。当 X010 为 OFF 时，不执行 ZCP 指令，但 M3、M4、M5 的状态保持不变。

（三）区间复位指令（ZRST）

1. ZRST 指令使用要素

ZRST 指令的名称、编号（位数）、助记符、功能、操作数及程序步等使用要素见表 3-11。

表 3-11　区间复位指令使用要素

名　称	编号 （位数）	助记符	功　能	操　作　数		程　序　步
				［D1.］	［D2.］	
区间复位	FNC40 （16）	ZRST ZRST（P）	将［D1.］～［D2.］指定元件编号范围内的同类元件成批复位	Y，M，S，T，C，D		5 步

2. ZRST 指令使用说明

1）目标操作数［D1.］和［D2.］指定的元件为同类软元件，［D1.］指定的元件号应小于等于［D2.］指定的元件号。若［D1.］元件号 > ［D2.］元件号，则只有［D1.］指定的元件被复位。

2）单个位元件和字元件可以用 RST 指令复位。

3）该指令为 16 位处理指令，但是可在［D1.］和［D2.］中指定 32 位计数器。不允许混合指定，即不能在［D1.］中指定 16 位计数器，而在［D2.］中指定 32 位计数器。

3. ZRST 指令的应用

ZRST 指令的应用如图 3-15 所示。当 M8002 由 OFF→ON 时，执行区间复位指令。位元件 M500 ~ M599 成批复位，字元件 C235 ~ C255 成批复位，状态元件 S0 ~ S127 成批复位。

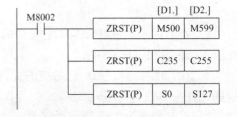

✖ 图 3-15　ZRST 指令的应用

（四）应用举例

以小车自动选向自动定位控制为例，某车间有四个工作台，小车往返于工作台之间选料。每个工作台设有一个限位开关（SQ）和一个呼叫按钮（SB）。具体控制要求如下：

1）小车初始时应停在四个工作台中的任意一个限位开关上。

2）设小车现暂停于 m 号工作台（此时 SQm 动作），这时 n 号工作台有呼叫（即 SBn 动作）。

① 当 m > n 时，小车左行，直至 SQn 动作，到位停车。即当小车所停位置 SQm 的编号大于呼叫的 SBn 的编号时，小车左行至呼叫的 SBn 位置后停止。

② 当 m < n 时，小车右行，直至 SQn 动作，到位停车。即当小车所停位置 SQm 的编号小于呼叫的 SBn 的编号时，小车右行至呼叫的 SBn 位置后停止。

③ 当 m = n 时，小车原地不动。即当小车所停位置 SQm 的编号与呼叫的 SBn 的编号相

同时，小车不动作。

1. I/O 分配

根据控制要求，I/O 分配见表 3-12。

表 3-12　小车自动选向自动定位控制系统 I/O 分配

输　入			输　出		
设 备 名 称	符　号	输入元件编号	设 备 名 称	符　号	输出元件编号
1#限位开关	SQ1	X000	小车左行控制接触器	KM1	Y000
2#限位开关	SQ2	X001	小车右行控制接触器	KM2	Y001
3#限位开关	SQ3	X002			
4#限位开关	SQ4	X003			
1#呼叫按钮	SB1	X004			
2#呼叫按钮	SB2	X005			
3#呼叫按钮	SB3	X006			
4#呼叫按钮	SB4	X007			

2. 编制程序

分析：由控制要求可知，小车要实现自动选择运动方向和自动定位控制，首先要判断小车是否停在某一工作台上，采用各工作台上限位开关对应的输入继电器的位元件组合与十进制常数 0 进行比较，若小车停在某一工作台上，则一定满足 K1X000 > K0，并将小车停在某工作台的位元件组合的值通过传送指令送入数据寄存器中。然后判断是否有工作台呼叫，采用各工作台呼叫按钮对应的输入继电器的位元件组合与十进制常数 0 进行比较，若有工作台呼叫，则一定满足 K1X004 > K0，并将工作台呼叫的位元件组合的值通过传送指令送入数据寄存器中。在判断小车停在某一工作台上，并且有某一工作台呼叫的条件下，将两数据寄存器的值进行比较，来判定小车的运动方向。至此，编制的梯形图程序如图 3-16 所示。

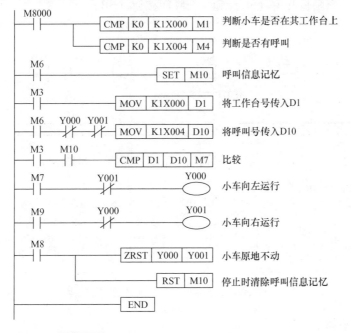

图 3-16　小车自动选向自动定位控制梯形图

三、项目实施

（一）训练目标

1）熟练掌握比较指令和传送指令在程序中的应用。

2）能根据控制要求编制梯形图程序。

3）学会 FX 系列 PLC 的外部 I/O 接线。

4）熟练使用三菱 GX Works2 编程软件，编制梯形图程序并写入 PLC 进行调试运行，查看运行结果。

（二）设备与器材

本项目实施所需设备与器材见表 3-13。

表 3-13　所需设备与器材

序号	名　称	型号规格	数　量	备　注
1	常用电工工具	十字螺钉旋具、一字螺钉旋具、尖嘴钳及剥线钳等	1套	表中所列设备、器材的型号规格仅供参考
2	计算机（安装 GX Works2 编程软件）		1台	
3	天煌 THPLC 实训台		1台	
4	8 站小车随机呼叫模拟控制挂件		1个	
5	连接导线		若干	

（三）内容与步骤

1. 项目任务

某车间有 8 个工作台，送料车往返于工作台之间送料，其模拟控制面板如图 3-17 所示。每个工作台设有一个限位开关（SQ）和一个呼叫按钮（SB）。

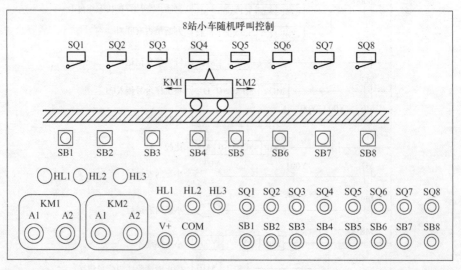

✖ 图 3-17　8 站小车随机呼叫模拟控制面板

具体控制要求如下：

1）送料车开始应能停留在 8 个工作台中任意一个限位开关的位置上。

2）设送料车现暂停于 m 号工作台（SQm 为 ON）处，这时 n 号工作台呼叫（SBn 为 ON），当 m > n 时，送料车左行，直至 SQn 动作，到位停车。即送料车所停位置 SQm 的编号大于呼叫按钮 SBn 的编号时，送料车往左运行至呼叫位置后停止。

3）当 m < n 时，送料车右行，直至 SQn 动作，到位停车。

4）当 m = n，即小车所停位置编号等于呼叫号时，送料车原位不动。

5）小车运行时呼叫无效。

6）具有左行、右行指示及原位指示。

2. I/O 地址分配与接线图

I/O 分配见表 3-14。

表 3-14　8 站小车随机呼叫 I/O 分配

输　　入			输　　出		
设 备 名 称	符　　号	输入元件编号	设 备 名 称	符　　号	输出元件编号
1#限位开关	SQ1	X000	小车左行控制接触器	KM1	Y000
2#限位开关	SQ2	X001	小车右行控制接触器	KM2	Y001
⋮	⋮	⋮	小车左行指示	HL1	Y004
7#限位开关	SQ7	X006	小车右行指示	HL2	Y005
8#限位开关	SQ8	X007	小车原位指示	HL3	Y006
1#呼叫按钮	SB1	X010			
2#呼叫按钮	SB2	X011			
⋮	⋮	⋮			
7#呼叫按钮	SB7	X016			
8#呼叫按钮	SB8	X017			

I/O 接线图如图 3-18 所示。

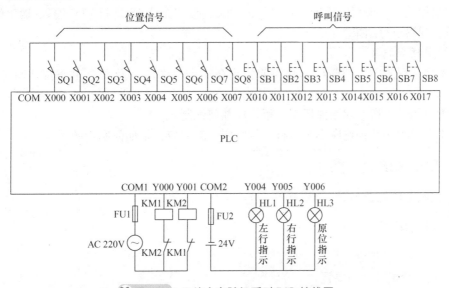

　图3-18　8 站小车随机呼叫 I/O 接线图

3. 编制程序

根据控制要求编写梯形图程序，如图3-19所示。

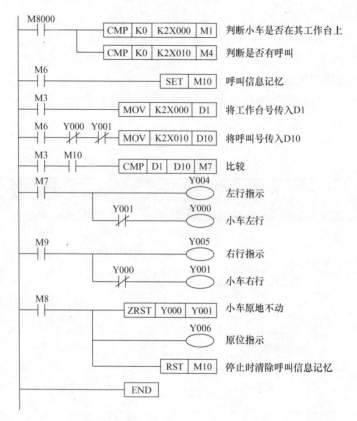

梯形图	说明
M8000 — CMP K0 K2X000 M1	判断小车是否在其工作台上
— CMP K0 K2X010 M4	判断是否有呼叫
M6 — SET M10	呼叫信息记忆
M3 — MOV K2X000 D1	将工作台号传入D1
M6 Y000 Y001 — MOV K2X010 D10	将呼叫号传入D10
M3 M10 — CMP D1 D10 M7	比较
M7 — Y004	左行指示
Y001 — Y000	小车左行
M9 — Y005	右行指示
Y000 — Y001	小车右行
M8 — ZRST Y000 Y001	小车原地不动
— Y006	原位指示
— RST M10	停止时清除呼叫信息记忆
— END	

图3-19　8站小车呼叫控制梯形图

4. 调试运行

利用编程软件将编写的梯形图程序写入PLC，按照图3-18进行PLC输入/输出端接线，调试运行，观察运行结果。

（四）分析与思考

1）本项目程序中，判断小车呼叫前停止在哪个工作台以及哪个工作台呼叫是如何实现的？

2）如果用基本指令编制梯形图，程序应如何编制？

3）本项目程序是否响应小车运行中的呼叫，如响应，是如何实现的？

四、项目考核

项目实施考核见表3-15。

五、知识拓展

（一）触点比较指令

1. 触点比较指令使用要素

触点比较指令使用要素见表3-16。

表 3-15　项目实施考核表

序号	考核内容	考核要求	评分标准	配分	得分
1	PLC 控制系统设计	（1）能正确分配 I/O，并绘制 I/O 接线图 （2）根据控制要求，正确编制梯形图程序	（1）I/O 分配错或少，每个扣 5 分 （2）I/O 接线图设计不全或有错，每处扣 5 分 （3）梯形图表达不正确或画法不规范，每处扣 5 分	40 分	
2	安装与连线	根据 I/O 分配，正确连接电路	（1）连线每错 1 处，扣 5 分 （2）损坏元器件，每件扣 5～10 分 （3）损坏连接线，每根扣 5～10 分	20 分	
3	调试与运行	能熟练使用编程软件编制程序写入 PLC，并按要求调试运行	（1）不会熟练使用编程软件进行梯形图的编辑、修改、转移、写入及监视，每项扣 2 分 （2）不能按照控制要求完成相应的功能，每缺 1 项扣 5 分	20 分	
4	安全操作	确保人身和设备安全	违反安全文明操作规程，扣 10～20 分	20 分	
合　　计					

表 3-16　触点比较指令使用要素

名称	编号 （位数）	助记符	功　能	操作数		程　序　步
				[S1.]	[S2.]	
取触点比较	FNC224 (16/32)	LD = LD(D) =	[S1.] = [S2.]时起始触点接通	K, H, KnX, KnY, KnM, KnS,T,C,D,V,Z		LD = :5 步 LD(D) = :9 步
	FNC225 (16/32)	LD > LD(D) >	[S1.] > [S2.]时起始触点接通			LD > :5 步 LD(D) > :9 步
	FNC226 (16/32)	LD < LD(D) <	[S1.] < [S2.]时起始触点接通			LD < :5 步 LD(D) < :9 步
	FNC228 (16/32)	LD < > LD(D) < >	[S1.] ≠ [S2.]时起始触点接通			LD < > :5 步 LD(D) < > :9 步
	FNC229 (16/32)	LD < = LD(D) < =	[S1.] ≤ [S2.]时起始触点接通			LD < = :5 步 LD(D) < = :9 步
	FNC230 (16/32)	LD > = LD(D) > =	[S1.] ≥ [S2.]时起始触点接通			LD > = :5 步 LD(D) > = :9 步
与触点比较	FNC232 (16/32)	AND = AND(D) =	[S1.] = [S2.]时串联触点接通	K, H, KnX, KnY, KnM, KnS,T,C,D,V,Z		AND = :5 步 AND(D) = :9 步
	FNC233 (16/32)	AND > AND(D) >	[S1.] > [S2.]时串联触点接通			AND > :5 步 AND(D) > :9 步
	FNC234 (16/32)	AND < AND(D) <	[S1.] < [S2.]时串联触点接通			AND < :5 步 AND(D) < :9 步
	FNC236 (16/32)	AND < > AND(D) < >	[S1.] ≠ [S2.]时串联触点接通			AND < > :5 步 AND(D) < > :9 步

（续）

名称	编号 （位数）	助记符	功能	操作数		程 序 步
				[S1.]	[S2.]	
与触点比较	FNC237 （16/32）	AND<= AND(D)<=	[S1.]≤[S2.]时串联触点接通	K, H, KnX, KnY, KnM, KnS,T,C,D,V,Z		AND<=:5步 AND(D)<=:9步
	FNC238 （16/32）	AND>= AND(D)>=	[S1.]≥[S2.]时串联触点接通			AND>=:5步 AND(D)>=:9步
或触点比较	FNC240 （16/32）	OR= OR(D)=	[S1.]=[S2.]时并联触点接通	K, H, KnX, KnY, KnM, KnS,T,C,D,V,Z		OR=:5步 OR(D)=:9步
	FNC241 （16/32）	OR> OR(D)>	[S1.]>[S2.]时并联触点接通			OR>:5步 OR(D)>:9步
	FNC242 （16/32）	OR< OR(D)<	[S1.]<[S2.]时并联触点接通			OR<:5步 OR(D)<:9步
	FNC244 （16/32）	OR<> OR(D)<>	[S1.]≠[S2.]时并联触点接通			OR<>:5步 OR(D)<>:9步
	FNC245 （16/32）	OR<= OR(D)<=	[S1.]≤[S2.]时并联触点接通			OR<=:5步 OR(D)<=:9步
	FNC246 （16/32）	OR>= OR(D)>=	[S1.]≥[S2.]时并联触点接通			OR>=:5步 OR(D)>=:9步

2. 触点比较指令使用说明

1）触点比较指令（FNC 224～FNC246 共18 条）用于将两个源操作数 [S1.]、[S2.] 的数据进行比较，根据比较结果决定触点的通断。

2）取触点比较指令和基本指令中的取指令类似，用于和左母线连接或用于分支中的第一个触点。

3）与触点比较指令和基本指令中的与指令类似，用于和前面的触点组或单触点串联。

4）或触点比较指令和基本指令中的或指令类似，用于和前面的触点组或单触点并联。

3. 触点比较指令的应用

触点比较指令的应用如图 3-20 所示。

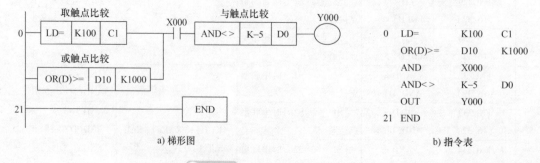

a) 梯形图　　　　　　　　　　　　　b) 指令表

图 3-20　触点比较指令的应用

在图 3-20 中，当 C1 的当前值等于 100 时该触点闭合；当 D0 的数值不等于 -5 时该触点闭合；当（D11，D10）的数值大于等于 1000 时该触点闭合。此时，在 X000 由 OFF 变为

ON 时，Y000 产生输出。

（二）简易定时报时器控制

1. 控制要求

应用计数器与触点比较指令，能构成可设定定时时间的控制器，15min 为一设定单位，24h 共 96 个时间单位。

控制器的控制要求：6：30，电铃（Y000）每秒响 1 次，6 次后自动停止；9：00 ~ 17：00，启动住宅报警系统（Y001）；18：00 开园内照明（Y002）；22：00 关园内照明（Y002）。

2. I/O 地址分配

简易定时报时器控制 I/O 分配见表 3-17。

表 3-17　简易定时报时器控制 I/O 分配

输　　入			输　　出		
设备名称	符　　号	X 元件编号	设备名称	符　　号	Y 元件编号
起停开关	QS1	X000	电铃	HA	Y000
15min 快速调整开关	QS2	X001	住宅报警	HC	Y001
格数调整开关	QS3	X002	园内照明	HL	Y002

3. 编制程序

根据控制要求，编制梯形图程序如图 3-21 所示。

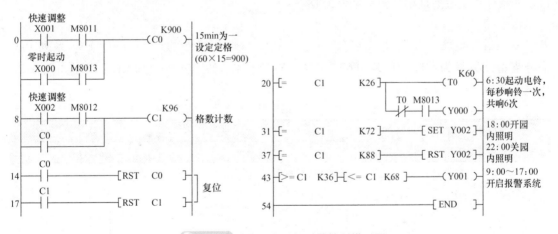

图 3-21　简易定时报时器控制梯形图

六、项目总结

本项目介绍了比较指令、区间比较指令和区间复位指令的功能及应用；以 8 站小车随机呼叫的 PLC 控制为载体，围绕其程序设计分析、程序写入、I/O 接线、调试及运行开展项目实施，针对性很强，目标明确；拓展了触点比较指令的功能，并举例说明其具体的应用。

项目十　抢答器的 PLC 控制

一、项目导入

在知识竞赛或智力比赛等场合，经常使用快速抢答器，那么抢答器的控制部分如何设计呢？抢答器的设计方法很多，可以采用的元器件也有很多种。可以采用数字电子技术中学过的各种门电路芯片与组合逻辑电路芯片搭建电路完成，也可以利用单片机作为控制核心组成系统实现，还可以用 PLC 控制完成。在这里仅介绍利用 PLC 作为控制设备来实现抢答器的控制。

二、相关知识

（一）指针（P、I）

在执行 PLC 程序过程中，当某条件满足时，需要跳过一段不需要执行的程序，或者调用一个子程序，或者执行指定的中断程序，这时需要用一"操作标记"来标明所操作的程序段，这一"操作标记"就称为指针。

指针、CALL、
SRET、FEND
指令的编程
及应用

在 FX 系列 PLC 中，指针用来指示分支指令的跳转目标和中断程序的入口标号，分为分支指针（P）和中断指针（I），其中，中断指针又可分为输入中断用指针、定时器中断用指针和计数器中断用指针 3 种，其编号均采用十进制数分配。FX 系列 PLC 的指针种类及地址编号分配见表3-18。

1. 分支指针（P）

分支指针是跳转指令和子程序调用指令跳转或调用程序的位置标签。FX_{2N} 系列 PLC 的分支指针编号为：P0 ~ P62、P63、P64 ~ P127，共 128 点。分支指针的使用如图 3-22 所示。

表 3-18　FX 系列 PLC 的指针种类及地址编号分配

PLC 机型	分支指针	中断指针		
		输入中断用指针	定时器中断用指针	计数器中断用指针
FX_{1S} 系列	P0 ~ P63 64 点	I00□（X000） I10□（X001） I20□（X002）	—	—
FX_{1N} 系列	P0 ~ P127 128 点	I30□（X003）6 点 I40□（X004） I50□（X005）	—	
FX_{2N}、FX_{2NC} 系列	P0 ~ P62，P63， P64 ~ P127 128 点	I00□（X000） I10□（X001） I20□（X002）	I6□□ I7□□　3 点 I8□□	I010 I020 I030 I040　6 点
FX_{3U} 系列	P0 ~ P4095 4096 点	I30□（X003）6 点 I40□（X004） I50□（X005）		I050 I060

注：表中输入中断用指针列，当□为 1 时，表示上升沿中断；□为 0 时，表示下降沿中断。定时器中断用指针列□□内数值表示定时值，范围为 10 ~ 99ms。

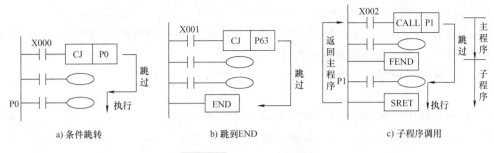

a) 条件跳转   b) 跳到END   c) 子程序调用

✖ 图 3-22 分支指针的使用

2. 中断指针（I）

中断指针用来指明某一中断源的中断程序入口，分为输入中断用指针、定时器中断用指针和计数器中断用指针。中断指针的使用如图 3-23 所示。以 FX$_{2N}$ 系列为例对中断指针分类进行介绍。

（1）输入中断用指针 只接收来自特定的输入地址号（X000 ～ X005）的输入信号而不受 PLC 扫描周期的影响。地址编号为 I00□（X000）、I10□（X001）、I20□（X002）、I30□（X003）、I40□（X004）和 I50□（X005），共 6 点。

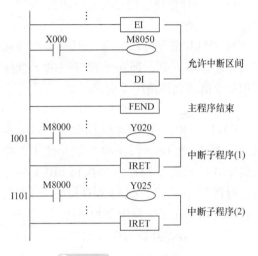

✖ 图 3-23 中断指针的使用

例如：指针 I100 表示输入 X001 从 ON→OFF 变化时，执行标号 I100 之后的中断程序，并由 IRET 指令结束该中断程序。

（2）定时器中断用指针 用于在各指定的中断循环时间（10 ～ 99ms）执行中断子程序。地址编号为 I6□□、I7□□和 I8□□，共 3 点。

（3）计数器中断用指针 根据 PLC 内部的高速计数器的比较结果执行中断子程序，用于利用高速计数器优先处理计数结果的控制。地址编号为 I010、I020、I030、I040、I050 和 I060，共 6 点。

（二）子程序调用和子程序返回指令（CALL、SRET）

1. CALL、SRET 指令使用要素

CALL、SRET 指令的名称、编号（位数）、助记符、功能、操作数及程序步等使用要素见表 3-19。

表 3-19 CALL、SRET 指令使用要素

名 称	编号 （位数）	助记符	功 能	操 作 数 [D.]	程 序 步
子程序调用	FNC01 （16）	CALL CALL（P）	当执行条件满足时，CALL 指令使程序跳到指针标号处，子程序被执行	指针 P0 ～ P62，P64～P127 5 级嵌套	CALL、CALL（P）：3 步 标号 P：1 步
子程序返回	FNC02	SRET	返回主程序	无	1 步

143

2. CALL、SRET 指令使用说明

1）当 CALL 指令执行条件为 ON 时，使主程序跳到指令指定的标号处执行子程序，子程序结束，执行 SRET 指令后返回主程序。

2）为了区分主程序与子程序，将主程序排在前面，子程序排在后面，并以主程序结束指令 FEND 给予分隔。

3）各子程序用分支指针 P0 ~ P62、P64 ~ P127 表示。同一指针只能出现一次。条件跳转指令（CJ）用过的指针标号，子程序调用指令不能再用。不同位置的 CALL 指令可以调用同一指针的子程序。子程序返回指令 SRET 无操作数。

4）子程序中规定使用的定时器为 T192 ~ T199。

5）CALL 指令可以嵌套，但整体而言最多只允许 5 层嵌套，即在子程序内的子程序调用指令最多允许使用 4 次。

3. CALL、SRET 指令的应用

CALL、SRET 指令的应用如图 3-24 所示。当 X000 为 ON 时，CALL 指令使主程序跳到 P10 处执行子程序，当执行 SRET 指令时，返回到主程序，执行 CALL 的下一步，一直执行到主程序结束指令 FEND。

（三）主程序结束指令（FEND）

1. FEND 指令使用要素

FEND 指令的名称、编号、助记符、功能、操作数及程序步等使用要素见表3-20。

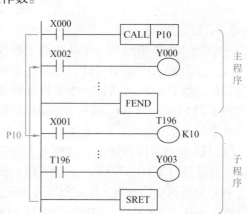

图 3-24 CALL、SRET 指令的应用

表 3-20 主程序结束指令使用要素

名　称	编　号	助记符	功　能	操　作　数	程　序　步
主程序结束	FNC06	FEND	表示主程序结束和子程序区开始	无	1 步

2. FEND 指令使用说明

1）FEND 指令表示主程序的结束，子程序的开始。程序执行到 FEND 指令时，进行输出处理、输入处理及监视定时器刷新，完成后返回第 0 步。

2）在使用该指令时应注意，子程序或中断子程序必须写在 FEND 指令与 END 指令之间。

3）在有跳转指令的程序中，用 FEND 作为主程序和跳转程序的结束。

4）在子程序调用指令（CALL）中，子程序应放在 FEND 之后且用 SRET 指令返回。

5）当主程序中有多个 FEND 指令时，副程序区的子程序和中断服务程序块必须写在最后一个 FEND 指令和 END 指令之间。

6）FEND 指令不能出现在"FOR…NEXT"循环程序中，也不能出现在子程序中，否则程序会出错。

3. FEND 指令的应用

FEND 指令的应用如图 3-25 所示。

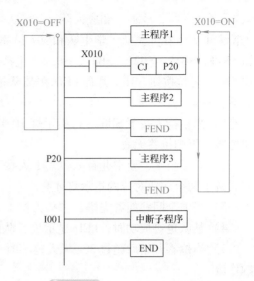

三、项目实施

（一）训练目标

1）熟练掌握指针、子程序调用指令及主程序结束指令等在程序中的应用。

2）学会 FX 系列 PLC 的外部 I/O 接线。

3）能根据控制要求编写梯形图程序。

4）熟练使用三菱 GX Works2 编程软件，编制梯形图程序并写入 PLC 进行调试运行，查看运行结果。

（二）设备与器材

本项目所需设备与器材见表 3-21。

图 3-25　FEND 指令的应用

表 3-21　所需设备与器材

序号	名　称	型号规格	数　量	备　注
1	常用电工工具	十字螺钉旋具、一字螺钉旋具、尖嘴钳及剥线钳等	1 套	表中所列设备、器材的型号规格仅供参考
2	计算机（安装 GX Works2 编程软件）		1 台	
3	天煌 THPLC 实训台		1 台	
4	抢答器模拟控制挂件		1 个	
5	连接导线		若干	

（三）内容与步骤

1. 项目任务

某智力竞赛抢答器模拟控制面板如图 3-26 所示，有三支参赛队伍，分为儿童队（1 号

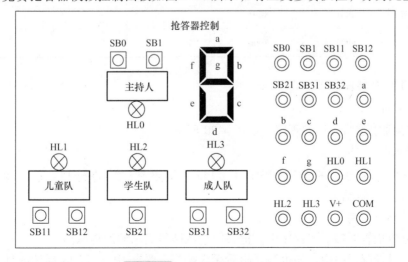

图 3-26　抢答器模拟控制面板

队）、学生队（2 号队）和成人队（3 号队），其中儿童队 2 人，成人队 2 人，学生队 1 人，主持人 1 人。在儿童队、学生队和成人队桌面上分别安装指示灯 HL1、HL2、HL3 和抢答按钮 SB11、SB12、SB21、SB31、SB32，主持人桌面上安装允许抢答指示灯 HL0 和抢答开始按钮 SB0、复位按钮 SB1。另有 LED 在某队抢答成功时，显示抢答队的编号。具体控制要求如下：

1）当主持人按下 SB0 后，指示灯 HL0 亮，表示抢答开始，参赛队方可开始按下抢答按钮抢答，否则抢答无效。

2）为了公平，要求儿童队只需 1 人按下按钮，其对应的指示灯亮，而成人队需要两人同时按下两个按钮对应的指示灯才亮。

3）当 1 个问题回答完毕，主持人按下 SB1，系统复位。

4）某队抢答成功时，LED 显示抢答队的编号，并联锁其他队抢答无效。

5）当抢答开始后超过 30s 无人抢答时，HL0 以 1s 为周期闪烁，提示抢答时间已过，此题作废。

2. I/O 地址分配与接线图

抢答器 I/O 分配见表 3-22。

表 3-22　抢答器 I/O 分配

输　　入			输　　出		
设 备 名 称	符　　号	X 元件编号	设 备 名 称	符　　号	Y 元件编号
抢答开始按钮	SB0	X000	七段显示码	a～g	Y000～Y006
复位按钮	SB1	X001	允许抢答指示灯	HL0	Y007
儿童队抢答按钮 1	SB11	X002	儿童队指示灯	HL1	Y010
儿童队抢答按钮 2	SB12	X003	学生队指示灯	HL2	Y011
学生队抢答按钮	SB21	X004	成人队指示灯	HL3	Y012
成人队抢答按钮 1	SB31	X005			
成人队抢答按钮 2	SB32	X006			

抢答器 I/O 接线图如图 3-27 所示。

3. 编制程序

根据控制要求编写梯形图程序，如图 3-28 所示。

4. 调试运行

利用编程软件将编写的梯形图程序写入 PLC，按照图 3-27 进行 PLC 输入/输出端接线，调试运行，观察运行结果。

（四）分析与思考

1）试分析抢答器梯形图程序中，抢答成功队队号显示的编程思路。

2）本项目控制程序中，如抢答开始后无人抢答，要求 HL_0 灯以 1s 周期闪烁。如果用两

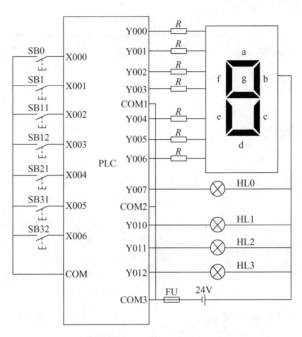

❋ 图 3-27　抢答器 I/O 接线图

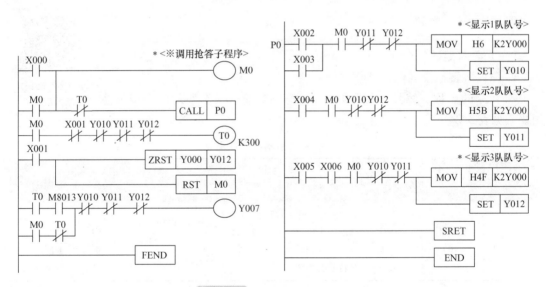

❋ 图 3-28　抢答器控制梯形图

个定时器实现闪烁控制，程序应如何修改？

3）图 3-27 中，七段数码管采用的是哪种接线方式？

四、项目考核

项目实施考核见表 3-23。

表 3-23　项目实施考核表

序号	考核内容	考核要求	评分标准	配分	得分
1	电路及程序设计	（1）能正确分配 I/O，并绘制 I/O 接线图 （2）根据控制要求，正确编制梯形图程序	（1）I/O 分配错或少，每个扣 5 分 （2）I/O 接线图设计不全或有错，每处扣 5 分 （3）梯形图表达不正确或画法不规范，每处扣 5 分	40 分	
2	安装与连线	根据 I/O 分配，正确连接电路	（1）连线每错 1 处，扣 5 分 （2）损坏元器件，每件扣 5～10 分 （3）损坏连接线，每根扣 5～10 分	20 分	
3	调试与运行	能熟练使用编程软件编制程序写入 PLC，并按要求调试运行	（1）不会熟练使用编程软件进行梯形图的编辑、修改、转换、写入及监视，每项扣 2 分 （2）不能按照控制要求完成相应的功能，每缺 1 项扣 5 分	20 分	
4	安全操作	确保人身和设备安全	违反安全文明操作规程，扣 10～20 分	20 分	
合　　计					

五、知识拓展

（一）条件跳转指令（CJ）

1. 条件跳转指令（CJ）使用要素

CJ 指令的名称、编号（位数）、助记符、功能、操作数及程序步等使用要素见表 3-24。

CJ指令的编程及应用

表 3-24　条件跳转指令使用要素

名　　称	编号（位数）	助记符	功　　能	操作数 [D.]	程　序　步
条件跳转	FNC00（16）	CJ CJ（P）	在满足跳转条件后程序将跳到以指针 Pn 为入口的程序段中执行，直到跳转条件不满足，跳转停止执行	P0～P127 P63 是 END 所在步，不需标记	CJ、CJ（P）：3 步 标号 P：1 步

2. 条件跳转指令（CJ）使用说明

1）缩短程序的运算时间。CJ 指令跳过部分程序不执行（不扫描），因此可以缩短程序的扫描周期。

2）两条或多条条件跳转指令可以使用同一标号的指针，但必须注意：标号不能重复，如果使用了重复标号，则程序出错。

3）条件跳转指令可以往前面跳转。条件跳转指令除了可以往后跳转外，也可以往条件跳转指令前面的指针跳转，但必须注意：条件跳转指令后的 END 指令将有可能无法扫描，因此会引起警戒时钟出错。

4）当程序跳到程序的结束点 END，分支指针 P63 不需要标记。

5）该指令可以选择连续和脉冲执行方式。

6）如果积算型定时器和计数器的 RST 指令在跳转程序之内，即使跳转程序生效，RST 指令仍然有效。

7）跳转区域的软元件状态变化。

① 位元件 Y、M、S 的状态将保持跳转前状态不变。

② 如果通用型定时器或普通计数器被驱动后发生跳转，则暂停计时和计数并保持当前值不变，跳转指令不执行时定时器或计数器继续工作。对于正在计时的通用定时器 T192 ～ T199，跳转时仍继续计时。

③ 积算型定时器 T246 ～ T255 和高速计数器 C225 ～ C255 如被驱动后再发生跳转，则即使该段程序被跳过，计时和计数仍然继续，其延时触点也能动作。

3. 条件跳转指令的应用

条件跳转指令的应用如图 3-29 所示。当 X000 为 ON 时，每一扫描周期，PLC 都将跳转到标号为 P0 处的程序执行；当 X000 为 OFF 时，不执行跳转，PLC 按顺序逐行扫描程序执行。

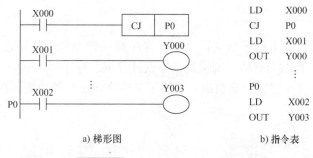

a) 梯形图　　　　　　　　　b) 指令表

图 3-29　条件跳转指令的应用

（二）电动机手动/自动选择控制

1. 控制要求

某台电动机具有手动/自动两种操作方式。SA 是操作方式选择开关，当 SA 断开时，选择手动操作方式；当 SA 闭合时，选择自动操作方式。两种操作方式如下：

手动操作方式：按起动按钮 SB1，电动机起动运行；按停止按钮 SB2，电动机停止。

自动操作方式：按起动按钮 SB1，电动机连续运行 1min 后，自动停机；若按停止按钮 SB2，电动机立即停机。

2. I/O 地址分配

确定电动机手动/自动控制输入/输出并进行 I/O 分配，见表 3-25。

表 3-25　电动机手动/自动控制 I/O 分配

输　　入			输　　出		
设 备 名 称	符　号	X 元件编号	设 备 名 称	符　　号	Y 元件编号
起动按钮	SB1	X001	控制电动机电源的交流接触器	KM	Y000
停止按钮	SB2	X002			
选择开关	SA	X003			

3. 编制程序

电动机手动/自动控制梯形图程序如图 3-30 所示。

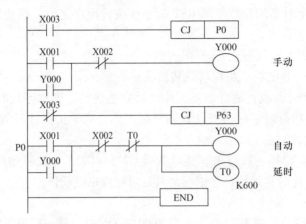

图 3-30 电动机手动/自动控制梯形图程序

六、项目总结

本项目介绍了指针、主程序结束指令、子程序调用指令和子程序返回指令的功能及应用；以抢答器的 PLC 控制为载体，围绕其程序设计分析、程序写入、I/O 接线、调试及运行开展项目实施，针对性很强，目标明确；拓展了条件跳转指令的功能，并举例说明其具体的应用。

项目十一　自动售货机的 PLC 控制

一、项目导入

自动售货机是能根据投入的钱币自动售货的机器。自动售货机是商业自动化的常用设备，它不受时间、地点的限制，能节省人力、方便交易。它是一种全新的商业零售形式，又被称为 24h 营业的微型超市。自动售货机可分为三种：饮料自动售货机、食品自动售货机和综合自动售货机。

本项目通过饮料自动售货机控制的实现，来学习相关功能指令的功能、程序的设计分析和调试运行。

二、相关知识

（一）加法与减法指令（ADD、SUB）

1. 加法与减法指令使用要素

ADD、SUB 指令的名称、编号（位数）、助记符、功能、操作数及程序步等使用要素见表 3-26。

ADD、SUB指令
的编程及应用

表 3-26　加法与减法指令使用要素

| 名　称 | 编号 (位数) | 助记符 | 功　　能 | 操　作　数 | | | 程　序　步 |
				[S1.]	[S2.]	[D.]	
加法	FNC20 (16/32)	ADD ADD (P)	将指定源操作数中的二进制数相加，结果送到指定的目标操作数中	K, H, KnX, KnY, KnM, KnS, T, C, D, V, Z		KnY, KnM, KnS, T, C, D, V, Z	7 步 (16 位) 13 步 (32 位)
减法	FNC21 (16/32)	SUB SUB (P)	将指定源操作数中的二进制数相减，结果送到指定的目标操作数中				

2. 加法与减法指令使用说明

1）每个数据的最高位作为符号位（0 为正，1 为负），运算是二进制代数运算。

2）二进制数加减时，可以进行 16/32 位数据处理。16 位运算时，数据范围为 $-32768 \sim 32767$；32 位运算时，数据范围为 $-2147483648 \sim 2147483647$。

3）如果运算结果为 0，则零标志 M8020 置 1；如果运算结果小于 -32768（16 位运算）或 -2147483648（32 位运算），则借位标志 M8021 置 1；如果运算结果超过 32767（16 位运算）或 2147483647（32 位运算），则进位标志 M8022 置 1。在 32 位运算中，被指定的字元件是低 16 位元件，下一个元件为高 16 位元件。如果在加法指令之前置 1 浮点操作标志 M8023，则可进行浮点数的加法。

4）该指令有连续和脉冲执行方式。

3. 加法与减法指令的应用

加法与减法指令的应用如图 3-31 所示。当 X000 由 OFF 变为 ON 时，执行 16 位加法运算（D0）+（D2）→（D4）。

当 X001 为 ON 时，每一扫描周期都执行一次 32 位减法运算（D11，D10）-（D13，D12）→（D15，D14）。

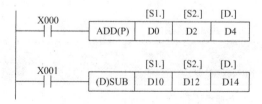

图 3-31　加法与减法指令的应用

（二）七段码译码指令（SEGD）

1. 七段码译码指令使用要素

SEGD 指令的名称、编号（位数）、助记符、功能、操作数及程序步等使用要素见表 3-27。

2. 七段码译码指令 SEGD 使用说明

1）源操作数［S.］可取 K、H、KnX、KnY、KnM、KnS、T、C、D、V 和 Z。目标操作数［D.］可取 KnY、KnM、KnS、T、C、D、V 和 Z。

SEGD、BCD、BIN指令的编程及应用

表 3-27　七段码译码指令使用要素

名　称	编号 （位数）	助记符	功　能	操　作　数		程 序 步
				[S.]	[D.]	
七段 码译码	FNC73 (16)	SEGD SEGD (P)	将源操作数［S.］中指定元件的低 4 位所确定的十六进制数（0～F）进行译码，结果存于目标操作数［D.］指定元件的低 8 位中，以驱动七段数码管，［D.］的高 8 位保持不变	K, H, KnX, KnY, KnM, KnS, T, C, D, V, Z	KnY, KnM, KnS, T, C, D, V, Z	5 步

2）SEGD 指令是对 4 位二进制数编码，若源操作数大于 4 位，则只对最低 4 位编码。

3）SEGD 指令的译码范围为一位十六进制数字 0～9、A～F。

3. 七段码译码指令 SEGD 的应用

七段码译码指令 SEGD 的应用如图 3-32 所示。当 X000 闭合时，对十进制常数 5 执行七段码译码指令 SEGD，并将译码 H6D 存入输出位元件组合 K2Y000，即输出继电器 Y007～Y000 的位状态为 01101101。

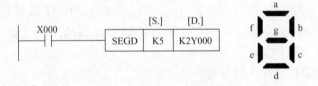

✖ 图 3-32　七段码译码指令 SEGD 的应用

（三）数据变换指令（BCD、BIN）

1. BCD、BIN 指令使用要素

BCD、BIN 指令的名称、编号（位数）、助记符、功能、操作数及程序步等使用要素见表 3-28。

表 3-28　BCD、BIN 指令使用要素

名　称	编号 （位数）	助记符	功　能	操　作　数		程 序 步
				[S.]	[D.]	
BCD 变换	FNC18 (16/32)	BCD BCD (P)	将源操作数［S.］中的二进制数变换成 BCD 码，结果送到［D.］中	KnX, KnY, KnM, KnS, T, C, D, V, Z	KnY, KnM, KnS, T, C, D, V, Z	5 步（16 位） 9 步（32 位）
BIN 变换	FNC19 (16/32)	BIN BIN (P)	将源操作数［S.］中的 BCD 码变换成二进制数，结果送到［D.］中			

2. BCD、BIN 指令使用说明

1）BCD 指令是将源操作数的数据变换成 8421BCD 码存入目标操作数中。在目标操作数中每 4 位表示 1 位十进制数，从低位到高位分别表示个位、十位、百位、千位等，16 位数

表示的范围为 0 ~ 9999，32 位数表示的范围为 0 ~ 99999999。

2）BCD 指令常用于将 PLC 中的二进制数变换成 BCD 码输出，驱动 LED 显示器。

3）BIN 指令是将源操作数中的 BCD 码转换成二进制数存入目标操作数中。常数 K、H 不能作为本指令的操作数。如果源操作数不是 BCD 码就会出错。它常用于将 BCD 数字开关的设定值输入到 PLC 中。

在 PLC 中，参加运算和存储的数据无论是以十进制数形式输入还是以十六进制数形式输入，都是以二进制数的形式存在。如果直接使用 SEGD 指令对数据进行编码，则会出错。例如，十进制数 21 的二进制数形式为 0001 0101，对高 4 位应用 SEGD 指令编码，则得到"1"的七段显示码；对低 4 位应用 SEGD 指令编码，则得到"5"的七段显示码，显示的数码"15"是十六进制数，而不是十进制数 21。显然，要想显示"21"，就要先将二进制数 0001 0101 转换成反映十进制进位关系（即逢十进一）的 0010 0001，然后对高 4 位"2"和低 4 位"1"分别用 SEGD 指令编出七段显示码。

这种用二进制形式反映十进制进位关系的代码称为 BCD 码，它是用 4 位二进制数来表示 1 位十进制数。8421BCD 码从低位起每 4 位为一组，高位不足 4 位补 0，每组表示 1 位十进制数。

3. BCD、BIN 指令的应用

BCD、BIN 指令的应用如图 3-33 所示。当 X000 为 ON 时，BCD 指令执行，将数据寄存器 D10 中数据变换成 8421BCD 码，存入输出位元件组合K2Y000 中。

当 X001 为 ON 时，BIN 指令执行，将输入位元件组合 K2X000 中的 BCD 码变换成二进制数，送入数据寄存器 D12 中。

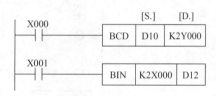

❈图 3-33 BCD、BIN 指令的应用

三、项目实施

（一）训练目标

1）熟练掌握加法、减法指令，数据变换指令及七段码译码指令在程序中的应用。

2）学会 FX 系列 PLC 的外部 I/O 接线。

3）能根据控制要求编写梯形图程序。

4）熟练使用三菱 GX Works2 编程软件，编制梯形图程序并写入 PLC 进行调试运行，查看运行结果。

（二）设备与器材

本项目所需设备与器材见表3-29。

表 3-29 所需设备与器材

序号	名　称	型号规格	数　量	备　注
1	常用电工工具	十字螺钉旋具、一字螺钉旋具、尖嘴钳及剥线钳等	1 套	表中所列设备、器材的型号规格仅供参考
2	计算机（安装 GX Works2 编程软件）		1 台	
3	天煌 THPLC 实训台		1 台	
4	自动售货机模拟控制挂件		1 个	
5	连接导线		若干	

（三）内容与步骤

1. 项目任务

自动售货机模拟控制面板如图3-34所示。图中 M1、M2、M3 三个投币按钮表示投入自动售货机的人民币面值，货币采用 LED 七段数码显示（例如：按下 M1 则显示 1）。自动售货机里有汽水（3 元/瓶）和咖啡（5 元/瓶）两种饮料，当币值显示大于或等于这两种饮料的价格时，C 或 D 发光二极管会点亮，表明可以购买饮料；按下汽水选择按钮或咖啡选择按钮表明购买饮料，此时与之对应的 A 或 B 发光二极管闪亮，表示已经购买了汽水或咖啡，同时出口延时 3s 对应的 E 或 F 发光二极管点亮，表明饮料已从售货机取出；按下 ZL 找零按钮表示找零，此时显示器清零，找零指示 G 发光二极管点亮，表明退币，1s 后系统复位。

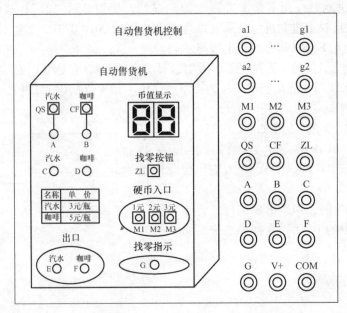

图 3-34　自动售货机模拟控制面板

2. I/O 地址分配与接线图

自动售货机控制 I/O 分配见表 3-30。

表 3-30　自动售货机控制 I/O 分配

输　入			输　出		
设 备 名 称	符　号	X 元件编号	设 备 名 称	符　号	Y 元件编号
1 元投币按钮	M1	X000	汽水指示	C	Y001
2 元投币按钮	M2	X001	咖啡指示	D	Y002
3 元投币按钮	M3	X002	购买到汽水	A	Y003
汽水选择按钮	QS	X003	购买到咖啡	B	Y004
咖啡选择按钮	CF	X004	汽水出口	E	Y005
找零按钮	ZL	X005	咖啡出口	F	Y006
			找零指示	G	Y007
			显示余额个位	a1 ~ g1	Y010 ~ Y016
			显示余额十位	a2 ~ g2	Y020 ~ Y026

自动售货机控制 I/O 接线图如图 3-35 所示。

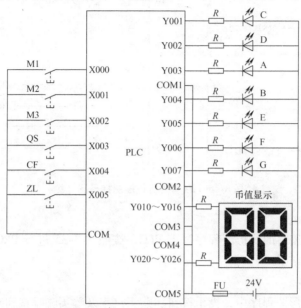

✖ 图 3-35　自动售货机控制 I/O 接线图

3. 编制程序

根据控制要求编写梯形图程序，如图 3-36 所示。

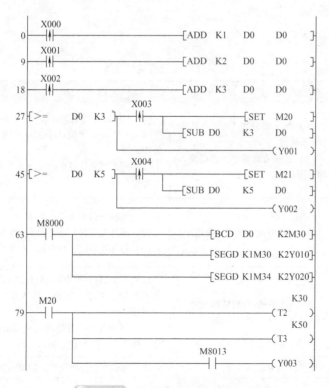

✖ 图 3-36　自动售货机控制梯形图

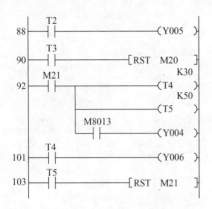
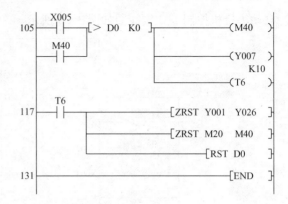

✖ 图 3-36 自动售货机控制梯形图（续）

4. 调试运行

利用编程软件将编写的梯形图程序写入 PLC，按照图 3-35 进行 PLC 输入/输出端接线，调试运行，观察运行结果。

（四）分析与思考

1）在图 3-36 梯形图程序中，投币按钮、购买汽水及购买咖啡按钮对应的输入信号为什么均使用脉冲上升沿指令，如果不使用脉冲上升沿指令，还可以如何表示？

2）如果汽水是 5 元一瓶，咖啡 8 元一瓶，梯形图程序如何修改？

3）如果用比较指令，梯形图程序应如何编写？

四、项目考核

项目实施考核见表 3-31。

表 3-31 项目实施考核表

序号	考核内容	考核要求	评分标准	配分	得分
1	电路及程序设计	（1）能正确分配 I/O，并绘制 I/O 接线图 （2）根据控制要求，正确编制梯形图程序	（1）I/O 分配错或少，每个扣 5 分 （2）I/O 接线图设计不全或有错，每处扣 5 分 （3）梯形图表达不正确或画法不规范，每处扣 5 分	40 分	
2	安装与连线	根据 I/O 分配，正确连接电路	（1）连线每错 1 处，扣 5 分 （2）损坏元器件，每件扣 5～10 分 （3）损坏连接线，每根扣 5～10 分	20 分	
3	调试与运行	能熟练使用编程软件编制程序写入 PLC，并按要求调试运行	（1）不会熟练使用编程软件进行梯形图的编辑、修改、转换、写入及监视，每项扣 2 分 （2）不能按照控制要求完成相应的功能，每缺 1 项扣 5 分	20 分	
4	安全操作	确保人身和设备安全	违反安全文明操作规程，扣 10～20 分	20 分	
合　计					

五、知识拓展

（一）乘法与除法指令（MUL、DIV）

1. MUL、DIV 指令使用要素

MUL、DIV 指令的名称、编号（位数）、助记符、功能、操作数及程序步等使用要素见表 3-32。

MUL、DIV指令的编程及应用

2. MUL、DIV 指令使用说明

1）在乘法指令中，如果目标操作数的位数小于运算结果的位数，只能保存结果的低位。

2）在乘法和除法指令中，操作数中的数据均为有符号的二进制数，最高位为符号位（0 为正数，1 为负数）。

3）使用除法指令时，除数不能为"0"，否则指令不能执行，错误标志 M8067 = ON。

表 3-32 MUL、DIV 指令使用要素

名　称	编号 （位数）	助记符	功　能	操　作　数			程　序　步
				[S1.]	[S2.]	[D.]	
乘法	FNC22 （16/32）	MUL MUL（P）	将指定源操作数中的二进制数相乘，结果送到指定的目标操作数中	K，H，KnX，KnY，KnM，KnS，T，C，D，V，Z（其中 V、Z 只适用于 16 位运算）		KnY，KnM，KnS，T，C，D，Z（其中 Z 只适用于 16 位运算）	7 步（16 位） 13 步（32 位）
除法	FNC23 （16/32）	DIV DIV（P）	将指定源操作数中的二进制数 [S1.] 除以 [S2.]，商送到指定的目标操作数 [D.] 中，余数送到 [D.] 的下一元件中				

4）在乘法指令中，当目标操作数为位元件组合时，其组数只能指定 K1～K8，在 16 位运算中，乘积为 32 位，如指定为 K4 时，只能得到乘积运算的低 16 位，高 16 位数据丢失。但在 32 位运算中，乘积为 64 位，若指定为 K8，则只能得到低 32 位的结果，高 32 位丢失。

5）在除法指令中，当目标操作数为位元件组合时，则无法得到余数。

3. MUL、DIV 指令的应用

MUL、DIV 指令的应用如图 3-37 所示。

在图 3-37a 中，当 X000 为 ON 时，数据寄存器 D0 中的数据乘以数据寄存器 D2 中的数据，乘积送入（D5，D4）组成的双字元件中。当 X001 为 ON 时，32 位数据（D1，D0）乘以（D3，D2），乘积送入（D7，D6，D5，D4）中。

在图 3-37b 中，当 X000 为 ON 时，数据寄存器 D0 中的数据除以数据寄存器 D2 中的数据，商送入（D4）中，余数送入（D5）中。当 X001 为 ON 时，32 位数据（D1，D0）除以（D3，D2），商送入（D5，D4）中，余数送入（D7，D6）中。

（二）8 盏流水灯控制

1. 控制要求

用乘法、除法指令实现 8 盏流水灯的移位点亮循环。一组灯共 8 盏，接于 Y000～Y007，要求：

当 X000 = ON 时，灯正序每隔 1s 单个移位，接着，灯反序每隔 1s 单个移位并不断循

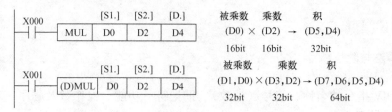

a) 乘法指令的应用

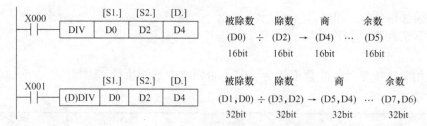

b) 除法指令的应用

✖ 图 3-37　乘法与除法指令的应用

环；当 X001 = OFF 时，立即停止。

2. 编制程序

用乘法指令和除法指令实现的 8 盏流水灯控制梯形图程序如图 3-38 所示。

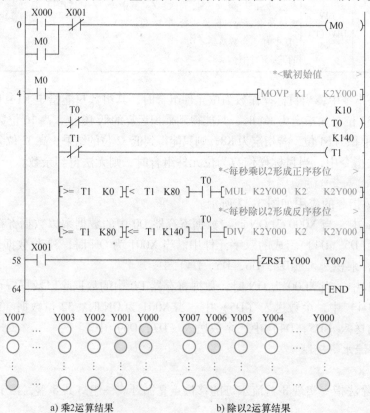

a) 乘2运算结果　　　　　　b) 除以2运算结果

✖ 图 3-38　8 盏流水灯控制梯形图

（三）二进制加 1 与二进制减 1 指令（INC、DEC）

1. INC、DEC 指令使用要素

INC、DEC 指令的名称、编号（位数）、助记符、功能、操作数及程序步等使用要素见表 3-33。

INC、DEC指令的编程及应用

2. INC、DEC 指令使用说明

1）INC、DEC 指令有连续/脉冲执行方式，实际应用中要采用脉冲执行方式。

2）INC、DEC 指令可以进行 16/32 位运算，并且为二进制运算。

3）在 16 位（或 32 位）运算中，32767（或 2147483647）再加 1，则变成 –32768（或 –2147483648）；–32768（或 –2147483648）再减 1，则变成 32767（或 2147483647），为循环计数。

表 3-33　二进制加 1 与减 1 指令使用要素

名　　称	编号（位数）	助记符	功　　能	操 作 数 [D.]	程 序 步
二进制加 1	FNC24（16/32）	INC INC（P）	将目标操作数中的二进制数加 1，结果仍存放在目标操作数中	KnY，KnM，KnS，T，C，D，V，Z	3 步（16 位） 5 步（32 位）
二进制减 1	FNC25（16/32）	DEC DEC（P）	将目标操作数中的二进制数减 1，结果仍存放在目标操作数中		

4）加 1、减 1 的运算结果不影响标志位，也就是说这两条指令和零标志、借位标志及进位标志无关。

3. INC、DEC 指令的应用

INC、DEC 指令的应用如图 3-39 所示。当 X000 由 OFF 变为 ON 时，执行二进制加 1 指令，将数据寄存器 D10 中的二进制数加 1，结果仍存于 D10 中。当

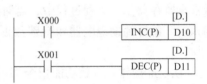

图 3-39　INC 和 DEC 指令的应用

X001 由 OFF 变为 ON 时，执行二进制减 1 指令，将数据寄存器 D11 中的二进制数减 1，结果仍存于 D11 中。

六、项目总结

本项目介绍了加减运算、数据变换和七段码译码等几种常见的功能指令的功能及应用；以自动售货机为载体，围绕其程序设计分析、程序写入、I/O 接线、调试及运行开展项目实施，针对性很强，目标明确；通过学习不难发现，功能指令为解决较为复杂的问题提供了便利。

◇◇ **梳理与总结**

本情境通过跑马灯的 PLC 控制、8 站小车随机呼叫的 PLC 控制、抢答器的 PLC 控制和

自动售货机的 PLC 控制 4 个项目的学习与实践，掌握 FX_{2N} 系列 PLC 常用功能指令的编程应用。

1）对于 FX_{2N} 系列 PLC，功能指令实际上是一个个完成不同功能的子程序。功能指令一般由功能指令代码、助记符和操作数组成，通常在功能指令助记符加前缀表示 32 位数据长度，不加表示 16 位数据长度，在功能指令助记符加后缀表示脉冲执行方式，不加为连续执行方式，操作数分为源操作数、目标操作数和其他操作数。在应用中，只要按功能指令操作数的要求填入相应的操作数，然后在程序中驱动它们（实际上是调用相应子程序），就会完成该功能指令所代表的功能操作。

2）FX_{2N} 系列 PLC 的功能指令可分为：程序流程类、传送与比较类、算术与逻辑运算类、循环与移位类、数据处理类、高速处理类、方便指令类、外部设备类、浮点运算类、时钟运算类、扩展功能类、触点比较类。

3）功能指令在程序编制过程中需要遵循基本指令的基本规则。此外还应注意以下几点：

① 功能指令使用次数限制。部分功能指令在程序中有使用次数的限制，如果超出使用次数的限制，程序结果有可能出现异常情况，如 CALL 指令嵌套时最多 5 层、FOR NEXT 指令嵌套时最多 5 层等。

② 软元件的重复使用。功能指令需要占用大量的软元件，而在使用这些功能指令时，有时只指定起始的软元件，因此在使用时一定要注意软元件的分配，避免重复使用问题。部分功能指令和高速计数器须占用指定的软元件编号（地址），在编程时如需要使用这些功能指令或高速计数器，须预留出这些软元件。

③ 特殊辅助继电器和特殊数据寄存器。很多功能指令都需要设置特殊辅助继电器和特殊数据寄存器。在编程过程中，需对这些特殊软元件正确设置和使用，否则程序可能不能正确执行。特殊辅助继电器和特殊数据寄存器在功能指令中的用途请参考 FX 系列 PLC 编程手册。

④ 变址操作。多数功能指令都可以进行变址操作，这对编制程序非常有用：一方面可以提高编程效率，使程序简化；另一方面可以减少程序空间，提高系统的运行速度。但要注意位元件组合（KnP）以及特殊辅助继电器和特殊数据寄存器不能进行变址操作。

练 习 与 提 高

一、填空题

1. FX 系列 PLC 功能指令的操作数分为＿＿＿＿＿、＿＿＿＿＿和＿＿＿＿＿，其中作为补充注释说明的操作数是＿＿＿＿＿。

2. 功能指令的执行方式分为＿＿＿＿＿、＿＿＿＿＿。

3. 位元件组合 K2X000 表示＿＿组位元件构成，组成的位元件是＿＿＿＿＿＿。

4. FX 系列 PLC 条件跳转指令的操作数为＿＿＿＿＿。

5. 在 32 位运算变址时，变址寄存器 V 和 Z 组合使用，＿＿为高 16 位，＿＿为低 16 位。

6. 二进制乘法运算时，当源操作数（乘数和被乘数）为 16 位数据时，目标操作数（积）应为＿＿＿＿＿。

二、判断题

1. 功能指令由助记符与操作数两部分组成。　　　　　　　　　　　　　　　（　　）

2. 助记符又称为操作码，用来表示指令的功能，即告诉PLC要做什么。　　（　　）

3. 操作数用来指明参与操作的对象，即告诉PLC对哪些元件进行操作。　　（　　）

4. 在含有子程序的程序中，CALL指令调用的子程序可以放在END指令前任意位置。（　　）

5. 功能指令助记符前加的"D"表示处理32位数据，不加"D"表示处理16位数据。（　　）

6. 利用M8246～M8250的ON/OFF动作可控制C246～C250的增/减计数动作。（　　）

三、选择题

1. FX$_{2N}$系列PLC分支指针P的范围是（　　　）。

A. P0～P127　　　　　　　B. P0～P63　　　　　　　C. P0～P64　　　　　　D. P0～P128

2. 比较指令CMP的目标操作数指定为M10，则（　　　）被自动占有。

A. M10～M12　　　　　　B. M10　　　　　　　　　C. M10～M13　　　　　D. M11～M12

3. 使用传送指令MOV后（　　　）。

A. 源操作数的内容传送到目标操作数中，且源操作数的内容清零

B. 目标操作数的内容传送到源操作数中，且目标操作数的内容清零

C. 源操作数的内容传送到目标操作数中，且源操作数的内容不变

D. 目标操作数的内容传送到源操作数中，且目标操作数的内容不变

4. 程序流向控制指令包括（　　　）。

A. 条件跳转指令　　　　　B. 中断指令　　　　　　　C. 循环指令　　　　　　D. 比较指令

5. 下列（　　　）元件表示的是字元件。

A. M　　　　　　　　　　B. Y　　　　　　　　　　C. S　　　　　　　　　D. C

6. 下列属于PLC清零程序的是（　　　）。

A. RST S20 S30　　　　　　　　　　　　　　　　B. ZRST T0 T20

C. RST C10 C15　　　　　　　　　　　　　　　　D. ZRST X000 X017

7. 二进制加1指令的助记符是（　　　）。

A. SUB　　　　　　　　　B. ADD　　　　　　　　　C. DEC　　　　　　　　D. INC

8. 位右移指令"SFTR（P）X0　M0　K12　K3"首次执行后目标操作数［D.］对应的元件组合是（　　　）。

A. M8M7M6M5M4M3M2M1M0X2X1X0　　　　　　B. X2X1X0M11M10M9M8M7M6M5M4M3

C. M0M1M2M11M10M9M8M7M6M5M4M3　　　　　D. M8M7M6M5M4M3M2M1M0M11M10M9

四、简答题

1. 什么是位元件？什么是字元件？两者有什么区别？FX$_{2N}$PLC的字元件有哪些？

2. 位元件是如何组成字元件的？试举例说明。

3. 32位数据寄存器是如何构成的？在指令的表达形式上有什么特点？

4. 下列软元件是什么类型的软元件？由几位组成？

X000　　　D10　　　S9　　　K4X000　　　T0　　　C20　　　K2M10

5. 功能指令的组成要素哪有几个？其执行方式有哪几种？其操作数哪有几类？

6. 执行指令语句"MOV　K5　K1Y000"后，Y000～Y003的位状态是什么？

7. 执行指令语句"DMOV　HB5C9A　D10"后，D10、D11中存储的数据各是多少？

8. 图3-40所示的功能指令梯形图表示中，X000、（D）、（P）、D0、D4分别代表什么？该指令有何功能？程序步有几步？

五、程序设计题

1. 试用MOV指令编制三相异步电动机Y-△减压起动程序，假定三相异步电动机Y联结起动的时间

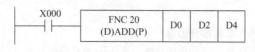

图3-40　题4-8图

为10s。

2. 试用CMP指令实现下列功能：X000为脉冲输入信号，当输入脉冲大于5时，Y001为ON；反之，Y000为OFF。试画出其梯形图。

3. 试用跳转指令设计一个既能点动控制又能自锁控制（连续运行）的电动机控制程序。假定X000 = ON时实现点动控制，X000 = OFF时实现自锁控制。

4. 3台电动机相隔10s起动，各运行15s停止，循环往复。试用传送与比较指令完成程序设计。

5. 试用比较指令设计1个密码锁控制程序。密码锁为8键输入（K2X000），若所拨数据与密码锁设定值H65相等，则2s后开照明；若所拨数据与密码锁设定值H87相等，则3s后开空调。

6. 试用比较与传送指令设计一个自动控制小车运行方向的系统，如图3-41所示，试根据要求设计程序。工作要求如下：

1）当小车所停位置SQ的编号大于呼叫位置SB的编号时，小车向左运行至呼叫位置停止。

2）当小车所停位置SQ的编号小于呼叫位置SB的编号时，小车向右运行至呼叫位置停止。

3）当小车所停位置SQ的编号与呼叫位置SB的编号相同时，小车不动作。

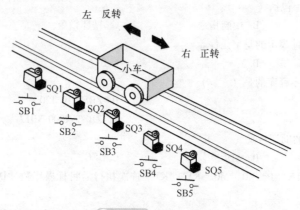

图3-41　题5-6图

7. 设计一程序，将K85传送到D0，K23传送到D10，并完成以下操作：

1）求D0与D10的和，结果送到D20中。

2）求D0与D10的差，结果送到D30中。

3）求D0与D10的积，结果送到D40、D41中。

4）求D0与D10的商和余数，结果送到D50、D51中。

8. 某灯光广告牌有L1～L16共16盏灯接于K4Y000，要求按下起动按钮X000时，灯先以正序每隔1s轮流点亮，当L16亮后，停2s；然后以反序每隔1s轮流点亮，当L1再亮后，停2s；重复上述过程。当停止按钮X001按下时，停止工作。试设计该流水灯控制程序。

9. "礼花之光"板由21个发光二极管排成4层组成。最中间一层为Y000，第二层由Y001～Y004组成，第三层由Y005～Y014组成，最外一层由Y015～Y024组成。要求按下起动按钮X000后各发光二极管由里向外按1s时间间隔循环点亮。

10. 设计1台计时精确到秒的闹钟的控制程序，能够每天早晨6：30提醒按时起床，晚上10：30提醒按时就寝。

11. 试用乘法、除法指令实现 16 盏灯的轮流点亮循环。要求：当按下起动按钮 SB1 时，16 盏灯先正序每隔 1s 单个移位点亮，第 16 盏灯亮 1s，然后按反序每隔 1s 单个移位点亮并不断循环；当按下停止按钮 SB2 时，移位停止，灯熄灭。

12. 用 PLC 实现 9s 倒计时控制，要求：按下起动按钮后，七段数码管显示 9，松开按钮后按每秒递减，减到 0 时停止，然后再次从 9 开始倒计时，不断循环，无论何时按下停止按钮，七段数码管显示当前值，再次按下起动按钮，七段数码管从当前值继续递减。试绘制 I/O 接线图及梯形图。

13. 试用 PLC 实现三相异步电动机丫-△减压起动控制。按下起动按钮 SB1，电动机以丫联结起动，起动过程中黄灯 HL1 以 1s 周期闪烁，10s 后切换到△联结运行，此时黄灯熄灭，绿灯 HL2 常亮。运行过程中若按下暂停按钮 SB2，电动机暂停运行，当再次按下暂停按钮时，则电动机继续运行；若按下停止按钮 SB3，电动机立即停止运行。

学习情境四

FX系列PLC模拟量控制与通信的应用

教学目标	能力目标	1. 能正确选择、安装、连接特殊功能模块与通信模块 2. 会模拟量输入/输出模块的接线 3. 能完成 FX 系列 PLC FX$_{2N}$-485BD 通信板的硬件连接及通信网络参数设置 4. 能根据控制要求，熟练地使用 GX Works2 编程软件编制 $N:N$ 网络通信程序并写入 PLC 5. 能进行程序的模拟调试和在线调试
	知识目标	1. 了解 PLC 特殊功能模块的分类和用途 2. 熟悉 FX 系列 PLC 串行通信接口标准 3. 掌握模拟量输入/输出模块 FX$_{0N}$-3A 及 FX$_{2N}$-485BD 通信板的使用方法 4. 掌握 $N:N$ 网络通信控制程序的编制
	素质目标	1. 培养求真务实、精益求精、追求极致的工匠精神 2. 培养刻苦勤奋、诚实守信、持之以恒的学习态度
教 学 重 点		FX$_{0N}$-3A 的使用；$N:N$ 网络通信控制程序的编制
教 学 难 点		FX$_{0N}$-3A 的使用
参 考 学 时		8～12 学时

　　本学习情境通过三相异步电动机变频调速的 PLC 控制、3 台电动机 $N:N$ 网络的 PLC 控制两个项目的学习和训练，掌握模拟量输入/输出模块 FX$_{0N}$-3A、FX$_{2N}$-485BD 通信板的使用及 $N:N$ 网络通信的程序编制。

项目十二　三相异步电动机变频调速的 PLC 控制

一、项目导入

　　在"电机与电气控制技术"课程我们已学习了三相异步电动机的变极调速控制，随着变频技术的发展，在调速控制中变频调速的使用越来越广泛。

　　本项目以三相异步电动机变频调速的 PLC 控制为例，来分析其控制系统的实现。

二、相关知识

（一）特殊功能模块的分类

　　在使用 PLC 组成控制系统时，通常会处理一些特殊信号，如流量、压力及温度等，这就要用到特殊功能模块。FX 系列 PLC 的特殊功能模块有模拟量输入/输出模块、数据通信模块、高速计数模块、位置控制模块及人机界面（即触摸屏）等。

FX_{2N} 系列 PLC 常用的模拟量输入/输出模块有：

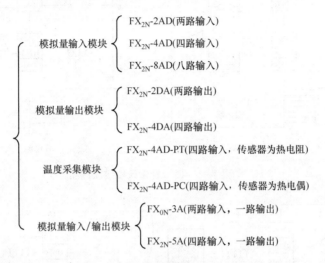

模拟量输入（A－D）模块是将现场仪表输出的 DC 4～20mA、DC 0～5V 及 DC 0～10V 等（标准）模拟信号转换成适合 PLC 内部处理的数字信号。输入的模拟信号经运算放大器放大后进行 A－D 转换，再经光耦合器为 PLC 提供一定位数的数字信号。

模拟量输出（D－A）模块是将 PLC 处理后的数字信号转换为现场仪表可以接收的 DC 4～20mA、DC 0～5V、DC 0～10V 等标准模拟信号输出，以满足生产现场连续信号的需要。如：12 位数字量（0～4000）→DC 4～20mA 的模拟量，2000 对应的转换结果：12mA。

（二）模拟量输入/输出模块 FX_{0N}－3A

1. 简介

模拟量输入/输出模块 FX_{0N}－3A 用于将 8 位的数字量转换成两路模拟量信号输入和一路模拟量输出。模拟量输入/输出均可选择电压或电流，这取决于用户的接线方式。该模块提供 8 位高精度分辨率（$2^8 = 256$）；数字输出范围为 0～255，一般调到 0～250；采用两通道电压输入（DC 0～10V 或 DC 0～5V）或电流输入（DC 4～20mA），一通道电压输出（DC 0～10V 或 DC 0～5V）或电流输出（DC 4～20mA）；对每一通道，可以规定电压或电流输出；由 PLC 的基本单元提供内部电源，不单独使用电源。

2. 接线

模拟量输入和输出的接线原理图分别如图 4-1、图 4-2 所示。接线时要注意，使用电流输入时，端子 VIN 与 IIN 应短接。如果电压输入/输出方面出现较大的电压波动或有过多的电噪声，则要在图中相应的位置并联一个约 DC 25V、0.1～0.47μF 的电容。

3. 缓冲存储器（BFM）分配

特殊功能模块内部均有缓冲存储器 BFM，它是 FX_{0N}－3A 同 PLC 基本单元进行数据通信的数据缓冲区，这一数据缓冲区由 32 个 16 位寄存器组成，编号为 BFM#0～BFM#31，见表 4-1。

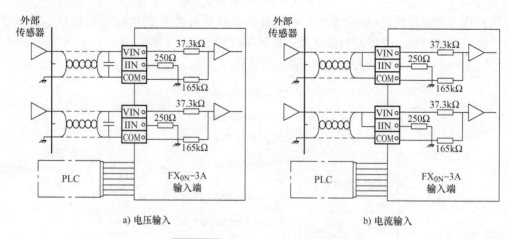

a) 电压输入　　　　　　　　　　　　　　b) 电流输入

图 4-1　模拟量输入接线原理图

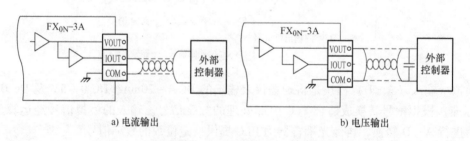

a) 电流输出　　　　　　　　　　　　　　b) 电压输出

图 4-2　模拟量输出接线原理图

表 4-1　$FX_{0N}-3A$ 缓冲存储器（BFM）分配

通道编号	b15 ~ b8	b7	b6	b5	b4	b3	b2	b1	b0
#0	保留	存放 A-D 通道的当前值输入数据（8 位）							
#16		存放 D-A 通道的当前值输出数据（8 位）							
#17							D-A 转换启动	A-D 转换启动	A-D 通道选择
#1 ~ #15 #18 ~ #31	保留								

注：BFM#17 为通道选择与转换启动信号。其中 b0 ~ b2 位含义如下：

b0 = 0，选择模拟输入通道 1；b0 = 1，选择模拟输入通道 2。

b1 从 0 到 1（即上升沿），A-D 转换启动。

b2 从 1 到 0（即下降沿），D-A 转换启动。

4. $FX_{0N}-3A$ 的输入/输出特性

$FX_{0N}-3A$ 的输入/输出特性分别如图 4-3、图 4-4 所示。

（三）特殊功能模块读写指令（FROM、TO）

在使用三菱 FX 系列 PLC 特殊功能模块时，CPU 在模块内存中为模块分配了一块数据缓冲存储器（BFM）作为和 CPU 通信之用。

三菱 FX 系列 PLC 有两条指令实现对特殊功能模块缓冲存储器（BFM）

特殊功能模块
读写指令的编
程及应用

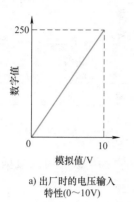
a) 出厂时的电压输入
特性(0~10V)

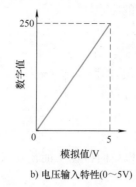
b) 电压输入特性(0~5V)

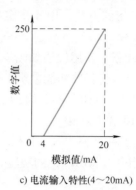
c) 电流输入特性(4~20mA)

❖ 图 4-3　FX$_{0N}$-3A 的输入特性

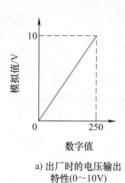
a) 出厂时的电压输出
特性(0~10V)

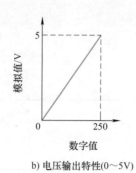
b) 电压输出特性(0~5V)

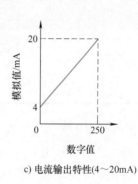
c) 电流输出特性(4~20mA)

❖ 图 4-4　FX$_{0N}$-3A 的输出特性

的读写操作，即 FROM 指令和 TO 指令。

1. 特殊功能模块读出指令（FROM）

FROM 指令（FNC78）的功能是将特殊功能模块中缓冲存储器 BFM 指定位的内容读到 PLC 基本单元中。FROM 指令使用要素见表4-2。

表 4-2　FROM 指令使用要素

名　称	编号（位数）	助记符	操　作　数				程 序 步
			m1	m2	[D.]	n	
特殊功能模块读出	FNC78（16/32）	FROM FROM（P）	K,H	K,H	KnY, KnM, KnS, T, C, D, V, Z	K,H	9 步（16 位）17 步（32 位）

表 4-2 中各操作数表示的意义如下：

m1：特殊功能模块编号（范围为 0~7）。由靠近基本单元开始向右顺次编为 No.0~No.7。特殊功能模块通过扁平电缆连接在 PLC 右边的扩展总线上，PLC 最多可以连接 8 块特殊功能模块（单元）。

m2：特殊功能模块缓冲存储器（BFM）编号（范围为 0~32767）。

[D.]：读出数据存放的地址。

n：读出的点数，用 n 指定传送的字点数（n = 1 ~ 32767）。

FROM 指令使用说明如图 4-5 所示。当 X000 = 1 时，将特殊功能模块 1 号的缓冲存储器（BFM）#10、#11 的内容读出存到 PLC 的 D10 和 D11 中。

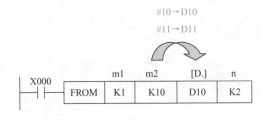

图 4-5　FROM 指令使用说明

2. 特殊功能模块写入指令（TO）

TO 指令（FNC79）的功能是由 PLC 向特殊功能模块缓冲存储器 BFM 写入数据。TO 指令使用要素见表 4-3。

表 4-3　TO 指令使用要素

名　称	编号 （位数）	助记符	操　作　数				程　序　步
			m1	m2	[S.]	n	
特殊功能 模块写入	FNC79 （16/32）	TO TO（P）	K，H	K，H	K，H，KnX， KnY，KnM， KnS，T，C， D，V，Z	K，H	9 步（16 位） 17 步（32 位）

表 4-3 中各操作数表示的意义如下：

m1：特殊功能模块编号（范围为 0 ~ 7）。

m2：特殊功能模块缓冲存储器通道编号（范围为 0 ~ 32767）。

[S.]：源数据存放的地址。

n：写入的点数，用 n（范围为 1 ~ 32767）指定写入的字点数。

TO 指令使用说明如图 4-6 所示。当 X000 = 1 时，将 PLC 的 D10 和 D11 中的数据写入特殊功能模块 0 号缓冲存储器（BFM）的#10、#11 通道中。

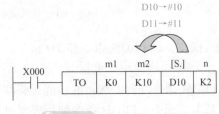

图 4-6　TO 指令使用说明

3. 应用举例

FROM、TO 指令的应用如图 4-7 所示。

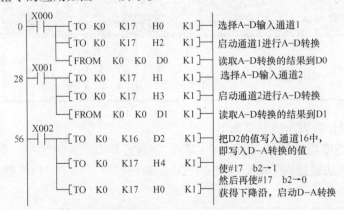

图 4-7　FROM、TO 指令的应用

三、项目实施

（一）训练目标

1）熟练掌握特殊功能模块的接线和使用方法。

2）学会 FX 系列 PLC 的外部 I/O 接线。

3）能根据控制要求编写梯形图程序。

4）熟练使用三菱 GX Works2 编程软件，编制梯形图程序并写入 PLC 进行调试运行，查看运行结果。

（二）设备与器材

本项目实施所需设备与器材见表4-4。

（三）内容与步骤

表 4-4　所需设备与器材

序　号	名　称	型 号 规 格	数　量	备　注
1	常用电工工具	十字螺钉旋具、一字螺钉旋具、尖嘴钳及剥线钳等	1 套	表中所列设备、器材的型号规格仅供参考
2	计算机（安装 GX Works2 编程软件）		1 台	
3	天煌 THPLC 实训台		1 台	
4	特殊功能模块	$FX_{0N}-3A$	1 台	
5	变频器	$FR-E740-0.75K-CHT$	1 台	
6	三相异步电动机	WDJ26，$P_N=40W$，$U_N=380V$，$I_N=0.2A$，$n_N=1430r/min$，$f=50Hz$	1 台	
7	连接导线		若干	

1. 项目任务

三相异步电动机变频调速的 PLC 控制要求为：按下起动按钮，电动机先以 10Hz 频率正向运行，10s 后以 20Hz 频率运行，20s 后以 30Hz 频率运行，30s 后以 40Hz 频率运行，40s 后以 50Hz 频率运行，50s 后又重新开始运行，循环两次后自动停止，运行过程中按下停止按钮电动机立即停止运行，运行时能实时读出变频器运行的频率。

2. I/O 地址分配与接线图

I/O 分配见表4-5。

表 4-5　I/O 分配

输　入			输　出		
设备名称	符　号	X 元件编号	设备名称	符　号	Y 元件编号
起动按钮	SB1	X000	变频器正向起动端子	STF	Y000
停止按钮	SB2	X001			

I/O 接线图如图 4-8 所示。

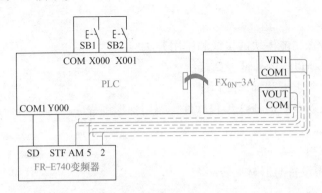

图 4-8 三相异步电动机变频调速 PLC 控制 I/O 接线图

图 4-8 中，FX_{0N}-3A 的模拟量输入通道 1 的电压输入端 VIN1 与变频器模拟电压输出端 AM 相连，COM1 与变频器的 5 端相连，FX_{0N}-3A 的模拟量电压输出端 VOUT 与变频器的 2 端相连，COM 端与变频器的 5 端相连。

3. 设置变频器参数

FR-E740 变频器参数设置见表 4-6。

表 4-6 FR-E740 变频器参数的设置

序号	参数号	参数名称	初始值	设置值	功能和含义	备注
1	Pr. 7	加速时间	5s	2s	电动机加速时间	
2	Pr. 8	减速时间	5s	1s	电动机减速时间	
3	Pr. 61	基准电流	9999A	0.2A	以设定值（电动机额定电流）为基准	
4	Pr. 73	模拟量输入选择	1	0	端子 2 输入（0~10V）	
5	Pr. 83	电动机额定电压	400V	380V	电动机额定电压	
6	Pr. 79	运行模式选择	0	2	外部运行模式	

4. 编制程序

根据控制要求编制梯形图程序，如图 4-9 所示。

5. 调试运行

利用 GX Works2 编程软件将编写的梯形图程序写入 PLC，按照图 4-8 进行 PLC 输入/输出端接线，调试运行，观察运行结果。

（四）分析与思考

1）在图 4-9 所示的梯形图程序中，K5 乘以 D100 表示什么意思，能否将 D100 的值直接写入 BFM#16 中？

2）本项目中若要求电动机反向运行，I/O 接线图和程序应如何修改？

四、项目考核

项目实施考核见表 4-7。

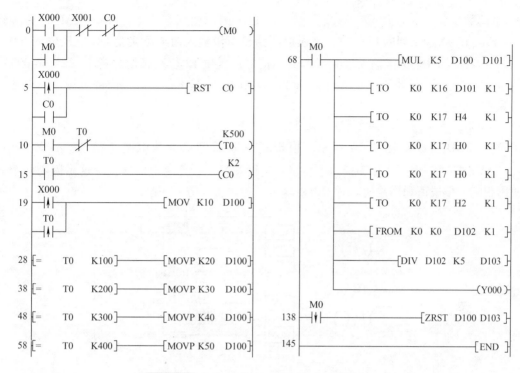

※图4-9　三相异步电动机变频调速控制梯形图

表4-7　项目实施考核表

序号	考核内容	考核要求	评分标准	配分	得分
1	电路及程序设计	（1）能正确分配 I/O，并绘制 I/O 接线图 （2）根据控制要求，正确编制梯形图程序	（1）I/O 分配错或少，每个扣5分 （2）I/O 接线图设计不全或有错，每处扣5分 （3）梯形图表达不正确或画法不规范，每处扣5分	40分	
2	安装与连线	根据 I/O 分配，正确连接电路	（1）连线每错1处，扣5分 （2）损坏元器件，每件扣5~10分 （3）损坏连接线，每根扣5~10分	20分	
3	调试与运行	能熟练使用编程软件编制程序写入 PLC，并按要求调试运行	（1）不会熟练使用编程软件进行梯形图的编辑、修改、转换、写入及监视，每项扣2分 （2）不能按照控制要求完成相应的功能，每缺1项扣5分	20分	
4	安全操作	确保人身和设备安全	违反安全文明操作规程，扣10~20分	20分	
合　计					

五、知识拓展

（一）模拟量输入模块 $FX_{2N}-2AD$

1. 简介

模拟量输入模块 $FX_{2N}-2AD$ 用于将两路模拟量输入（电压输入或电流输入）信号转换

成12位的数字量, 并通过 FROM 指令读入到 PLC 的数据寄存器中。$FX_{2N}-2AD$ 可连接到 FX_{0N}、FX_{2N} 和 FX_{2NC} 系列的 PLC 中。该通道两路模拟量输入通道可接受 DC 电压输入 (0 ~ 10V 或 0 ~ 5V) 或 DC 电流输入 (4 ~ 20mA) 信号; 提供 12 位高精度分辨率 ($2^{12} = 4096$); 数字输出范围为 0 ~ 4095, 一般调到 0 ~ 4000; 由 PLC 的基本单元提供内部电源, 不单独使用电源。

2. 接线

$FX_{2N}-2AD$ 接线如图 4-10 所示, 模拟量输入通过双屏蔽电缆来接收。在使用中, $FX_{2N}-2AD$ 不能将一个通道作为模拟电压输入, 而将另一个作为电流输入, 这是因为两个通道使用相同的偏置值和增益值。对于电流输入, 需短接 VIN 和 IIN。

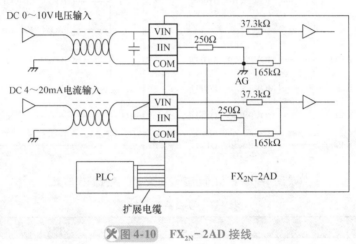

※ 图 4-10　$FX_{2N}-2AD$ 接线

3. 缓冲存储器分配

特殊功能模块内部均有缓冲存储器 BFM, 它是 $FX_{2N}-2AD$ 同 PLC 基本单元进行数据通信的数据缓冲区, 这一数据缓冲区由 32 个 16 位寄存器组成, 编号为 BFM#0 ~ BFM#31, 见表 4-8。

表 4-8　$FX_{2N}-2AD$ 缓冲存储器 (BFM) 分配

BFM 编号	b15 ~ b8	b7 ~ b4	b3	b2	b1	b0
#0	保留	输入数据的当前值 (低 8 位数据)				
#1	保留		输入数据的当前值 (高 4 位数据)			
#2 ~ #16						
#17	保留				模拟到数字转换开始	模拟到数字转换通道
#18 或更大	保留					

BFM#0: 由 BFM#17 指定通道的输入数据当前值 (低 8 位数据) 被存储, 当前值数据以二进制形式存储。

BFM#1: 输入数据当前值 (高 4 位数据) 被存储, 当前值数据以二进制形式存储。

BFM#17: b0 指定模拟到数字转换的通道 (CH1, CH2), b0 = 0 时使用通道 1, b0 = 1 时使用通道 2; b1 由 0→1 时, A - D 转换过程开始。

4. FX$_{2N}$-2AD 模块的 A-D 转换关系

FX$_{2N}$-2AD 模块的 A-D 转换关系如图 4-11 所示。电压输入：模拟值为 DC 0~10V 或 DC 0~5V，数字值为 0~4000；电流输入：模拟值为 DC 4~20mA，数字值为 0~4000。

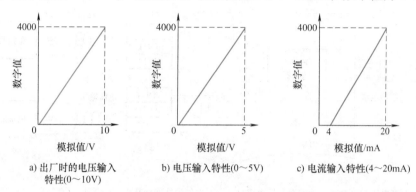

a) 出厂时的电压输入　　　b) 电压输入特性(0~5V)　　　c) 电流输入特性(4~20mA)
特性(0~10V)

✖图 4-11　FX$_{2N}$-2AD 的 A-D 转换关系

5. 编程举例

编程举例如图 4-12 所示。

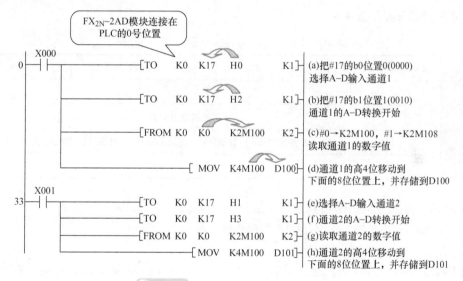

✖图 4-12　FX$_{2N}$-2AD 模块编程举例

（二）模拟量输出模块 FX$_{2N}$-2DA

1. 简介

模拟量输出模块 FX$_{2N}$-2DA 用于将 12 位的数字量转换成两路模拟量信号输出（电压输出或电流输出），并通过 TO 指令写入 PLC 中。根据接线方式的不同，模拟量输出可以选择电压输出和电流输出，电压输出时，两路模拟量通道输出信号为 DC 0~10V 或 DC 0~5V；电流输出时，为 DC 4~20mA。该模块对每一通道，可以规定电压或电流输出；提供 12 位高精度分辨率（$2^{12}=4096$）；数字输出范围为 0~4095，一般调到 0~4000；由 PLC 的基本单元提供内部电源，不单独使用电源。

2. 接线

FX$_{2N}$-2DA 模块接线如图 4-13 所示，当电压输出存在波动或有大量噪声时，在 VOUT 和 COM 之间连接 $0.1 \sim 0.47\mu F$、DC 25V 的电容。对于电流输出，将 IOUT 和 COM 短接。

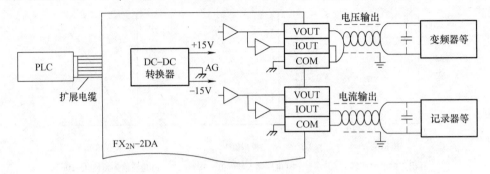

※1 当电压输出存在波动或有大量噪声时，在图中位置处连接 $0.1 \sim 0.47\mu F$、DC 25V 的电容。

※2 对于电压输出，须将 IOUT 和 COM 进行短路。

图 4-13　FX$_{2N}$-2DA 模块接线

3. 缓冲存储器分配

缓冲存储器分配见表 4-9。

表 4-9　FX$_{2N}$-2DA 缓冲存储器（BFM）分配

BFM 编号	b15 ~ b8	b7 ~ b3	b2	b1	b0
#0 ~ #15	保留				
#16	保留		输出数据的当前值（8 位）		
#17	保留		D - A 转换的低 8 位数据保持	通道 1 的 D - A 转换开始	通道 2 的 D - A 转换开始
#18 或更大	保留				

BFM#16：存放输出数据当前值（8 位）。12 位数据（二进制数）分两次写入 BFM#16 的低 8 位，先将其低 8 位写入 BFM#16 的低 8 位，并通过程序立即保持，再将其高 4 位写入 BFM#16 的低 8 位部分的低 4 位中。

BFM#17：b0 由 1→0 时，通道 2 的 D - A 转换开始；b1 由 1→0 时，通道 1 的 D - A 转换开始；b2 由 1→0 时，D - A 转换的低 8 位数据保持。

4. FX$_{2N}$-2DA 模块的 D - A 转换关系

FX$_{2N}$-2DA 模块的 D - A 转换关系如图 4-14 所示。电压输出时，对于 10V 的模拟输出值，数字值调整到 4000；电流输出时，对于 20mA 的模拟输出值，数字值调整到 4000。

5. 应用举例

应用举例如图 4-15 所示。

当 X000 = ON 时，通道 1 将 D100 中的数据转换成模拟量；当 X001 = ON 时，通道 2 将 D101 中的数据转换成模拟量。

至于需要电压输出还是电流输出，改变接线即可，和程序无关。

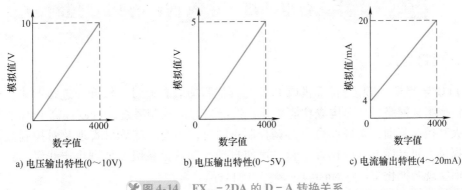

a) 电压输出特性(0～10V)　　　b) 电压输出特性(0～5V)　　　c) 电流输出特性(4～20mA)

✖图 4-14　$FX_{2N}-2DA$ 的 D－A 转换关系

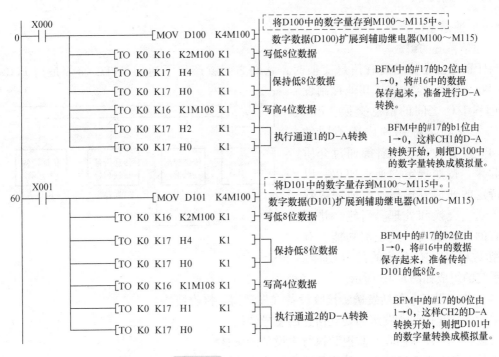

✖图 4-15　$FX_{2N}-2DA$ 的应用举例

六、项目总结

本项目以三相异步电动机变频调速的 PLC 控制为载体，进行特殊功能模块读写指令（FROM、TO）及模拟量输入/输出模块 $FX_{0N}-3A$ 等相关知识的学习。

在此基础上分析控制程序设计的方法，然后输入程序调试运行，达到会使用模拟量输入/输出模块的目的。

项目十三 3台电动机 $N:N$ 网络的 PLC 控制

一、项目导入

把 PLC 与 PLC、PLC 与计算机或 PLC 与其他智能装置通过传输介质连接起来，就可以实现通信或组建网络，从而构成功能更强、性能更好的控制系统；可以提高 PLC 的控制能力、扩大其控制范围，实现综合及协调控制；同时，还便于计算机管理及对控制数据的处理，可提供人机界面友好的操控平台；可使自动控制从设备级发展到生产线级，甚至工厂级，从而实现智能化工厂（Smart Factory）的目标。

本项目以 3 台三相异步电动机 $N:N$ 网络的 PLC 控制为例学习 $N:N$ 网络组建的方法。

二、相关知识

（一）通信基础

1. 通信系统的组成

当任意两台设备之间有信息交换时，它们之间就产生了通信。PLC 通信是指 PLC 与 PLC、PC（个人计算机）、其他控制设备或远程 I/O 之间的信息交换。PLC 通信的任务就是将地理位置不同的 PLC、PC 及各种现场设备等通过介质连接起来，按照规定的通信协议，以某种特定的通信方式高效率地完成数据的传送、交换和处理。当然，并不是所有的 PLC 都有上述全部功能，有些小型 PLC 就只有上述的部分功能。通信系统的组成如图 4-16 所示。

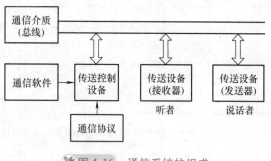

图 4-16　通信系统的组成

（1）传送设备　包括发送、接收设备（发送器、接收器）。

主设备：起控制、发送和处理信息的主导作用。

从设备：被动地接收、监视和执行主设备的信息。

主从设备在实际通信时由数据传送的结构来确定。

（2）传送控制设备　传送控制设备主要用于控制发送与接收之间的同步协调。

（3）通信介质　通信介质是信息传送的基本通道，是发送与接收设备之间的桥梁。

（4）通信协议　通信协议是通信过程中必须严格遵守的各种数据传送规则。

（5）通信软件　通信软件用于对通信的软件和硬件进行统一调度、控制与管理。

2. 通信方式

数据信息通信方式按同时传送的位数来分可以分为并行通信和串行通信。

（1）并行通信　并行通信是指所传送的数据以字节或字为单位同时发送或接收。

并行通信除了有 8 根或 16 根数据线、1 根公共线外，还需要有通信双方联络用的控制线。并行通信传送速度快，但是传送线的根数多，抗干扰能力较差，一般用于近距离数据传送，如 PLC 的基本单元、扩展单元和特殊功能模块之间的数据传送。

（2）串行通信　串行通信是指所传送的数据以二进制的位为单位一位一位地顺序发送或接收。

串行通信的特点是仅需一根或两根传送线，速度较慢，但适合多数位、长距离通信。计算机和 PLC 都有专用的串行通信接口，如 RS-232C 或 RS-485 接口。在工业控制中计算机之间的通信方式一般采用串行通信方式。

串行通信可以分为同步通信和异步通信两类。

① 同步通信。同步通信是一种以字节（一个字节由 8 位二进制数组成）为单位传送数据的通信方式，一次通信只传送一帧信息。这里的信息帧与异步通信中的字符帧不同，通常含有 1~2 个数据字符。

信息帧均由同步字符、数据字符和校验字符（CRC）组成。其中，同步字符位于帧开头，用于确定数据字符的开始；数据字符在同步字符之后，个数没有限制，由所需传送的数据块长度决定；校验字符有 1~2 个，用于接收端对接收到的字符序列进行正确性的校验。

同步通信的缺点是要求发送时钟和接收时钟保持严格的同步。

② 异步通信。在异步通信中，数据通常以字符或者字节为单位组成字符帧传送。字符帧由发送端逐帧发送，通过传送线被接收设备逐帧接收。发送端和接收端可以由各自的时钟来控制数据的发送和接收，这两个时钟源彼此独立，互不同步。

异步通信的数据格式如图 4-17 所示。

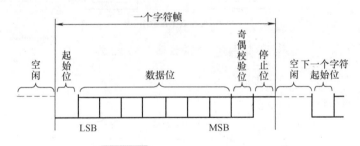

图 4-17　异步通信的数据格式

起始位：位于字符帧开头，占 1 位，始终为逻辑 0 电平，用于向接收设备表示发送端开始发送一帧信息。

数据位：紧跟在起始位之后，可以设置为 5 位、6 位、7 位和 8 位，低位在前，高位在后。

奇偶校验位：位于数据位之后，仅占 1 位，用于表示串行通信中采用奇校验还是偶校验。

接收端检测到传输线上发送过来的低电平逻辑"0"（即字符帧起始位）时，确定发送端已开始发送数据，每当接收端收到字符帧中的停止位时，就知道一帧字符已经发送完毕。

异步通信的优点是不需要传送同步脉冲，字符帧长度也不受限制；缺点是字符帧中因包含了起始位和停止位，因此降低了有效数据的传输速率。

3. 数据传送方向

在通信线路上，数据通信方式按照数据传送方向可以分为单工、半双工和全双工通信方式，如图 4-18 所示。

（1）单工通信方式　单工通信方式就是指信息的传送始终保持同一方向，而不能进行反向传送，即只允许数据按照一个固定方向传送。通信两点中的一点为接收端，另一点为发送端，且这种设定是不可更改的，如图 4-18a 所示。其中，A 端只能作为发送端，B 端只能作为接收端。

（2）半双工通信方式　半双工通信方式就是指信息可在两个方向上传输，但同一时刻只限于一个方向传送，如图 4-18b 所示。其中，A 端发送 B 端接收，或者 B 端发送 A 端接收。

（3）全双工通信方式　全双工通信方式就是指信息能在两个方向上同时发送和接收，如图 4-18c 所示。A 端和 B 端同时作为发送端、接收端。

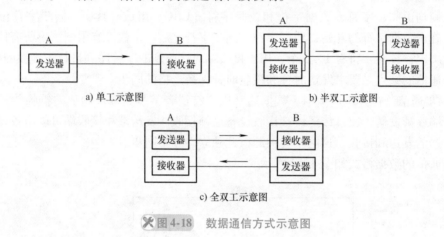

图 4-18　数据通信方式示意图

PLC 使用半双工或全双工异步通信方式。

4. PLC 常用通信接口标准

PLC 主要采用串行异步通信方式，其常用的串行通信接口标准有 RS-232C、RS-422 和 RS-485 等。

RS-232C 接口标准是目前计算机和 PLC 中最常用的一种串行通信接口标准，它是美国电子工业协会（EIA）于 1969 年公布的通信协议，规定 RS-232C 接口使用 25 针连接器或 9 针连接器，采用单端驱动非差分接收电路，因而存在传输距离不太远（最大传输距离 15m）和传输速率不太高（最高传输速率 20kbit/s）的问题。

针对 RS-232C 存在的问题，EIA 制定了新的串行通信接口标准 RS-422A，采用平衡驱动差分接收电路，抗干扰能力强，在传输速率为 100kbit/s 时，最大通信距离为 1200m。

RS-485 是 RS-422A 的变形。RS-422A 采用全双工通信方式，而 RS-485 则采用半双工通信方式。RS-485 是一种多主发送器标准，在通信线路上最多可以使用 32 对差分驱动器/接收器。传送线采用差分信道，所以它的干扰抑制性极好，又因为它的阻抗低无接地问题，所以传输距离可达 1200m，传输速率可达 10Mbit/s。

RS-422/RS-485 接口一般采用 9 针的 D 形连接器。普通计算机一般不配备 RS-422 和 RS-485 接口，但工业控制计算机和小型 PLC 上都设有 RS-422 或 RS-485 通信接口。

5. 通信介质

通信介质就是在通信系统中位于发送端与接收端之间的物理通路。通信介质有双绞线、同轴电缆和光纤等。其中双绞线往往采用金属包皮或金属网包裹以进行屏蔽，同轴电缆由内、外层两层导体组成。

（二）FX 系列 PLC 的通信类型

FX 系列 PLC 的通信类型见表 4-10。

表 4-10　FX 系列 PLC 的通信类型

CC－Link 通信	功能	① 对于以 MELSEC A、QnA、Q 系列 PLC 作为主站的 CC－Link 系统而言，FX 系列 PLC 可以作为远程设备站进行连接 ② 可以构筑以 FX 系列 PLC 为主站的 CC－Link 系统
	用途	生产线的分散控制和集中管理，与上位机网络之间的信息交换等
$N:N$ 网络通信	功能	可以在 FX 系列 PLC 之间进行简单的数据链接
	用途	生产线的分散控制和集中管理等
并联链接通信	功能	可以在 FX 系列 PLC 之间进行简单的数据链接
	用途	生产线的分散控制和集中管理等
计算机链接通信	功能	可以将计算机等作为主站，FX 系列 PLC 作为从站进行连接
	用途	数据的采集和集中管理等
无协议通信	功能	可以与具备 RS－232C 或者 RS－485 接口的各种设备以无协议的方式进行数据交换
	用途	与计算机、条形码阅读器、打印机及各种测量仪表之间进行数据交换
变频器通信	功能	可以通过通信控制变频器
	用途	运行监视、控制值的写入及参数的参考与变更等

（三）$N:N$ 网络通信

1. $N:N$ 网络的构成

$N:N$ 网络通信

$N:N$ 网络通信系统是把最多 8 台 FX 系列 PLC 通过 RS－485 通信链接在一起组成一个小型的通信系统，如图 4-19 所示，其中 1 台 PLC 为主站，其余 7 台 PLC 为从站，每台 PLC 都必须配置 FX_{2N}－485BD 通信板，系统中的各台 PLC 能够通过相互链接的软元件进行数据共享，达到协同运行的要求。系统中的 PLC 可以是不同的型号，各种型号的 PLC 可以组合成 3 种模式，即模式 0、模式 1 和模式 2。PLC 中的一些特殊寄存器可以帮助系统进行通信参数设定，如站点号的设定、从站数目的设定、模式选择以及通信超时的设定，设定完成之后，用户就可以根据自己的需要在主从站的 PLC 中编制要进行数据共享的程序。对于 FX_{2N} 系列 PLC，FX_{2N}－485BD 通信板结构示意图和外形尺寸分别如图 4-20 和图 4-21 所示。

2. 与 $N:N$ 网络通信有关的辅助继电器和数据寄存器

在每台 PLC 的辅助继电器和数据寄存器中分别有一片系统指定的共享数据区，网络中的每台 PLC 都分配自己的共享辅助继电器和数据寄存器。$N:N$ 网络所使用的从站数量不同、工作模式不同，共享的软元件点数和范围也不同，这可以通过刷新范围来决定。共享软元件可以在各 PLC 之间进行数据通信，并且可以在所有的 PLC 中监视这些软元件。

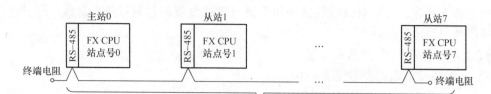

• FX系列PLC的连接台数: 最多8台(站点号0~7)
• 总延长距离: 500m(485BD混合存在时为50m)

图 4-19 N:N 网络系统构成示意图

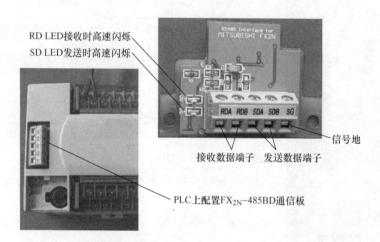

图 4-20 FX₂ₙ-485BD 通信板结构示意图

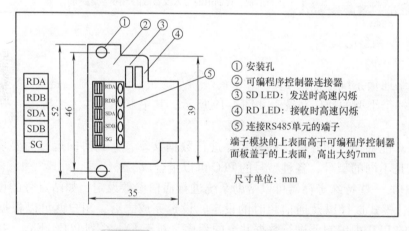

图 4-21 FX₂ₙ-485BD 通信板外形尺寸

对于某台 PLC 来说,分配给它的共享数据区数据可以自动地传送到其他站的相同区域,分配给其他 PLC 共享数据区的数据是其他站自动传送来的。对于某台 PLC 的用户程序来说,在使用其他站自动传来的数据时,感觉就像读写自己内部的数据区一样方便。共享数据区中的数据与其他 PLC 里面的对应数据在时间上有一定的延迟,数据传送周期与网络中的站点数和传送数据的数量有关(延迟时间为 18~131ms)。

使用 $N:N$ 网络时，必须设定软元件，见表 4-11、表 4-12。

表 4-11　与 $N:N$ 网络通信有关的特殊辅助继电器

属　　性	软　元　件	名　　称	功　　能	响应类型
只读	M8038	$N:N$ 网络参数设置	用来设置 $N:N$ 网络参数	主、从站
只读	M8183	主站通信错误	当主站点通信错误时为 ON	从站
只读	M8184 ~ M8190	从站通信错误	当 1 ~ 7 号从站点通信错误时为 ON	主、从站
只读	M8191	数据通信	当与其他站点通信时为 ON	主、从站

表 4-12　与 $N:N$ 网络通信有关的特殊数据寄存器

属　　性	特殊数据寄存器	名　　称	功　　能	响应类型
只读	D8173	站点号	存储自己的站点号	主、从站
只读	D8174	从站点总数	存储从站点总数	主、从站
只读	D8175	刷新范围	存储刷新范围	主、从站
只写	D8176	站点号设置	设置自己的站点号	主、从站
只写	D8177	从站点总数设置	设置其从站点总数	主站
只写	D8178	刷新范围设置	设置刷新范围模式号	主站
读写	D8179	重试次数设置	设置重试次数	主站
读写	D8180	通信超时设置	设置通信超时时间	主站
只读	D8201	当前网络扫描时间	存储当前网络扫描时间	主、从站
只读	D8202	最大网络扫描时间	存储最大网络扫描时间	主、从站
只读	D8203	主站点的通信错误数目	存储主站点的通信错误数目	从站
只读	D8204 ~ D8210	从站点的通信错误数目	存储从站点的通信错误数目	主、从站
只读	D8211	主站点的通信错误代码	存储主站点的通信错误代码	从站
只读	D8212 ~ D8218	从站点的通信错误代码	存储从站点的通信错误代码	主、从站

3. $N:N$ 网络的设置

1）站点号设置（D8176）。D8176 的取值范围为 0 ~ 7，主站应设置为 0，从站设置为 1 ~ 7。

2）从站点总数设置（D8177）。该设置只适用于主站，D8177 的设定范围为 1 ~ 7 之间的值，默认值为 7。

3）刷新范围设置（D8178）。刷新范围是指主站与从站共享的辅助继电器和数据寄存器的范围。刷新范围由主站的 D8178 来设置，可以设定为 0、1、2（默认值为 0），对应的刷新范围见表 4-13。

刷新范围只能在主站中设置，但是设置的刷新模式适用于 $N:N$ 网络中所有的工作站。FX_{1S} 系列 PLC 应设置为模式 0，否则在通信时会产生通信错误。

表 4-14 中列出了供各站的 PLC 共享的辅助继电器和数据寄存器。根据在相应站点

号设置中设置的站点号以及刷新范围设置中设置的模式不同，使用的软元件编号及点数也有所不同。编程时，请勿擅自更改其他站点中使用的软元件的信息，否则不能正常运行。

表 4-13 *N:N* 网络刷新范围

通信元件	刷新范围		
	模式 0	模式 1	模式 2
	FX$_{1S}$、FX$_{1N}$、FX$_{2N}$、FX$_{2NC}$、FX$_{3U}$	FX$_{1N}$、FX$_{2N}$、FX$_{2NC}$、FX$_{3U}$	FX$_{1N}$、FX$_{2N}$、FX$_{2NC}$、FX$_{3U}$
位元件	0	32 点	64 点
字元件	4 点	4 点	8 点

表 4-14 *N:N* 网络共享的辅助继电器和数据寄存器

站点号	模式 0		模式 1		模式 2	
	位元件	字元件	位元件	字元件	位元件	字元件
0	—	D0 ~ D3	M1000 ~ M1031	D0 ~ D3	M1000 ~ M1063	D0 ~ D7
1	—	D10 ~ D13	M1064 ~ M1095	D10 ~ D13	M1064 ~ M1127	D10 ~ D17
2	—	D20 ~ D23	M1128 ~ M1159	D20 ~ D23	M1128 ~ M1191	D20 ~ D27
3	—	D30 ~ D33	M1192 ~ M1223	D30 ~ D33	M1192 ~ M1255	D30 ~ D37
4	—	D40 ~ D43	M1256 ~ M1287	D40 ~ D43	M1256 ~ M1319	D40 ~ D47
5	—	D50 ~ D53	M1320 ~ M1351	D50 ~ D53	M1320 ~ M1383	D50 ~ D57
6	—	D60 ~ D63	M1384 ~ M1415	D60 ~ D63	M1384 ~ M1447	D60 ~ D67
7	—	D70 ~ D73	M1448 ~ M1479	D70 ~ D73	M1448 ~ M1511	D70 ~ D77

以模式 1 为例，如果主站的 X000 要控制 2 号站的 Y000，可以用主站的 X000 来控制它的 M1000。通过通信，各从站的 M1000 的状态与主站的 M1000 状态相同。用 2 号站的 M1000 来控制它的 Y000，相当于用主站的 X000 来控制 2 号站的 Y000。

4）重试次数设置（D8179）。D8179 的取值范围为 0 ~ 10（默认值为 3），该设置仅用于主站。当通信出错时，主站就会根据设置的次数自动重试通信。

5）通信超时设置（D8180）。D8180 的取值范围为 5 ~ 255（默认值为 5），该值乘以 10ms 就是通信超时时间。该设置仅用于主站。

三、项目实施

（一）训练目标

1）掌握 FX$_{2N}$-485BD 通信板的安装与接线。

2）能根据控制要求组建 *N:N* 网络。

3）学会 FX 系列 PLC 的外部 I/O 接线。

4）能根据控制要求编写梯形图程序。

5）熟练使用三菱 GX Works2 编程软件，编制梯形图程序并写入 PLC 进行调试运行，查看运行结果。

（二）设备与器材

本项目所需设备与器材见表4-15。

表4-15　所需设备与器材

序　号	名　　称	型号规格	数　量	备　注
1	常用电工工具	十字螺钉旋具、一字螺钉旋具、尖嘴钳及剥线钳等	1套	表中所列设备、器材的型号规格仅供参考
2	计算机（安装 GX Works2 编程软件）		3台	
3	天煌 THPLC 实训台（PLC 带 FX$_{2N}$-485BD 通信板）		3台	
4	三相异步电动机	WDJ26，$P_N = 40W$，$U_N = 380V$，$I_N = 0.2A$，$n_N = 1430r/min$，$f = 50Hz$	3台	
5	RS485 串行通信线		2根	
6	连接导线		若干	

（三）内容与步骤

1. 项目任务

3台 FX$_{2N}$系列 PLC 通过 FX$_{2N}$-485BD 通信板组建 $N:N$ 通信网络，其中1台为主站，其余2台为从站。控制要求如下：

1）通信参数：重试次数4次，通信超时时间为50ms，刷新范围采用模式1。

2）在0号主站按下起动按钮时，1号从站的电动机 M1 以丫-△减压起动，起动时间为10s，起动过程以1s的周期闪烁指示。

3）在1号从站按下起动按钮时，2号从站的电动机 M2 以丫-△减压起动，起动时间为10s，起动过程以1s的周期闪烁指示。

4）在2号从站按下起动按钮时，0号主站的电动机 M0 以丫-△减压起动，起动时间为10s，起动过程以1s的周期闪烁指示。

2. I/O 地址分配与接线图

I/O 分配见表4-16。

表4-16　I/O 分配

输　入			输　出		
设备名称	符　号	X 元件编号	设备名称	符　号	Y 元件编号
起动按钮	SB1	X000	主接触器	KM1	Y000
停止按钮	SB2	X001	丫联结接触器	KM4	Y001
			△联结接触器	KM3	Y002
			指示灯	HL	Y004

I/O 接线图如图4-22所示。3台 PLC $N:N$ 网络的连接如图4-23所示。

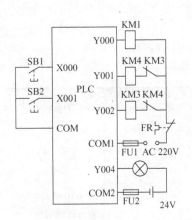

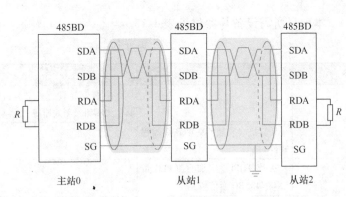

图 4-22　I/O 接线图　　　　图 4-23　3 台 PLC $N:N$ 网络的连接

3. 编制程序

根据控制要求编写主站及从站梯形图（见图 4-24 ~ 图 4-26）。

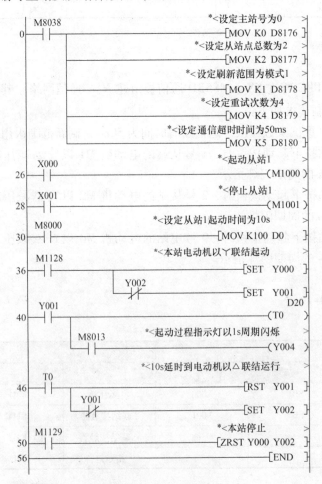

图 4-24　主站控制梯形图

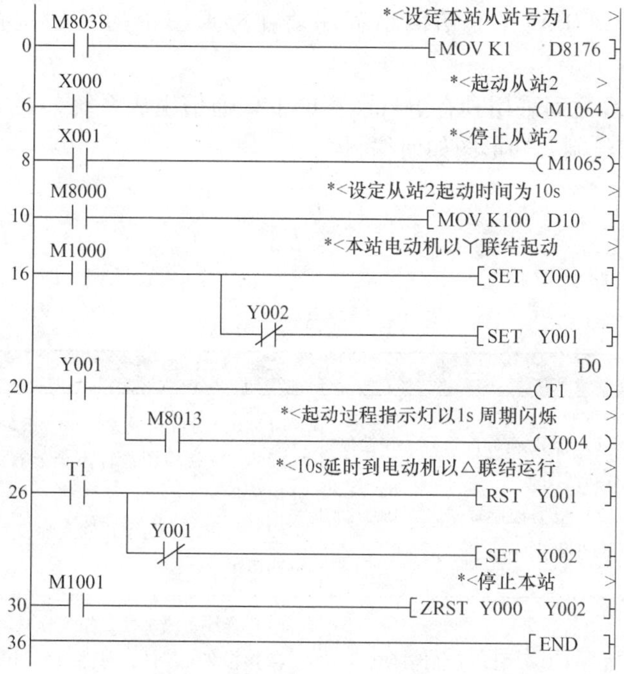

```
         M8038                              *<设定本站从站号为1  >
0        ┤├                                  ─[MOV  K1    D8176]
         X000                               *<起动从站2     >
6        ┤├                                           ─(M1064)
         X001                               *<停止从站2     >
8        ┤├                                           ─(M1065)
         M8000                              *<设定从站2起动时间为10s
10       ┤├                                  ─[MOV  K100  D10 ]
         M1000                              *<本站电动机以丫联结起动
16       ┤├                ─────────────────────[SET  Y000 ]
                             Y002
                             ┤/├                     ─[SET  Y001 ]
         Y001                                             D0
20       ┤├                                           ─(T1 )
                      M8013                  *<起动过程指示灯以1s周期闪烁
                      ┤├                                ─(Y004)
         T1                                  *<10s延时到电动机以△联结运行
26       ┤├                ─────────────────────[RST  Y001 ]
                             Y001
                             ┤/├                     ─[SET  Y002 ]
         M1001                              *<停止本站     >
30       ┤├                            ─[ZRST Y000  Y002]
36                                                   ─[END ]
```

图4-25 从站1 控制梯形图

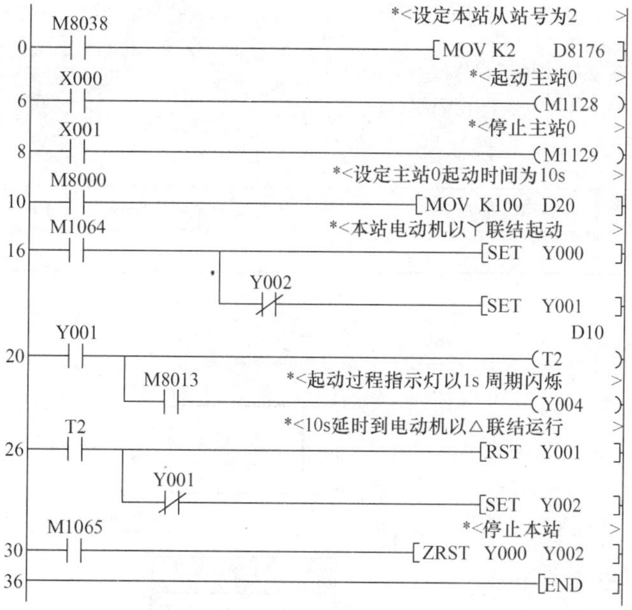

```
         M8038                              *<设定本站从站号为2  >
0        ┤├                                  ─[MOV  K2    D8176]
         X000                               *<起动主站0     >
6        ┤├                                           ─(M1128)
         X001                               *<停止主站0     >
8        ┤├                                           ─(M1129)
         M8000                              *<设定主站0起动时间为10s
10       ┤├                                  ─[MOV  K100  D20 ]
         M1064                              *<本站电动机以丫联结起动
16       ┤├                ─────────────────────[SET  Y000 ]
                             Y002
                             ┤/├                     ─[SET  Y001 ]
         Y001                                             D10
20       ┤├                                           ─(T2 )
                      M8013                  *<起动过程指示灯以1s周期闪烁
                      ┤├                                ─(Y004)
         T2                                  *<10s延时到电动机以△联结运行
26       ┤├                ─────────────────────[RST  Y001 ]
                             Y001
                             ┤/├                     ─[SET  Y002 ]
         M1065                              *<停止本站     >
30       ┤├                            ─[ZRST Y000  Y002]
36                                                   ─[END ]
```

图4-26 从站2 控制梯形图

4. 调试运行

利用编程软件将编写的梯形图程序写入 PLC，按照图 4-22 进行 PLC 输入/输出端接线（3 台 PLC 接线相同），按照图 4-23 组建 3 台 PLC $N:N$ 网络，调试运行，观察运行结果。

（四）分析与思考

1）请读者分析三台电动机 $N:N$ 网络的 PLC 控制梯形图程序，并写出其指令表。

2）如果将 3 台 PLC $N:N$ 通信网络程序放在梯形图中的其他位置，程序能否正常运行？

3）如果 3 台 PLC 之间采用具有电气隔离的 I/O 通信组成系统，要实现本项目的功能，其 I/O 接线图应如何绘制，梯形图如何编制？

四、项目考核

项目实施考核见表 4-17。

表 4-17 项目实施考核表

序号	考核内容	考核要求	评分标准	配分	得分
1	电路及程序设计	（1）能正确分配 I/O，并绘制 I/O 接线图 （2）根据控制要求，正确编制梯形图程序	（1）I/O 分配错或少，每个扣 5 分 （2）I/O 接线图设计不全或有错，每处扣 5 分 （3）梯形图表达不正确或画法不规范，每处扣 5 分	40 分	
2	安装与连线	根据 I/O 分配，正确连接电路	（1）连线每错 1 处，扣 5 分 （2）损坏元器件，每件扣 5~10 分 （3）损坏连接线，每根扣 5~10 分	20 分	
3	调试与运行	能熟练使用编程软件编制程序写入 PLC，并按要求调试运行	（1）不会熟练使用编程软件进行梯形图的编辑、修改、转换、写入及监视，每项扣 2 分 （2）不能按照控制要求完成相应的功能，每缺 1 项扣 5 分	20 分	
4	安全操作	确保人身和设备安全	违反安全文明操作规程，扣 10~20 分	20 分	
		合　计			

五、知识拓展

（一）并联链接通信

并联链接通信用来实现两台同一组的 FX 系列 PLC 之间的数据自动传送。其系统构成如图 4-27 所示。与并联链接相关的特殊辅助继电器和特殊数据寄存器见表 4-18。FX_{1N}、FX_{2N} 和 FX_{2NC} 系列的 PLC 数据传输是采用 100 个辅助继电器和 10 个数据寄存器来完成的；FX_{0N}、FX_{1S} 的数据传输是采用 50 个辅助继电器和 10 个数据寄存器完成的，

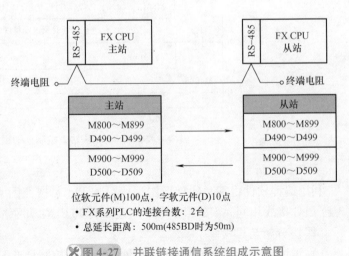

图 4-27 并联链接通信系统组成示意图

与通信有关的辅助继电器和数据寄存器见表 4-19。

并联链接通信有标准模式和快速模式两种工作模式，通过特殊辅助继电器 M8162 来设置（见表 4-18）。主、从站之间通过周期性的自动通信由表 4-19 中的辅助继电器和数据寄存器来实现数据共享。

并行链接通信

表 4-18　与并联链接相关的特殊辅助继电器和特殊数据寄存器

软 元 件	操　作
M8070	为 ON 时，PLC 作为并联链接的主站
M8071	为 ON 时，PLC 作为并联链接的从站
M8162	PLC 运行在并联链接时为 ON
M8073	在并联链接时，M8070 和 M8071 中任何一个设置出错时为 ON
M8074	为 OFF 时为标准模式；为 ON 时为快速模式
D8075	并联链接的监视时间，默认值为 500ms

表 4-19　并联链接两种模式比较

模　式	通信设备	FX$_{1N}$、FX$_{2N}$、FX$_{2NC}$、FX$_{3U}$	FX$_{0N}$、FX$_{1S}$	通信时间
标准模式 （M8162 为 OFF）	主站→从站	M800 ~ M899（100 点） D490 ~ D499（10 点）	M400 ~ M449（50 点） D230 ~ D239（10 点）	70ms + 主站扫描时间 + 从站扫描时间
	从站→主站	M900 ~ M999（100 点） D500 ~ D509（10 点）	M450 ~ M499（50 点） D240 ~ D249（10 点）	
快速模式 （M8162 为 ON）	主站→从站	D491、D492（2 点）	D230、D231（2 点）	20ms + 主站扫描时间 + 从站扫描时间
	从站→主站	D500、D501（2 点）	D240、D241（2 点）	

应用举例：

两台 FX$_{2N}$ 系列的 PLC 通过 RS－485 并联链接，要求通过第一台 PLC 的按钮 X000 控制第二台 PLC 上的指示灯 Y001，第二台 PLC 的按钮 X001 控制第一台 PLC 上的指示灯 Y000，编制控制程序。

两台 PLC 并联链接通信的 1:1 网络连接如图 4-28 所示，通过分别设置在主站和从站中的程序实现。将第一台 PLC 设为主站，第二台 PLC 设为从站。并联链接的 PLC I/O 接线如图 4-29 所示。主站和从站的控制程序如图 4-30 所示。

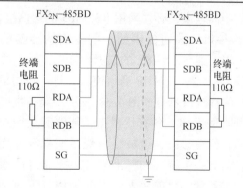

图 4-28　FX$_{2N}$－485BD 通信板 1:1 网络的连接

（二）计算机链接通信

计算机链接类型的协议是各 PLC 公司为用户提供的一种专用的通信协议。该系统中 PLC 接收控制系统中的各种控制信息，分析处理后转化为 PLC 中软元件的数据和状态；PLC 又将所有软元件的数据和状态送入计算机，由计算机采集这些数据，进行分析及运行状态监测，计算机可改变 PLC 的初始值和设定值，从而实现计算机对 PLC 的直接控制。

计算机链接协议既可以实现 RS－485（422）通信，也可以实现 RS－232 通信。若要求

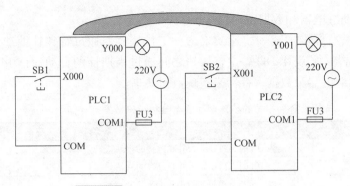

图 4-29 并联链接的 PLC I/O 接线图

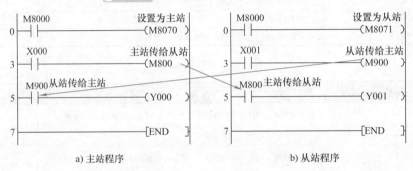

a) 主站程序　　　　　　　　　　b) 从站程序

图 4-30 并联链接的控制程序

的通信距离不长，可以直接将 PLC 提供的 RS-232 通信接口与计算机的 9 针串口连接起来；若要求的通信距离较大，必须采用 RS-485 的通信接口标准，需要各 PLC 公司提供的一些专用的转换模块完成 RS-232 到 RS-485 的转换，如三菱公司提供的 485PC-IF 和 485ADP 通信模块，计算机通信接口和 PLC 编程接口示意如图 4-31 所示。众多生产厂家的各种类型的 PLC 各有优缺点，能够满足用户的各种需求，但在形态、组成、功能及编程等方面各不相同，没有一个统一的标准，各厂家制订的通信协议也千差万别。目前，人们主要采用以下 3 种方式实现 PLC 与计算机的互联通信。

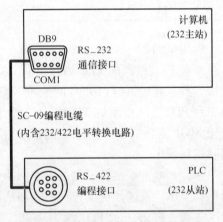

注：232与485(422)的通信电平不同，故连接时，
需进行电平转换。

图 4-31 计算机通信接口和
PLC 编程接口示意图

1）通过使用 PLC 开发商提供的系统协议和网络适配器来实现 PLC 与计算机的互联通信。但是由于其通信协议是不公开的，因此互联通信必须使用 PLC 开发商提供的上位机编程软件，并采用相应协议的外设，可以说这种方式是 PLC 开发商为自己的产品量身定制的，因此难以满足不同用户的需要。

2）使用目前通用的上位机组态软件，如 WinCC、iFAX、组态王、InTouch、力控和 MCGS 等，来实现 PLC 与计算机的互联通信。组态王以其功能强大、界面友好和开发简洁等优点，目前在 PC 监控领域已经得到了广泛应用，但是一般价格比较昂贵。组态软件本身并不具备直接访问 PLC 寄存器或其他智能仪表的能力,必须借助 I/O 驱动程序来实现。也就是说,I/O 驱动程序是组态软件与 PLC 或其他智能仪表等设备交换信息的桥梁,负责从设备采集实时数据并将操作命令下达给设备,它的可靠性将直接影响组态软件的性能。但是在大多数情况下,I/O 驱动程序是与设备相关的,即针对某种 PLC 的驱动程序不能驱动其他种类的 PLC,因此组态软件的灵活性也受到了一定的限制。

3)利用 PLC 厂商所提供的标准通信接口和由用户自定义的自由口通信方式来实现 PLC 与计算机的互联通信。这种方式由用户定义通信协议,不需要增加投资,灵活性好,特别适用于小规模的控制系统。

（三）无协议通信

大多数 PLC 都有一种串行口无协议通信指令,如 FX 系列的 RS 指令,它们用于 PLC 与上位机或其他 RS - 232C 设备的通信。这种通信方式最为灵活,PLC 与 RS - 232C 设备之间可以使用用户自定义的通信协议,但是 PLC 的编程工作量较大,对编程人员要求较高。

用各种 RS - 232C 单元,包括个人计算机、条形码阅读器和打印机来进行数据通信,可通过无协议通信完成,此通信使用 RS 指令或一个 FX_{2N} - 232IF 特殊功能模块完成。

六、项目总结

本项目以 3 台电动机 $N:N$ 网络的 PLC 控制为载体,进行了 PLC 通信的基本知识、$N:N$ 网络通信及并行通信（1:1 网络）等相关知识的学习。在此基础上分析了 3 台电动机 $N:N$ 网络的 PLC 控制程序设计的方法,输入程序调试运行,达到会组建 $N:N$ 通信网络的目标。

◈◈◈ 梳理与总结

本情境通过三相异步电动机变频调速的 PLC 控制、3 台电动机 $N:N$ 网络的 PLC 控制两个项目的学习与实践,掌握 FX_{2N} 系列 PLC 模拟量控制与通信的编程应用。

1) FX_{2N} 系列 PLC 基本单元只能实现开关量（数字量）控制,如果要实现模拟量控制,必须要配置模拟量输入模块、模拟量输出模块或模拟量输入/输出模块,它们连接在 PLC 基本单元的右侧,且最多不超过 8 台,其模拟量控制可以通过 FROM、TO 指令编程实现。

2) FX_{2N} 系列 PLC 在配置 FX_{2N} -485BD 通信板以后,便可以组网实现数据通信,常用的通信类型有 $N:N$ 网络通信、并联链接通信和计算机链接通信。

① $N:N$ 网络通信。最多 8 台 FX_{2N} 系列 PLC 组成分布式系统,其中 1 台为主站（任意一台均可设置为主站）,另外 7 台为从站,组网时,将各 FX_{2N} 系列 PLC 的 FX_{2N} -485BD 通信板的通信数据端进行串行连接,然后设置各站通信参数,通过分配相应范围内的共享位元件和字元件,实现通信联网的目的。

② 并联链接通信。两台 FX_{2N} 系列 PLC 组成分布式系统,其中 1 台为主站（任意一台均可设置为主站）,另外 1 台为从站,PLC 采用 100 点辅助继电器和 10 点数据寄存器来完成数据传输共享。

③ 计算机链接通信。计算机链接通信,就是以计算机为主站,最多连接 16 台 FX_{2N} 系列 PLC 或者 A 系列 PLC（PLC 只能为从站）,进行数据链接的专用通信。通信接线可以采用 RS - 232C 接线,或 RS -485 接线。对于 FX_{2N} 系列 PLC 通信设置,可以采用参数指定,也可以采用在特殊数据寄存器中写入数据进行指定。

练习与提高

一、填空题

1. FX$_{0N}$-3A 模拟量输入/输出模块可以将 8 位数字量转换成_____模拟量信号输入和_____模拟量信号输出。

2. 在数据信息通信时，数据通信方式按同时传送的数据位数可以分为_____和_____。

3. 在 $N:N$ 通信网络中，主站的编号只能设为_____，从站数最多是_____。

4. $N:N$ 通信网络的刷新模式有_____、_____和_____ 3 种。

二、判断题

1. FX$_{0N}$-3A 模拟量输入/输出模块可接收 3 路模拟量输入或 3 路模拟量输出。 （   ）

2. FX$_{2N}$-2AD 模拟量输入模块是 FX 系列 PLC 专用的模拟量输入模块之一。 （   ）

3. FX$_{2N}$-2AD 模块可将接收的 4 点模拟量输入（电压输入和电流输入）转换成 12 位二进制的数字量。（   ）

4. FX$_{2N}$-2DA 模块将输出两点模拟量（电压输出或电流输出）。 （   ）

5. 通信的基本方式可分为并行通信与串行通信两种方式。 （   ）

6. 串行通信的连接方式有单工方式、全双工方式两种。 （   ）

三、选择题

1. FX$_{0N}$-3A 模拟量输入/输出模块电压输入时，输入信号的范围为（   ）。

A. DC 0～24V   B. DC 0～15V   C. DC 0～12V   D. DC 0～10V

2. FX$_{0N}$-3A 模拟量输入/输出模块电流输出时，输出信号的范围为（   ）。

A. DC 0～10mA   B. DC 4～10mA   C. DC 0～20mA   D. DC 4～20mA

3. 在 $N:N$ 通信的模式 0 中，主站用于通信的数据寄存器是（   ）。

A. 4 个字元件   B. 8 个字元件   C. 6 个字元件   D. 32 个字元件

4. 在 $N:N$ 通信网络中，主从站的数量最多是（   ）台。

A. 8   B. 16   C. 7   D. 2

5. FX$_{2N}$ 系列 PLC 间采用 FX$_{2N}$-485BD 通信板和专用通信电缆进行连接，最大有效通信距离是（   ）。

A. 15m   B. 20m   C. 50m   D. 100m

四、简答题

1. FX 系列 PLC 通信方式有哪几种？

2. FX 系列 PLC 特殊功能模块分为哪几类？

3. 并联链接的两台 FX 系列 PLC 是如何交换数据的？

4. $N:N$ 网络链接各站 FX 系列的 PLC 之间是如何交换数据的？

五、程序设计题

1. 试用 FX$_{2N}$-485BD 通信板实现两台 FX$_{2N}$ 系列 PLC 的并联链接通信，并编程实现如下控制要求：

1）主站中数据寄存器 D0 每 5s 自动加 1，D2 每 10s 自动加 1。

2）主站输入继电器 X000～X017 的 ON/OFF 状态输出到从站的 Y000～Y017。

3）若主站计算结果（D0 + D2）< 200，则从站的 Y020 变为 ON。

4）若主站计算结果（D0 + D2）= 200，则从站的 Y021 变为 ON。

5）若主站计算结果（D0 + D2）> 200，则从站的 Y022 变为 ON。

6）从站中 X000～X017 的 ON/OFF 状态输出到主站的 Y000～Y017。

7）主站 D10 的值用于对从站计数器 C0 间接设定，该值等于 K60，用于从站中每秒 1 次的计数。

2. 在 3 台 FX$_{2N}$ 系列 PLC 构成的 $N:N$ 网络中，要求所有站的输出信号 Y000～Y007 和数据寄存器 D10～D17 共享，各站都将这些信号保存在各自的辅助继电器和数据寄存器中，试设计通信程序。

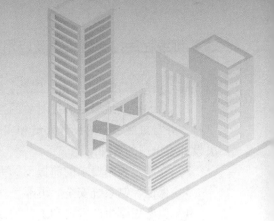

学习情境五

PLC控制系统的实现

教学目标	能力目标	1. 能根据控制系统的要求正确选择、安装、调试 PLC 2. 能利用 PLC 对简单继电-接触器控制系统进行升级改造 3. 能熟练使用 GX Works2 编程软件 4. 能根据控制要求设计简单控制系统的 PLC 程序写入 PLC，并进行程序的模拟调试和在线调试
	知识目标	1. 熟悉 PLC 控制系统设计的主要内容和步骤 2. 掌握 PLC 控制系统程序设计及安装调试的方法
	素质目标	1. 培养求真务实的科学态度，对工程技术精益求精，增强创新素养 2. 发挥团队合作，取长补短，提高综合能力
教学重点		PLC 控制系统的程序编制、调试
教学难点		PLC 控制系统的调试
参考学时		12～18 学时

　　本学习情境通过 Z3040 型摇臂钻床 PLC 控制系统的安装与调试、机械手 PLC 控制系统的安装与调试及 LED 数码显示 PLC 控制系统的安装与调试 3 个项目的学习和训练，掌握 PLC 控制系统程序设计及安装与调试的方法。

项目十四　Z3040 型摇臂钻床 PLC 控制系统的安装与调试

一、项目导入

　　在"电机与电气控制技术"课程中学习了机床电气控制系统采用的传统的继电-接触器控制系统，该系统在运行中存在着可靠性较低、低压电器的故障率较高及维护管理工作量大等缺点，但目前普通机床在一些机械加工企业里还在使用，因此，有必要对普通机床的电气控制系统进行 PLC 改造。

　　本项目以 Z3040 型摇臂钻床 PLC 控制系统的安装与调试为例，学习 PLC 控制系统设计的内容、步骤和方法。

二、相关知识

（一）PLC 控制系统设计的内容和步骤

1. PLC 控制系统设计的基本原则

任何一种电气控制系统都是为了实现被控制对象（生产设备或生产过程）的工艺要求，

以提高生产效率和产品质量。因此，在设计 PLC 控制系统时，应遵循以下基本原则：

1）最大限度地满足被控对象的控制要求。在设计前，应深入现场进行调查研究，收集资料，并与机械部分的设计人员和实际操作人员密切配合，共同拟定电气控制方案，协同解决设计中出现的各种问题。

2）在满足控制要求的前提下，力求使控制系统简单、经济，使用及维修方便。

3）保证控制系统安全、可靠。

4）应考虑到生产发展和工艺的改进，在选择 PLC 的型号、I/O 点数和存储器容量等内容时，应适当留有裕量，以满足以后生产发展和工艺改进的需要。

2. PLC 控制系统设计的基本内容

PLC 控制系统是由 PLC 与用户输入/输出设备连接而成的，因此，PLC 控制系统设计的基本内容包括以下几点：

1）选择用户输入设备（按钮、操作开关、限位开关和传感器等）、输出设备（继电器、接触器和信号灯等执行元件）以及由输出设备驱动的控制对象（电动机、电磁阀等）。这些设备属于一般的电气元件，其选择的方法在其他课程和有关书籍中已有介绍。

2）选择 PLC。PLC 是 PLC 控制系统的核心部件，正确选择 PLC 对于保证整个系统的技术经济性能指标起着重要的作用。PLC 的选择应包括机型的选择、容量的选择、I/O 点数（模块）的选择、电源模块以及特殊功能模块的选择等。

3）分配 I/O 点，绘制电气连接接口图，考虑必要的安全保护措施。

4）设计控制程序，包括设计梯形图、指令表（即程序清单）或控制系统流程图。控制程序是控制整个系统工作的软件，是保证系统正常、安全、可靠的关键。因此，控制系统的设计必须经过反复调试、修改，直到满足要求为止。

5）必要时还需设计控制台（柜）。

6）编制系统的技术文件，包括说明书、电气图及电气元件明细表等。

传统的电气图一般包括电气原理图、电气布置图及电气安装图。在 PLC 控制系统中，这一部分图可以通称为"硬件图"。PLC 控制系统在传统电气图的基础上增加了 PLC 部分，因此，在电气原理图中应增加 PLC 的 I/O（输入/输出）电气连接图（即 I/O 接线图）。

此外，在 PLC 控制系统中，电气图还应包括程序图（梯形图），可以称之为"软件图"。向用户提供"软件图"，可便于用户在生产发展或工艺改进时修改程序，并有利于用户在维修时分析和排除故障。

3. PLC 控制系统设计的一般步骤

设计 PLC 控制系统的一般步骤如图 5-1 所示。

（1）熟悉被控对象并制定控制方案 首先向有关工艺人员、机械设计人员和操作维修人员详细了解被控设备的工作原理、工艺流程、机械结构和操作方法，了解工艺过程和机械运动与电气执行元件之间的关系和被控系统的要求，了解设备的运动要求、运动方式和步骤，在此基础上确定被控对象对 PLC 控制系统的控制要求，画出被控对象的工艺流程图，归纳出电气执行元件的动作节拍表。

（2）确定 I/O 设备 根据系统的控制要求，确定用户所需的输入设备的数量及种类（如按钮、限位开关和传感器等），明确各输入信号的特点（如开关量、模拟量、直流/交流、电流等级、电压等级和信号幅度等），确定系统的输出设备的数量及种类（如接触器、电磁阀和信号灯等），明确这些设备对控制信号的要求（如电流和电压的大小、直流、交流、电压等级、开关量和模拟量等），据此确定 PLC 的 I/O 设备的类型及数量。

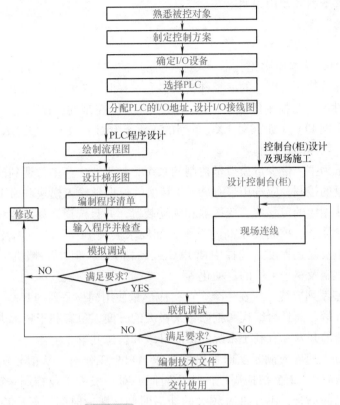

❋ 图 5-1　PLC 控制系统设计步骤

（3）选择 PLC　主要包括 PLC 的机型、容量、I/O 模块及电源模块的选择。

（4）分配 PLC 的 I/O 地址　根据已确定的 I/O 设备和选定的 PLC，列出 I/O 设备与 PLC 点的地址分配表，以便绘制 PLC 外部 I/O 接线图和编制程序。

（5）设计软件及硬件　进行 PLC 程序设计，进行控制台（柜）等硬件的设计及现场施工。由于程序设计与硬件设计可同时进行，因此 PLC 控制系统的设计周期可显著缩短，而对于继电-接触器控制系统，必须设计出全部的电气控制线路后才能施工设计。

（6）调试　包括模拟调试和联机调试。

① 模拟调试。根据 I/O 模块指示灯的显示，不带输出设备进行调试。要逐条进行检查和验证，改正程序设计中的逻辑、语法、数据错误或输入过程中的按键及传输错误，观察在可能的情况下各个输入量、输出量之间的关系是否符合设计要求。发现问题要及时修改设计，直到完全满足工作循环图或状态流程图的要求。

② 联机调试。分两步进行：首先连接电气控制柜，带上输出设备（如接触器线圈、信号指示灯等），不带负载（如电动机、电磁阀等），利用编程器或编程软件的监视功能，采用分段调试的方法进行，检查各输出设备的工作情况；待各部分调试正常后，再带上负载运行调试。如不符合要求，要对硬件和程序进行调整，直到完全满足设计要求为止。

全部调试完成后，还要经过一段时间的试运行，以检查系统的可靠性。如果工作正常，程序不需要修改，应将程序固化到 EPROM 中，以防程序丢失。

（7）编制技术文件　包括设计说明书、电气元件明细表、电气原理图和安装图、状态表、梯形图及软件资料和使用说明书等。

（二）PLC 的选择

1. PLC 机型的选择

选择 PLC 机型的基本原则是：在满足控制要求的前提下，工作可靠，使用维护方便，以获得最佳的性能价格比。PLC 的型号种类很多，选择时应考虑以下几个问题：

（1）PLC 的性能应与控制任务相适应　对于开关量控制的控制系统，当对控制任务要求不高时，选择小型 PLC（如三菱 FX$_{2N}$ 系列的 FX$_{2N}$－16MR、FX$_{2N}$－32MR、FX$_{2N}$－48MR 和 FX$_{2N}$－64MR 等），就能满足控制要求。

对于以开关量为主、带少量模拟量控制的系统，如工业生产中常遇到的温度、压力、流量和液位等连续量的控制，应选用带有 A－D 转换的模拟量输入模块和带 D－A 转换的模拟量输出模块，配接相应的传感器、变送器和驱动装置，并且选择运算功能较强的小型 PLC。

对于控制比较复杂、控制要求高的系统，如要求实现 PID 运算、闭环控制、通信联网等，可视控制规模及复杂程度，选择中档 PLC 或高档 PLC。其中高档机主要用于大规模过程控制、分散式控制及整个工厂的自动化等。

（2）PLC 机型系列应统一　在一个企业，应尽量使用同一系列的 PLC。这不仅使模块通用性好，减少备件量，而且给编程和维修带来极大的方便，也有利于技术力量的培训、技术水平的提高和功能的开发，有利于系统的扩展升级和资源共享。

（3）PLC 的处理速度应满足实时控制的要求　PLC 工作时，从信号输入到输出控制存在滞后现象，一般有 1~2 个扫描周期的滞后时间，对一般的工业控制来说，这是允许的，但在一些要求较高的场合，不允许有较大的滞后时间。滞后时间一般应控制在几十毫秒之内，应小于普通继电器的动作时间（约100ms）。通常为了提高 PLC 的处理速度，可采用以下几种方法：

1）选择 CPU 处理速度快的 PLC，使执行一条基本指令的时间不超过 0.5μs。

2）优化应用软件，缩短扫描周期。

3）采用高速度响应模块。其响应时间可以不受 PLC 扫描周期的影响，只取决于硬件的延时。

（4）应考虑是否在线编程　PLC 的编程分为离线编程和在线编程两种。

离线编程的 PLC，主机和编程器共用一个 CPU，在编程器上有一个"编程/运行"选择开关，选择编程状态时，CPU 将失去对现场的控制，只为编程器服务，这就是所谓的"离线"编程。程序编好后，如选择"运行"状态，CPU 则去执行程序而对现场进行控制。由于节省了一个 CPU，价格比较便宜，中、小型 PLC 多采用离线编程。

在线编程的 PLC，主机和编程器各有一个 CPU。编程器的 CPU 随时处理由键盘输入的各种编程指令，主机的 CPU 则负责对现场的控制，并在一个扫描周期结束时和编程器通信，编程器把编好或修改好的程序发送给主机，在下一个扫描周期主机将按新送入的程序控制现场，这就是"在线"编程。由于增加了 CPU，故价格较高，大型 PLC 多采用在线编程。

是否采用在线编程，应根据被控设备工艺要求来选择。对于工艺不常变动的设备和产品定型的设备，应选用离线编程的 PLC。反之，可考虑选用在线编程的 PLC。

2. PLC 容量的选择

PLC 容量的选择，包括两个方面：一是 I/O 点数的选择；二是用户存储器容量的选择。

（1）I/O 点数的选择　I/O 点数是衡量 PLC 规模大小的重要指标，根据控制任务估算出所需的 I/O 点数是硬件设计的重要内容。由于 PLC 的 I/O 点的价格目前还比较高，因此应该合理选用 PLC 的 I/O 点数，在满足控制要求的前提下力争使 I/O 点最少。根据被控对象的 I/O 信号的实际需要，在实际估算出 I/O 点数的基础上，取 10% ～ 15% 的裕量，就可选择相应规模的 PLC。

（2）用户存储器容量的选择　PLC 用户程序所需内存容量一般与开关量输入/输出点数、模拟量输入/输出点数及用户程序编写的质量等有关。对控制较复杂、数据处理量较大的系统，要求的存储器容量就要大些。对于同样的系统，不同用户编写的程序可能会使程序长度和执行时间差别很大。PLC 的用户存储器容量以步为单位。

PLC 用户存储器的容量可按下面经验公式估算：

$$存储器容量 = 开关量 I/O 总点数 \times 10 + 模拟量通道数 \times 100$$

再考虑 20% ～ 30% 的裕量，即为实际应取的用户存储器容量。

3. I/O 模块的选择

（1）开关量输入模块的选择　PLC 输入模块的任务是检测并转换来自现场设备（按钮、限位开关、接近开关及温控开关等）的高电平信号为机器内部的电平信号。

输入模块的类型：按工作电压分，常用的有直流 5V、12V，交流 110V 等；按输入点数分，常用的有 4 点、8 点、16 点等；按外部接线方式分，有汇点式输入、分组式输入等。

选择输入模块时，主要考虑两个问题：一是现场输入信号与 PLC 输入模块距离的远近，一般 24V 以下属低电平，其传送距离不能太远，如 12V 电压模块的传送距离一般不超过 10m。距离较远的设备应选用较高电平的模块。二是对于高密度输入模块，能允许同时接通的点数取决于输入电压和环境温度。如 32 点输入模块，一般同时接通的点数不得超过总输入点数的 60%。

（2）开关量输出模块的选择　PLC 输出模块的任务是将 PLC 内部低电平信号转换为外部所需电平的输出信号，驱动外部负载。输出模块有 3 种输出方式：继电器输出、晶闸管输出和晶体管输出。

晶闸管输出（交流）和晶体管输出（直流）都属于无触点开关输出，适用于开关频率高、电感性、功率因数低的负载。由于感性负载在断开瞬间会产生较高反电压，必须采取抑制措施。继电器输出模块价格便宜，使用电压范围广，导通压降小，承受瞬时过电压、过电流的能力较强，且有隔离作用。其缺点是寿命较短，响应速度较慢。

按 PLC 的输出接线方式的不同，一般有分组式输出和分隔式输出两种。

选择输出模块时必须注意：输出模块同时接通点数的电流必须小于公共端所允许通过的电流值，输出模块的输出电流必须大于负载电流的额定值。如果负载电流较大，输出模块不能直接驱动，则应增加中间放大环节。

（3）特殊功能模块的选择　在工业控制中，除了开关量信号，还有温度、压力和流量等过程变量。模拟量输入、模拟量输出以及温度控制模块的作用就是将过程变量转化为 PLC 可以接收的数字信号或者将 PLC 内的数字信号转化为模拟信号输出。此外，还有位置控制、脉冲计数、联网通信和 I/O 连接等多种特殊功能模块，可以根据控制需要选用。

4. 电源模块及其他外设的选择

（1）电源模块的选择　电源模块的选择仅是对于模块式 PLC 而言的，对于整体式 PLC

不存在电源选择的问题。

电源模块的选择主要考虑电源输出额定电流和电源输入电压。电源输出额定电流必须大于 CPU 模块、I/O 模块和其他特殊功能模块等消耗电流的总和，同时还应考虑今后 I/O 模块的扩展等因素。电源输入电压一般根据现场的实际需要而定。

（2）编程器的选择　对于小型控制系统或不需要在线编程的系统，一般选用价格低廉的简易编程器。对于由中、高档 PLC 构成的复杂系统或需要在线编程的系统，可以选用功能强、编程方便的智能编程器，但智能编程器的价格较高。若现场有个人计算机，则可以利用 PLC 的编程软件，在个人计算机上实现编程器的功能。

（3）写入器的选择　为了防止环境干扰或锂电池电压不足等原因破坏 RAM 中的用户程序，可选用 EPROM 写入器，通过它将用户程序固化在 EPROM 中，有些 PLC 或其编程器本身就具有 EPROM 写入的功能。

三、项目实施

（一）训练目标

1）根据控制要求进行输入/输出分配，并绘制输入/输出接线图。

2）利用根据继电-接触器控制电路设计梯形图的方法将 Z3040 型摇臂钻床控制电路图转换为梯形图。

3）学会 FX 系列 PLC 的外部接线方法。

4）熟练使用三菱 GX Works2 编程软件进行程序输入，并写入 PLC 进行调试运行，查看运行结果。

（二）设备与器材

本项目所需设备与器材见表 5-1。

表 5-1　所需设备与器材

序　号	名　　称	型号规格	数　量	备　注
1	常用电工工具	十字螺钉旋具、一字螺钉旋具、尖嘴钳及剥线钳等	1 套	表中所列设备、器材的型号规格仅供参考
2	计算机（安装 GX Works2 编程软件）		1 台	
3	天煌 THPLC 实训台		1 台	
4	Z3040 型摇臂钻床模拟电气控制挂件		1 个	
5	连接导线		若干	

（三）内容与步骤

1. 项目任务

Z3040 型摇臂钻床是一个多台电动机拖动系统，其主电路和控制电路如图 5-2 所示，模拟电气控制面板如图 5-3 所示。采用 PLC 控制时，必须满足如下控制要求：

1）主轴电动机 M1 为单向运行，由 KM1 控制。主轴正反转是另一套由主轴电动机拖动齿轮泵送出液压油的液压系统经"主轴变速、正反转及空档"操作手柄来控制的。

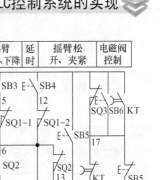

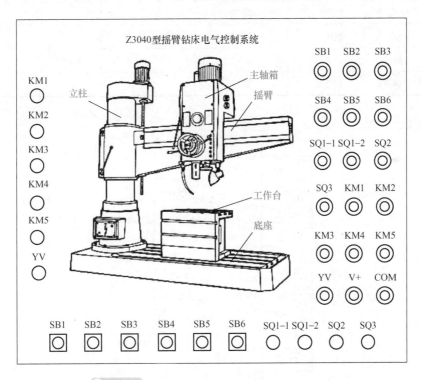

图 5-2　**Z3040** 型摇臂钻床的电气控制原理电路图

图 5-3　**Z3040** 型摇臂钻床模拟电气控制面板

2）摇臂升降电动机 M2 正反转运行分别由接触器 KM2、KM3 控制。

3）摇臂放松、夹紧液压泵电动机 M3 的正反转分别由接触器 KM4、KM5 控制。

4）完成各种操作之间的互锁控制及延时控制。冷却根据加工任务来选用，冷却泵电动机 M4 控制简单，故采用 SA1 手动控制。

2. I/O 地址分配与接线图

I/O 分配见表 5-2。

表 5-2　I/O 分配

输　入			输　出		
设 备 名 称	符　号	X 元件编号	设 备 名 称	符　号	Y 元件编号
M1 停止按钮	SB1	X000	M1 接触器	KM1	Y000
M1 起动按钮	SB2	X001	M2 正转接触器	KM2	Y001
M2 正转起动按钮	SB3	X002	M2 反转接触器	KM3	Y002
M2 反转起动按钮	SB4	X003	M3 正转接触器	KM4	Y003
M3 正转点动起动按钮	SB5	X004	M3 反转接触器	KM5	Y004
M3 反转点动起动按钮	SB6	X005	电磁阀	YV	Y005
摇臂上升限位开关	SQ1 - 1	X006			
摇臂下降限位开关	SQ1 - 2	X007			
摇臂放松限位开关	SQ2	X010			
摇臂夹紧限位开关	SQ3	X011			
M1 热继电器常开触点	FR1	X012			
M3 热继电器常开触点	FR2	X013			

I/O 接线图如图 5-4 所示。

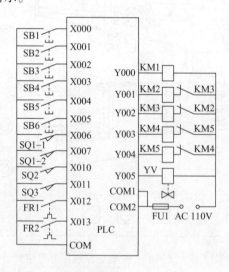

图 5-4　I/O 接线图

3. 编制程序

利用根据继电-接触器控制电路转换为梯形图程序的设计方法（转化法）将 Z3040 型摇臂钻床控制电路图转换为梯形图，如图 5-5 所示。

198

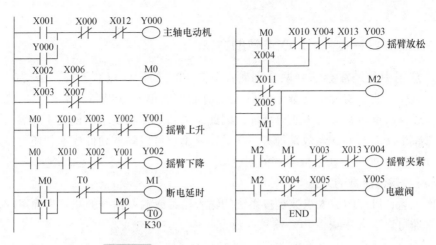

图 5-5　Z3040 型摇臂钻床 PLC 控制梯形图

4. 调试运行

利用 GX Works2 编程软件将编写的梯形图程序写入 PLC，按照图 5-4 进行 PLC 输入/输出端接线，调试运行，观察运行结果。

（四）分析与思考

1）三菱 FX 系列 PLC 定时器是通电延时型、断电延时型？还是两者均有？

2）在 Z3040 型摇臂钻床电气控制电路转换为梯形图时，其断电延时型时间继电器是如何实现的？

四、项目考核

项目实施考核见表 5-3。

表 5-3　项目实施考核表

序号	考核内容	考核要求	评分标准	配分	得分
1	PLC 控制系统设计	（1）能正确分配 I/O，并绘制 I/O 接线图 （2）根据控制要求，正确编制梯形图程序	（1）I/O 分配错或少，每个扣 5 分 （2）I/O 接线图设计不全或有错，每处扣 5 分 （3）梯形图表达不正确或画法不规范，每处扣 5 分	40 分	
2	安装与连线	根据 I/O 分配，正确连接电路	（1）连线每错 1 处，扣 5 分 （2）损坏元器件，每件扣 5～10 分 （3）损坏连接线，每根扣 5～10 分	20 分	
3	调试与运行	能熟练使用编程软件编制程序写入 PLC，并按要求调试运行	（1）不会熟练使用编程软件进行梯形图的编辑、修改、转移、写入及监视，每项扣 2 分 （2）不能按照控制要求完成相应的功能，每缺 1 项扣 5 分	20 分	
4	安全操作	确保人身和设备安全	违反安全文明操作规程，扣 10～20 分	20 分	
合　计					

五、知识拓展——减少 I/O 点数的方法

在 PLC 应用中，经常会遇到两个问题：一是 PLC 的 I/O 点数不够，需要扩展，然而 PLC 的每个 I/O 点的平均价格在数十元以上，增加扩展单元将提高成本；二是选定的 PLC 可扩展输入或输出点数有限，无法再增加。因此，在满足控制要求的前提下，合理使用 I/O 点数、尽量减少所需的 I/O 点数是很有意义的，这不仅可以降低硬件成本，还可以解决已使用的 PLC 进行再扩展时 I/O 点数不够的问题。

（一）减少输入点数的方法

从表面上看，PLC 的输入点数是按系统的输入设备或输入信号的数量来确定的，但实际应用中经常通过以下方法减少 PLC 输入点数。

1. 分时分组输入

一般控制系统都存在多种工作方式，但各种工作方式又不可能同时运行。所以，可将这几种工作方式分别使用的输入信号分成若干组，PLC 运行时只会用到其中的一组信号。因此，各组输入可共用 PLC 的输入点，这样就使所需的 PLC 输入点数减少。

如图 5-6 所示，系统有"自动"和"手动"两种工作方式。将这两种工作方式分别使用的输入信号分成两组："自动"输入信号 S1 ~ S8、"手动"输入信号 Q1 ~ Q8。两组输入信号使用 PLC 输入点 X000 ~ X007（如 S1 与 Q1 共用 PLC 输入点 X000）。用"工作方式"选择开关 SA 来切换"自动"和"手动"信号输入电路，并通过 X010 让 PLC 识别是"自动"信号，还是"手动"信号，从而执行"自动"程序或"手动"程序。

图 5-6 中的二极管是为了防止出现寄生电路、产生错误输入信号而设置的。假如图中没有这些二极管，当系统处于"自动"状态时，若 S1 闭合，S2 断开，Q1、Q2 闭合，本应该是 X000 有输入，而 X001 没有输入，但由于没有二极管隔离，电流从 X000 流出，经 Q2→Q1→S1→COM 形成寄生回路，使输入继电器 X001 错误地接通。因此，必须串入二极管切断寄生回路，避免错误输入信号的产生。

2. 输入触点的合并

将某些功能相同的开关量输入设备合并输入。如果是常闭触点则串联输入，如果是常开触点则并联输入，这样就只占用 PLC 的一个输入点。一些保护电路和报警电路就常常使用这种输入方法。

例如，某负载可在三处起动和停止，可以将三个起动信号并联，将三个停止信号串联，分别送给 PLC 的 2 个输入点，如图 5-7 所示。与每个起动信号和停止信号占用 1 个输入点的方法相比，不仅节省了输入点，还简化了梯形图程序。

3. 将输入信号设置在 PLC 之外

系统中的某些输入信号，例如手动操作按钮和过载保护动作后需手动复位的电动机热继电器 FR 的常闭触点提供的信号等，可以设置在 PLC 外部的硬件电路中，如图 5-8 所示。如果外部硬件联锁电路过于复杂，则应考虑仍将有关信号送入 PLC 中，用梯形图实现联锁。

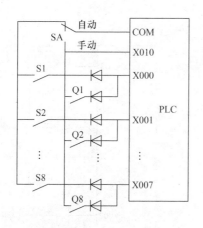

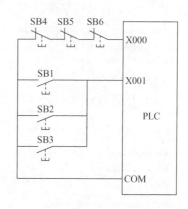

图 5-6　分时分组输入　　　　　**图 5-7**　输入触点的合并

（二）减少输出点数的方法

1. 矩阵输出

图 5-9 中 8 个输出组成 4×4 矩阵，可接 16 个输出设备。要使某个负载接通工作，只要控制它所在的行与列对应的输出继电器接通即可。要使负载 KM1 得电，必须控制 Y000 和 Y004 输出接通。因此，在程序中要使某一负载工作，均要使其对应的行与列输出继电器都要接通。这样用 8 个输出点就可控制 16 个不同控制要求的负载。

注意：只有某一行对应的输出继电器接通，各列对应的输出继电器才可任意接通，或者只有某一列对应的输出继电器接通，各行对应的输出继电器

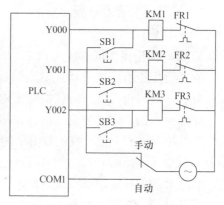

图 5-8　输入信号设置在 PLC 外部

才可任意接通，否则将会出现错误接通负载。因此采用矩阵输出时，必须将同一时间段接通的负载安排在同一行或同一列，否则无法控制。

2. 分组输出

当两组负载不会同时工作时，可通过外部转换开关或通过受 PLC 控制的电气触点进行切换，这样 PLC 的每个输出点可以控制两个不同时工作的负载，如图 5-10 所示。KM1、KM3、KM5 与 KM2、KM4、KM6 这两组不会同时接通，可用外部转换开关 SA 进行切换。

3. 并联输出

两个通断状态完全相同的负载可并联后共用 PLC 的一个输出点。注意：当 PLC 输出点同时驱动多个负载时，应考虑 PLC 点是否有足够的驱动能力。

4. 负载多功能化

负载多功能化是指一个负载实现多种用途。例如，在传统的继电器电路中，1 个指示灯只指示 1 种状态。而在 PLC 系统中，很容易实现用 1 个输出点控制指示灯的常亮和闪亮，这样 1 个指示灯就可指示两种状态，既节省了指示灯，又减少了输出点。

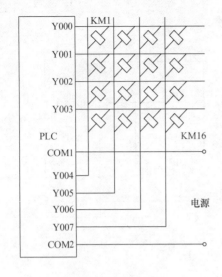

图 5-9 矩阵输出

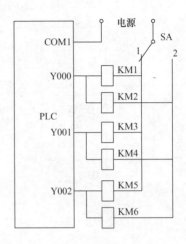

图 5-10 分组输出

5. 某些输出设备可不接入 PLC

在需要用指示灯显示 PLC 驱动的负载（例如接触器线圈）状态时，可以将指示灯与负载并联，并联时指示灯与负载的额定电压应相同，总电流不应超过允许值。可以选用电流小、工作可靠的 LED（发光二极管）指示灯。

系统中某些相对独立或比较简单的部分，可以不接入 PLC，直接用继电器电路来控制，这样就减少了所需的 PLC 的输入点和输出点。

以上介绍的一些常用的减少 I/O 点数的方法，仅供读者参考，实际应用中应根据具体情况，灵活使用。注意：不要过分去减少 PLC 的 I/O 点数，以免使外部附加电路变得复杂，从而影响系统的可靠性。

六、项目总结

PLC 控制系统设计的主要环节为控制系统的软、硬件设计，就软件（即 PLC 控制程序）设计而言，根据继电-接触器控制电路设计梯形图的方法是最为简单的。

本项目通过 Z3040 型摇臂钻床的电气控制系统的 PLC 改造来学习 PLC 控制系统设计的原则、内容及步骤，以期为后面较为复杂的控制系统设计打好基础。

项目十五　机械手 PLC 控制系统的安装与调试

一、项目导入

能模仿人手和臂的某些动作功能，用以按固定程序抓取、搬运物件或操作工具的自动操作装置都称为机械手。机械手是较早出现的工业机器人，也是较为简单的现代机器人，它可代替人的繁重劳动以实现生产的机械化和自动化，能在有害环境下操作以保护人身安全，因而广泛应用于机械制造、冶金、电子、轻工和核能等行业。

本项目以机械手的 PLC 控制系统为例，学习 PLC 控制系统设计的内容、方法和步骤。

二、相关知识

（一）顺序控制设计法

1. 顺序控制设计法概述

顺序控制，就是按照生产工艺预先规定的顺序，在各个输入信号的作用下，根据内部状态和时间的顺序，在生产过程中各个执行机构自动有序地进行操作。针对顺序控制系统，设计程序时首先根据系统的工艺过程，画出顺序功能图，然后根据顺序功能图设计梯形图，此方法称为顺序控制设计法。

顺序控制设计法的最基本的思想是将系统的一个工作周期划分为若干个顺序相连的阶段，这些分阶段称为步（Step），并用编程元件（例如状态继电器 S 或内部辅助继电器 M）来代表各步，步是根据输出量的状态变化来划分的。

顺序控制设计法用转移条件控制代表各步的编程元件，让它们的状态按一定的顺序变化，然后用代表各步的编程元件去控制 PLC 的各输出位。

2. 顺序控制设计法设计的基本步骤及内容

（1）步的划分　分析被控对象的工作过程及控制要求，将系统的工作过程划分成若干步。如图 5-11a 所示，步是根据 PLC 输出状态的变化来划分的，在每一步内 PLC 各输出量状态均保持不变，但是相邻两步输出量总的状态是不同的。步的这种划分方法使代表各步的编程元件的状态与各输出量的状态之间有着极为简单的逻辑关系。

步也可以根据被控对象工作状态的变化来划分，但被控对象工作状态的变化应该是由 PLC 输出状态的变化引起的。如图 5-11b 所示，某液压滑台的整个工作过程可划分为原位、快进、工进和快退四步。但这四步的改变都必须是由 PLC 输出状态变化引起的，否则就不能这样划分，例如从快进转为工进与 PLC 输出无关，那么快进和工进只能作为一步。

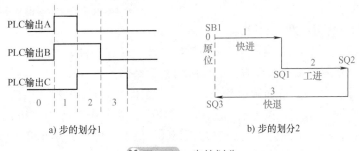

a) 步的划分1　　　　b) 步的划分2

図 5-11　步的划分

（2）转移条件的确定　转移条件是使系统从当前步进入下一步的信号。转移条件可能是外部输入信号，如按钮、行程开关的接通/断开等，也可能是 PLC 内部产生的信号，如定时器和计数器的触点的接通/断开等，还可能是若干个信号的与、或、非逻辑组合。图 5-11b 所示的 SB1、SQ1、SQ2 和 SQ3 均为转移条件。

（3）顺序功能图的绘制　划分了步并确定了转移条件后，就应根据以上分析和被控对象的工作内容、步骤、顺序及控制要求画出顺序功能图。这是顺序控制设计法中最关键的一个步骤。

（4）梯形图的绘制　根据顺序功能图，采用某种编程方式设计出梯形图程序。如果PLC支持功能图语言，则可直接使用顺序功能图作为最终程序。

下面将介绍顺序控制编程方式的相关内容。

（二）使用通用逻辑指令的编程方式

使用通用逻辑指令的编程方式又称为起保停电路编程方式。起保停电路仅仅使用与触点和线圈有关的通用逻辑指令，如 LD、AND、OR、ANI 和 OUT 等。各种型号 PLC 都有这一类指令，所以这是一种通用的编程方式，适用于各种型号 PLC。编程时用辅助继电器 M 来代表步。某一步为活动步时，对应的辅助继电器为"1"状态，转移实现时，该转移的后续步变为活动步，前级步变为不活动步。由于转移条件大都是短信号，即它存在的时间比它激活后续步的时间短，因此应使用有记忆（保持）功能的电路来控制代表步的辅助继电器。这类电路有起保停电路和使用 SET、RST 指令编制程序的电路。

如图 5-12a 所示，M(i−1)、Mi 和 M(i+1) 是功能图中顺序相连的 3 步，Xi 是步 Mi 前级步 M(i−1) 的转移条件。

编程的关键是找出的它的起动条件和停止条件。根据转移实现的基本规则，转移实现的条件是它的前级步为活动步，并且满足相应的转移条件，所以 Mi 变为活动步的条件是M(i−1) 为活动步，并且转移条件 Xi = 1，在梯形图中则应将 M(i−1) 和 Xi 的常开触点相串联作为控制 Mi 步的起动电路，如图 5-12b 所示。当 Mi 和 X(i+1) 均为"1"状态时，步M(i+1) 变为活动步，这时步 Mi 应为不活动步，因此可以将 M(i+1) = 1 作为使 Mi 变为"0"状态的条件，即将 M(i+1) 的常闭触点与 Mi 的线圈串联。上述的逻辑关系用逻辑表达式表示为：$Mi = (M(i−1) \cdot Xi + Mi) \cdot \overline{M(i+1)}$，式中 i 表示第 i 步，i−1 表示 i 前

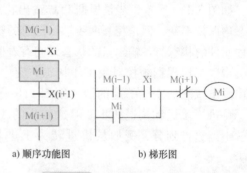

a) 顺序功能图　　　b) 梯形图

✖ 图 5-12　起保停电路编程方式

一步，i+1 表示 i 后一步，Xi 表示第 i 步成为活动步的转移条件。

（三）使用通用逻辑指令编程方式的单序列编程举例

图 5-13a 所示为某小车运动的示意图，小车初始停在 X002 位置，当按下起动按钮 X003 时，小车开始左行，左行至 X001 位置，小车改为右行，右行至 X002 位置，小车又改为左行，左行至 X000 位置时停下，小车开始右行，右行至 X002 位置停下并停在原位。

通用逻辑指令编程方式在单序列顺序控制中的应用

小车的运动过程分为四步，其顺序功能图如图 5-13b 所示，该功能图为单序列，采用起保停电路编程方式绘制的梯形图如图 5-13c 所示。

使用起保停电路编程方式在处理每一步的输出时应注意以下两点：

1）如果某一输出量仅在某一步中为 ON，则可以将它们的线圈分别与对应步的辅助继电器的线圈并联。

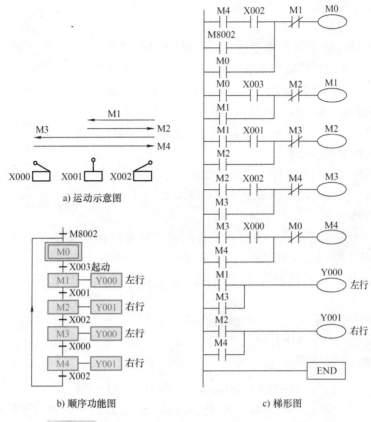

图5-13　使用起保停电路编程方式进行单序列的编程

2）如果某一输出继电器在几步中都应为 ON，应将代表各有关步的辅助继电器的常开触点并联后，驱动该输出继电器的线圈，如图 5-13c 所示，避免出现双线圈输出。

（四）用位移位指令实现顺序功能图单序列的编程

位移位指令是 FX 系列 PLC 常用的一条功能指令，灵活使用位移位指令不仅能提高 PLC 的编程技巧，还能培养初学者分析与解决问题的能力。

用位移位指令实现顺序控制单序列的编程

位移位指令具有保持顺序状态和通过相关继电器触点去控制输出的能力，因而在某些顺序控制问题中，采用位移位指令比采用基本指令编程要简单得多。图 5-14 所示为位左移指令的表达形式，当移位条件 X000 由 OFF 变为 ON 时，位左移指令 SFTL（P）将源操作数 M100 的状态（"0"或"1"）送到目标操作数 M10 ~ M1 中的最低位 M1，并将其余位向左依次移动一位，最高位 M10 移出。

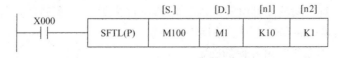

图5-14　位左移指令的表达形式

利用位移位指令的特点可以将顺序功能图转换成梯形图，下面以图 5-15 所示的顺序功能图为例介绍其转换步骤。

1. 位移位指令中位数的确定

位移位指令的位数 [n1] 至少要与顺序功能图中的步数或状态数相同。即用位移位指令中的每位代表顺序功能图中的每步的状态。当该位为逻辑"1"时，表示该步为活动步（得电）；为逻辑"0"时，表示该步为不活动步（不得电）。图5-15中，因有3步，所以 [n1] = 3，使用 M3 ~ M1 共3个辅助继电器来表示每步。

由于单序列顺序控制中，任一时刻只能有一步为活动步并且按顺序执行，所以每次只能移动一位，即 [n2] = 1。

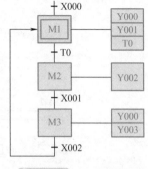

图 5-15 顺序功能图

2. 位移位指令中源操作数的确定

必须采用一个逻辑表达式，使得在系统的初始状态时，位移位指令的源操作数 M100 为"1"，而在其他时刻为逻辑"0"，这是因为在单序列顺序控制中，系统中每时刻只能有一个状态动作，而对位移位指令来说，整个目标操作数的所有位中只有一位为逻辑"1"。

对单序列顺序控制系统，这一逻辑关系可由表示系统初始位置的逻辑条件"与"顺序功能图中除了最后一步之外所有状态（步）的非来表示。图5-15所示初始位置的逻辑条件为 X000，移位指令的目标操作数为 M1、M2、M3，则置"1"的逻辑表达式为

$$M100 = (X000 + M3 \cdot X002) \cdot \overline{M1} \cdot \overline{M2}$$

初始位置时 X000 = 1，M1、M2、M3 均为逻辑"0"，其"非"则为逻辑1，即初始位置时 M100 = 1。而当系统运行到其他状态时，M2 ~ M1 中总有一个为"1"，则 M100 = 0，这就保证在整个顺序程序运行的过程中，有且只有一步为"1"，并且这个逻辑"1"，一位一位地在顺序功能图移动，每移动一位表明开始下一个状态，关闭当前状态。

3. 位移位指令中移位条件的确定

移位条件由移位信号控制，一般由顺序功能图中的转移条件提供。同时，为了形成固定顺序，防止意外故障，并考虑到转移条件可能重复使用，每个转移条件必须有约束条件。在位移位指令中，一般采用上一步的状态（M1、M2…）"与"当前要进入下一步的转移条件（X001、X002…）来作为移位信号，因而根据图5-15有

$$SFT = X000 + M1 \cdot T0 + M2 \cdot X001$$

也可以根据具体情况采用其他方法完成移位信号的设置，如采用秒脉冲 M8013 控制移位等。

4. 顺序控制中循环运行的实现

当顺序功能图中一个工作周期完成后，需要继续下一周期运行，通常用顺序功能图最后一个步（或状态）对应的辅助继电器"与"转移条件来做下一次循环运行的启动信号。另外，也可根据控制要求的实际情况，采用手动复位。

5. 顺序功能图中动作输出方程的确定

一般情况下，动作对应的输出元件的逻辑等于对应状态的辅助继电器。当一个输出元件对应多个状态时，等于多个状态的辅助继电器相"或"，则动作输出方程的逻辑表达式为

$Y000 = M1 + M3$　$Y001 = M1$

$Y002 = M2$　$Y003 = M3$　$T0 = M1$

用位左移指令实现顺序控制的梯形图如图 5-16 所示。

三、项目实施

（一）训练目标

1）初步学会使用通用逻辑指令编程方式设计顺序控制程序。

2）根据控制要求绘制单序列顺序功能图，并用通用逻辑指令编程方式编制梯形图。

3）能使用位左移指令编制单序列顺序控制梯形图。

4）学会 FX 系列 PLC 的外部接线方法。

5）熟练使用三菱 GX Works2 编程软件进行程序输入，并写入 PLC 进行调试运行，查看运行结果。

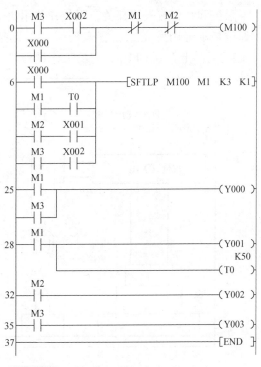

✖ 图 5-16 用位左移指令实现顺序控制的梯形图

（二）设备与器材

本项目所需设备与器材见表 5-4。

表 5-4　所需设备与器材

序　号	名　　称	型号规格	数　量	备　注
1	常用电工工具	十字螺钉旋具、一字螺钉旋具、尖嘴钳及剥线钳等	1 套	表中所列设备、器材的型号规格仅供参考
2	计算机（安装 GX Works2 编程软件）		1 台	
3	天煌 THPLC 实训台		1 台	
4	机械手模拟控制挂件		1 个	
5	连接导线		若干	

（三）内容与步骤

1. 项目任务

本装置是将工件由 A 处传送到 B 处的机械手，其动作模拟控制面板如图 5-17 所示。上升/下降和左移/右移的执行用双线圈二位电磁阀推动气缸完成。当某个电磁阀线圈通电，就一直保持现有的机械动作，例如一旦下降的电磁阀线圈通电，机械手下降，即使线圈再断电，仍保持现有的下降动作状态，直到相反方向的线圈通电为止。另外，夹紧/放松由单线圈二位电磁阀推动气缸完成，线圈通电执行夹紧动作，线圈断电时执行放松动作。设备装有上、下限位和左、右限位开关，限位开关用钮子开关来模拟，所以在操作中应为点动。电磁阀和原位指示灯用发光二极管来模拟。本装置的起始状态应为原位（即 SQ2 与 SQ4 应为 ON，起动后马上打到 OFF），它的工作过程如图 5-18 所示，有八个动作。

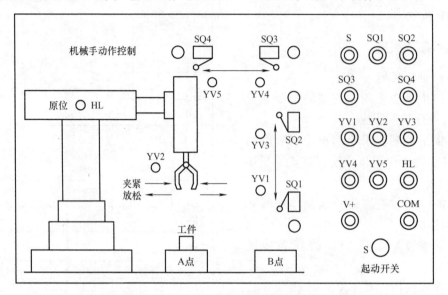

图 5-17 机械手动作模拟控制面板

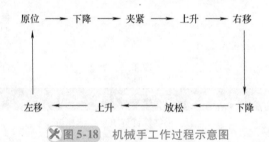

图 5-18 机械手工作过程示意图

2. I/O 地址分配与接线图

机械手 PLC 控制 I/O 分配见表 5-5。

表 5-5 机械手 PLC 控制 I/O 分配

输　　入			输　　出		
设 备 名 称	符　　号	X 元件编号	设 备 名 称	符　　号	Y 元件编号
起动开关	S	X000	下降电磁阀	YV1	Y000
下限位开关	SQ1	X001	夹紧/放松电磁阀	YV2	Y001
上限位开关	SQ2	X002	上升电磁阀	YV3	Y002
右限位开关	SQ3	X003	右移电磁阀	YV4	Y003
左限位开关	SQ4	X004	左移电磁阀	YV5	Y004
			原位指示灯	HL	Y005

机械手 PLC 控制 I/O 接线图如图 5-19 所示。

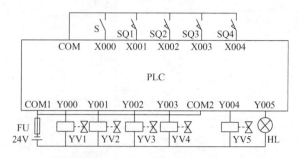

⚒ 图5-19 机械手 PLC 控制 I/O 接线图

3. 程序编制

1）使用通用逻辑指令编程方式编制机械手 PLC 控制程序。根据控制要求绘制顺序功能图，如图 5-20 所示。根据绘制的顺序功能图，用通用逻辑指令编程方式将其转换为梯形图，如图 5-21 所示。

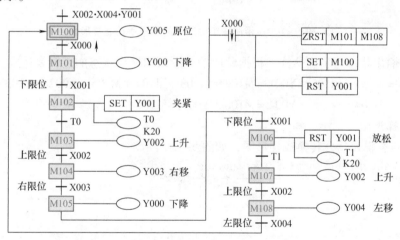

⚒ 图5-20 机械手控制顺序功能图

2）用位左移指令实现机械手控制程序。

① 根据顺序功能图确定位左移指令的位数为 9。

② 确定位左移指令源操作数逻辑表达式。

位左移指令源操作数的逻辑表达式为

$$M100 = X002 \cdot X004 \cdot \overline{Y001} \cdot \overline{M101} \cdot \overline{M102} \cdot \overline{M103} \cdot \overline{M104} \cdot \overline{M105} \cdot \overline{M106} \cdot \overline{M107}$$

③ 确定移位条件逻辑表达式。移位条件的逻辑表达式为

$$SFT = M100 \cdot X000 \uparrow + M101 \cdot X001 + M102 \cdot T0 + M103 \cdot X002 +$$
$$M104 \cdot X003 + M105 \cdot X001 + M106 \cdot T1 + M107 \cdot X002$$

④ 确定复位条件。将顺序功能图中的最后一步 M108 "与"转移条件 X004 作为对除了初始步 M100 以外的所有步的复位信号，以便开始下一周期的循环运行。

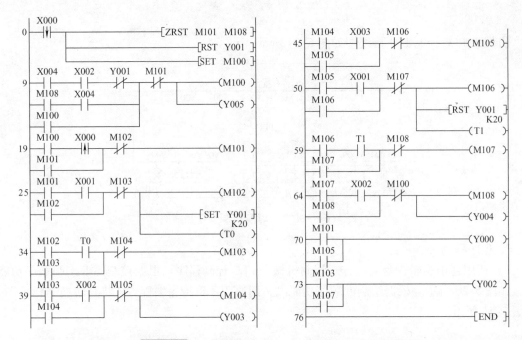

图 5-21 通用逻辑指令编制的机械手控制梯形图

⑤ 写出输出状态逻辑表达式。根据顺序功能图写出输出状态的逻辑表达式。

Y000 = M101 + M105　　Y001 = M102 + M103 + M104 + M105　　Y002 = M103 + M107

Y003 = M104　　　　　Y004 = M108　　Y005 = M100　　　　　　T0 = M102　　T1 = M106

⑥ 编制梯形图。

将上述的逻辑表达式转换成梯形图，如图 5-22 所示。

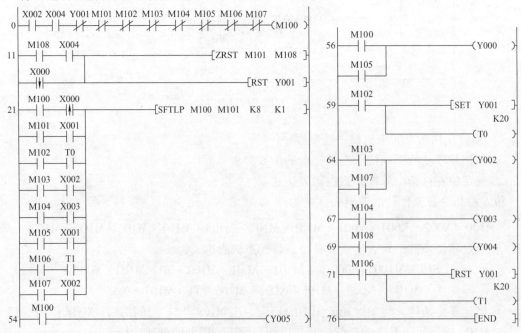

图 5-22　用位左移指令实现的机械手控制梯形图

4. 调试运行

利用 GX Works2 编程软件将编写的梯形图程序写入 PLC, 按照图 5-19 进行 PLC 输入/输出端接线, 让 PLC 主机处于运行状态, 开始时, 将 SQ2、SQ4 闭合, 机械手处于原位, 指示灯 HL 亮。合上起动开关 S, 操作相应的钮子开关, 观察机械手是否按控制要求运行。

（四）分析与思考

1）本项目机械手在运行过程中, 断开 S 时停止是如何实现的?

2）如果本项目中的起动开关改为起动按钮和停止按钮, 程序应如何编制?

四、项目考核

项目实施考核见表 5-6。

表 5-6　项目实施考核表

序号	考核内容	考核要求	评分标准	配分	得分
1	PLC 控制系统设计	（1）能正确分配 I/O, 并绘制 I/O 接线图 （2）根据控制要求, 正确编制梯形图程序	（1）I/O 分配错或少, 每个扣 5 分 （2）I/O 接线图设计不全或有错, 每处扣 5 分 （3）梯形图表达不正确或画法不规范, 每处扣 5 分	40 分	
2	安装与连线	根据 I/O 分配, 正确连接电路	（1）连线每错 1 处, 扣 5 分 （2）损坏元器件, 每件扣 5 ~ 10 分 （3）损坏连接线, 每根扣 5 ~ 10 分	20 分	
3	调试与运行	能熟练使用编程软件编制程序写入 PLC, 并按要求调试运行	（1）不会熟练使用编程软件进行梯形图的编辑、修改、转移、写入及监视, 每项扣 2 分 （2）不能按照控制要求完成相应的功能, 每缺 1 项扣 5 分	20 分	
4	安全操作	确保人身和设备安全	违反安全文明操作规程, 扣 10 ~ 20 分	20 分	
合　　计					

五、知识拓展

（一）通用逻辑指令编程方式在选择序列顺序控制中的应用

1. 选择序列分支的编程方法

如果某一步的后面有一个由 N （$2 \leqslant N \leqslant 8$）条分支组成的选择序列, 该步可能转到不同的 N 条分支的起始步去, 应将这 N 条分支的起始步对应的辅助继电器的常闭触点与该步的线圈串联, 作为结束该步的条件。

2. 选择序列合并的编程方法

对于选择序列的合并, 如果某一步之前有 N 个转移（即有 N 条分支在该步之前合并后进入该步）, 则代表该步的辅助继电器的起动电路由 N 条支路并联而成, 各支路由该步的前级步对应的辅助继电器的常开触点与相应转移条件对应的触点或电路串联而成。

3. 使用起保停电路编程方式的选择序列编程举例

许多公共场合都采用自动门，如图 5-23 所示，人靠近自动门时，感应器 SC 为 ON，KM1 动作驱动电动机高速开门，碰到开门减速开关 SQ1 时，变为减速开门。碰到开门极限开关 SQ2 时电动机停转，开始延时。若在 0.5s 内感应器检测到无人，KM3 动作驱动电动机高速关门。碰到关门减速开关 SQ3 时，改为减速关门，碰到关门极限开关 SQ4 时电动机停转。在关门期间若感应器检测到有人，停止关门，延时 0.5s 后自动转换为高速开门。

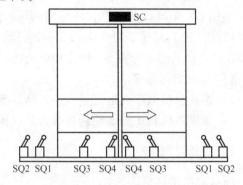

✖ 图 5-23　自动门系统结构示意图

（1）I/O 分配　根据系统的控制要求，分析该系统的 I/O 分配，见表 5-7。

表 5-7　自动门系统 I/O 分配

输　　入			输　　出		
设 备 名 称	符　　号	X 元件编号	设 备 名 称	符　　号	Y 元件编号
感应器	SC	X000	高速开门接触器	KM1	Y000
开门减速开关	SQ1	X001	减速开门接触器	KM2	Y001
开门极限开关	SQ2	X002	高速关门接触器	KM3	Y002
关门减速开关	SQ3	X004	减速关门接触器	KM4	Y003
关门极限开关	SQ4	X005			

（2）绘制顺序功能图　分析自动门的控制要求，自动门在关门时会有两种选择，关门期间无人要求进出时继续完成关门动作，而如果关门期间又有人要求进出的话，则暂停关门动作，开门让人进出后再关门。绘制顺序功能图，如图 5-24a 所示。

分析图 5-24a 可得如下结论：

1）步 M1 之前有一个选择性合并，当步 M0 为活动步并且转移条件 X000 满足时，或 M6 为活动步且转移条件 T1 满足时，步 M1 都变为活动步。

2）步 M4 之后有选择性分支的处理，它的后续步 M5 或 M6 变为活动步时，它应变为不活动步。

顺序功能图中，初始化脉冲 M8002 对初始步 M0 置位，当检测到有人时，就高速继而减速开门，门全开时延时 0.5s 后高速关门，此时有两种情况可供选择：一种是无人情况，碰到关门减速开关时（X004 为 ON）开始减速关门；另一种情况是正在高速关门时，检测到有人（X000 为 ON），系统就延时 0.5s 后重新高速开门。在步 M5 减速关门时，也有上述两种情况存在，所以有两个选择性分支。

（3）将顺序功能图转换为梯形图　根据通用逻辑指令编程方式，将顺序功能图转换成梯形图，如图 5-24b 所示。注意分支与汇合处的转移。

4. 使用起保停电路编程方式时仅有两步的闭环处理

如果在顺序功能图中有仅由两步组成的小闭环，如图 5-25a 所示，用起保停电路编

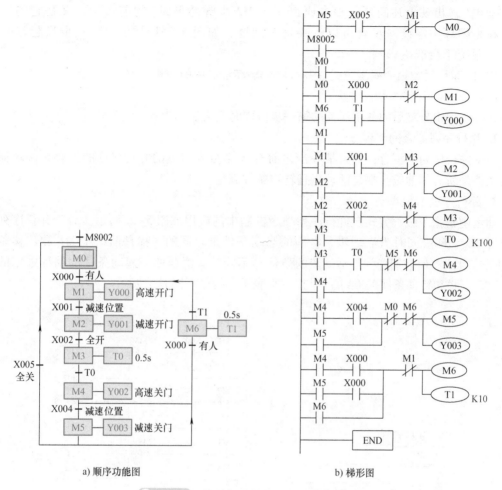

a) 顺序功能图

b) 梯形图

✖ 图5-24　使用起保停电路选择序列的编程

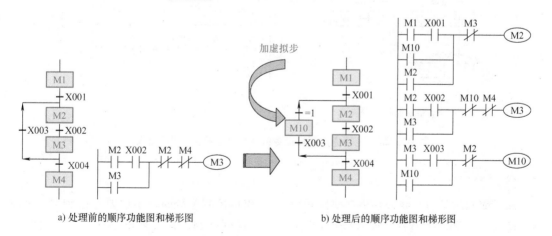

a) 处理前的顺序功能图和梯形图　　　　　　　b) 处理后的顺序功能图和梯形图

✖ 图5-25　仅有两步的闭环处理

程方式设计的梯形图不能正常工作。例如在 M2 和 X002 均为"1"状态时，M3 的起动电路接通，但是这时与 M3 线圈串联的 M2 的常闭触点却是断开的，所以 M3 的线圈不

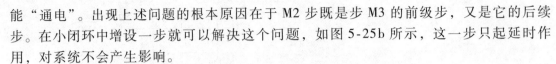

能"通电"。出现上述问题的根本原因在于 M2 步既是步 M3 的前级步，又是它的后续步。在小闭环中增设一步就可以解决这个问题，如图 5-25b 所示，这一步只起延时作用，对系统不会产生影响。

（二）通用逻辑指令编程方式在并行序列顺序控制中的应用

1. 并行序列分支的编程方法

并行序列中分支后的各单序列的第一步应同时变为活动步。

2. 并行序列汇合的编程方法

对于并行序列的汇合，如果某一步之前有 N 个分支组成的并行序列的汇合，该转移实现的条件是所有的前级步都是活动步且转移条件满足。

3. 并行序列编程举例

通用逻辑指令编程方式在并行序列顺序控制中的应用如图 5-26 所示。对于并行序列分支处，M2、M4 应同时为活动步，它们的起动条件是相同的，都是前级步 M1 和转移条件 X001 的"与"，但它们变为不活动步的条件是不同的。汇合处的起动条件的编程采用的是 M3、M5 串联和转移条件 X004 的"与"，来表示并行序列同时结束。

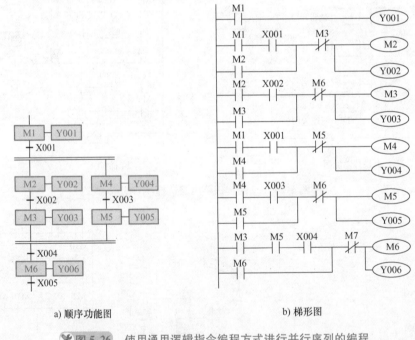

a) 顺序功能图　　　b) 梯形图

图 5-26　使用通用逻辑指令编程方式进行并行序列的编程

六、项目总结

通过前面的学习，我们知道在实际设计一个 PLC 控制系统时，不仅要考虑到 PLC 的程序，还要考虑 PLC 的选择、输入/输出的连接等一系列问题，只有真正做好各方面的工作，保证系统的软硬件都紧密配合、切实可行，系统才算设计完成。

本项目以机械手 PLC 控制系统的安装与调试为载体，学习了 PLC 控制系统实现的软硬件设计的方法。

项目十六　LED 数码显示 PLC 控制系统的安装与调试

一、项目导入

LED 数码管由七段发光二极管组成，根据各段数码管的亮暗可以显示 0~9 十个数字，广泛用于体育比赛、智力竞赛等场合，用于显示比分、队号等阿拉伯数字，具有显示醒目、直观的优点。

本项目以 LED 数码管显示 PLC 控制系统的安装与调试为例，学习 PLC 控制系统设计的内容、步骤和方法。

二、相关知识

（一）以转换为中心的编程方式

图 5-27 给出了以转换为中心的编程方式的顺序功能图与梯形图的对应关系。图 5-27a 中，要实现 Xi 对应的转移必须同时满足两个条件：前级步为活动步（$M(i-1)=1$）和转移条件满足（$Xi=1$），所以用 $M(i-1)$ 和 Xi 的常开触点串联组成的梯形图来表示上述条件，如图 5-27b 所示。当两个条件同时满足时，应完成两个操作：将后续步变为活动步（用 SET 指令将 Mi 置位），同时将前级步变为不活动步（用 RST 指令将 M（i-1）复位）。这种编程方式与转移实现的基本规则之间有严格的对应关系，用它编制复杂顺序功能图的梯形图时，更能显示其优越性。

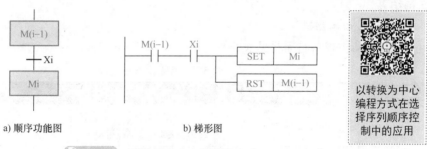

a) 顺序功能图　　　　b) 梯形图

以转换为中心编程方式在选择序列顺序控制中的应用

✖ 图 5-27　以转换为中心的编程方式

（二）以转换为中心编程方式的单序列编程举例

以转换为中心编程方式的单序列编程如图 5-28 所示。

使用这种编程方式时，不能将输出继电器的线圈与 SET 和 RST 指令并联。这是因为顺序功能图中前级步和转移条件对应的串联电路接通的时间是相当短的，转移条件满足后前级步马上被复位，该串联电路被断开，而输出继电器的线圈至少在某一步对应的全部时间内被接通，所以应根据顺序功能图用代表步的辅助继电器的常开触点或它们的并联电路来驱动输出继电器线圈。

三、项目实施

（一）训练目标

1）初步学会以转换为中心编程方式设计顺序控制程序。

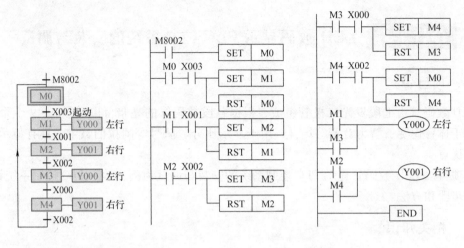

a) 顺序功能图　　　　　　　　　　　　b) 梯形图

✖ 图 5-28　以转换为中心单序列编程举例

2）根据控制要求绘制单序列顺序控功能图，并用以转换为中心的编程方式编制梯形图。

3）能使用位左移指令编制单序列顺序控制梯形图。

4）学会 FX 系列 PLC 的外部接线方法。

5）熟练使用三菱 GX Works2 编程软件进行程序输入，并写入 PLC 进行调试运行，查看运行结果。

（二）设备与器材

本项目所需设备与器材见表 5-8。

表 5-8　所需设备与器材

序　号	名　　称	型　号　规　格	数　量	备　注
1	常用电工工具	十字螺钉旋具、一字螺钉旋具、尖嘴钳及剥线钳等	1 套	表中所列设备、器材的型号规格仅供参考
2	计算机（安装 GX Works2 编程软件）		1 台	
3	天煌 THPLC 实训台		1 台	
4	LED 数码显示控制挂件		1 个	
5	连接导线		若干	

（三）内容与步骤

1. 项目任务

LED 数码显示控制面板如图 5-29 所示，合上开关 S 后，由八组 LED 模拟的七段数码管每隔 1s 显示 0、1、2、3、4、5、6、7、8 和 9，并依次循环运行，若断开 S，则立即停止。图中 A、B、C、D、E、F、G 用发光二极管模拟输出。

2. I/O 地址分配与接线图

LED 数码显示的 I/O 分配见表 5-9。

表 5-9 LED 数码显示的 I/O 分配

输 入			输 出		
设备名称	符 号	X 元件编号	设备名称	符 号	Y 元件编号
开关	S	X000	七段数码管 A 段	A	Y000
			七段数码管 B 段	B	Y001
			七段数码管 C 段	C	Y002
			七段数码管 D 段	D	Y003
			七段数码管 E 段	E	Y004
			七段数码管 F 段	F	Y005
			七段数码管 G 段	G	Y006

I/O 接线图如图 5-30 所示。

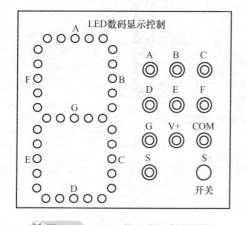

图 5-29 LED 数码显示控制面板

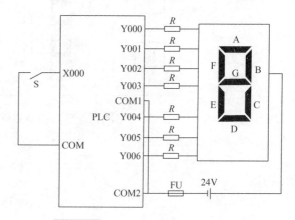

图 5-30 LED 数码显示 I/O 接线图

3. 编制程序

（1）以转换为中心编程方式编制 LED 数码显示控制程序

1）绘制顺序功能图。根据控制要求绘制顺序功能图，如图 5-31 所示。

2）编制梯形图。根据绘制的顺序功能图，用以转换为中心编程方式将其转换为梯形图，如图 5-32 所示。

（2）用位左移指令实现 LED 数码显示控制程序　由控制要求可以画出 LED 数码显示的流程图，如图 5-33 所示。

根据流程图确定位左移指令的位数 n1 = 10。

位左移指令源操作数的逻辑表达式为

$$M100 = M0 \cdot \overline{M1} \cdot \overline{M2} \cdot \overline{M3} \cdot \overline{M4} \cdot \overline{M5} \cdot \overline{M6} \cdot \overline{M7} \cdot \overline{M8} \cdot \overline{M9}$$

移位条件也就是向左移位所需要的控制信号，根据该控制系统的要求，可以采用 PLC 内部的特殊辅助继电器 M8013 的常开触点（每 1s 闭合 1 次）作为移位条件，即

$$SFT = M8013$$

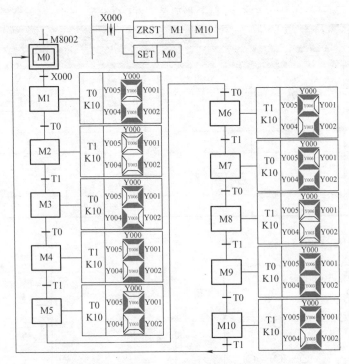

图 5-31 LED 数码显示顺序功能图

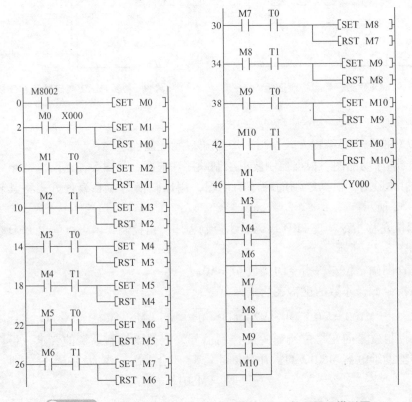

图 5-32 以转换为中心编程方式编制的 LED 数码显示梯形图

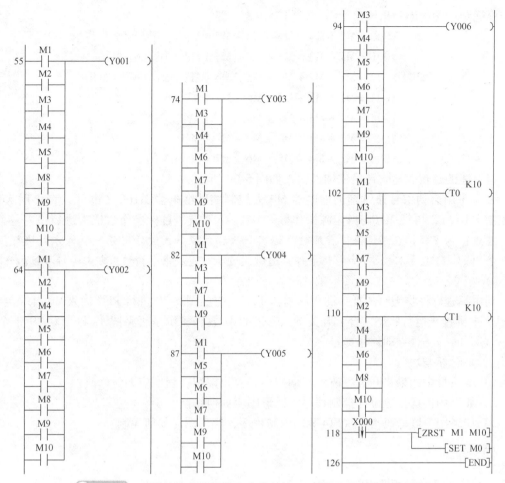

图 5-32　以转换为中心编程方式编制的 LED 数码显示梯形图（续）

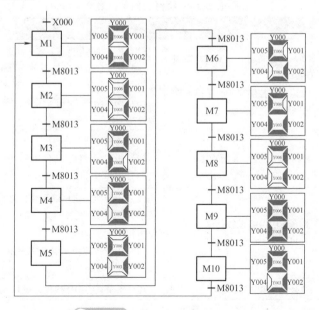

图 5-33　LED 数码显示流程图

根据顺序功能图写出输出状态的逻辑表达式，即

$$Y000 = M1 + M3 + M4 + M6 + M7 + M8 + M9 + M10$$

$$Y001 = M1 + M2 + M3 + M4 + M5 + M8 + M9 + M10$$

$$Y002 = M1 + M2 + M4 + M5 + M6 + M7 + M8 + M9 + M10$$

$$Y003 = M1 + M3 + M4 + M6 + M7 + M9 + M10$$

$$Y004 = M1 + M3 + M7 + M9$$

$$Y005 = M1 + M5 + M6 + M7 + M9 + M10$$

$$Y006 = M3 + M4 + M5 + M6 + M7 + M9 + M10$$

将上述的逻辑表达式转换成梯形图，如图 5-34 所示。

该程序用启动信号通过辅助继电器 M0 去控制辅助继电器 M100（也可以直接用 X000 去控制 M100），再把 M100 当作源操作数、M10 ~ M1 当作目标操作数依次进行位左移。

注意：为了保证在移位条件满足时只进行一次移位操作，最好用脉冲执行方式执行位左移指令 SFTL（P），以防止一个移位条件接通时间过长，造成每个扫描周期都进行移位操作。

4. 调试运行

利用编程软件将编写的梯形图程序写入 PLC，按照图 5-30 进行 PLC 输入/输出端接线，让 PLC 主机处于运行状态，合上开关 S，观察 LED 数码显示是否每隔 1s 显示 0 ~ 9 十个数字；S 断开时，是否立即停止显示。

（四）分析与思考

1）本项目中如果将开关 S 改为起动按钮和停止按钮，程序应如何修改？

2）如果用传送指令设计控制程序，梯形图应如何编制？

3）如果用 7 段译码指令（SEGD）编制程序，梯形图应如何编制？

四、项目考核

项目实施考核见表 5-10。

表 5-10 项目实施考核表

序号	考核内容	考核要求	评分标准	配分	得分
1	PLC 控制系统设计	（1）能正确分配 I/O，并绘制 I/O 接线图 （2）根据控制要求，正确编制梯形图程序	（1）I/O 分配错或少，每个扣 5 分 （2）I/O 接线图设计不全或有错，每处扣 5 分 （3）梯形图表达不正确或画法不规范，每处扣 5 分	40 分	
2	安装与连线	根据 I/O 分配，正确连接电路	（1）连线每错 1 处，扣 5 分 （2）损坏元器件，每件扣 5 ~ 10 分 （3）损坏连接线，每根扣 5 ~ 10 分	20 分	
3	调试与运行	能熟练使用编程软件编制程序写入 PLC，并按要求调试运行	（1）不会熟练使用编程软件进行梯形图的编辑、修改、转移、写入及监视，每项扣 2 分 （2）不能按照控制要求完成相应的功能，每缺 1 项扣 5 分	20 分	
4	安全操作	确保人身和设备安全	违反安全文明操作规程，扣 10 ~ 20 分	20 分	
			合　计		

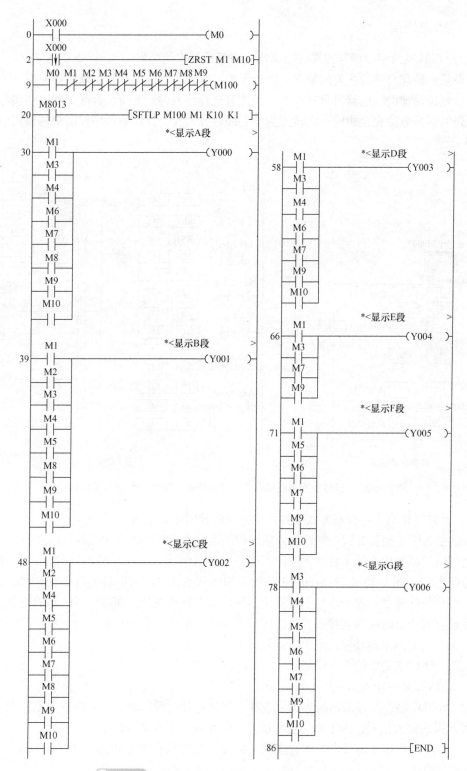

图 5-34　用位左移指令编制的 LED 数码显示梯形图

五、知识拓展

（一）以转换为中心编程方式在选择序列顺序控制中的应用

如果某一转移与并行序列的分支、汇合无关，那么它的前级步和后续步都只有一个，需要置位、复位的辅助继电器也只有一个，因此对选择序列的分支与汇合的编程方法实际上与对单序列的编程方法完全相同。以转换为中心编程方式在选择序列顺序控制中的编程应用如图 5-35 所示。

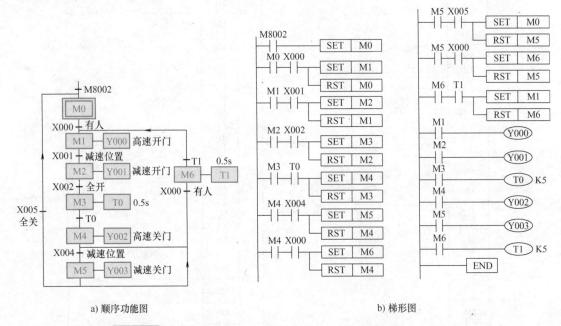

a) 顺序功能图　　　　　　　　　　　　　　　b) 梯形图

✕ 图 5-35　以转换为中心编程方式在选择序列顺序控制中的编程应用

（二）以转换为中心编程方式在并行序列顺序控制中的应用

以转换为中心编程方式在并行序列顺序控制的编程应用如图 5-36 所示。

使用以转换为中心的编程方式时，不能将输出继电器的线圈与 SET、RST 指令并联，这是因为图 5-32、图 5-35b、图 5-36b 中前级步和转移条件对应的串联电路接通的时间是相当短的，转移条件满足后前级步马上被复位，该串联电路被断开，而输出继电器的线圈至少在某一步对应的全部时间内被接通，所以应根据顺序功能图用代表步的辅助继电器的常开触点或它们的并联电路来驱动输出继电器线圈。

（三）PLC 应用中的若干问题

1. 对 PLC 某些输入信号的处理

1）当 PLC 输入设备采用两线式传感器（如接近开关等）时，它们的漏电流较大，可能会出现错误的输入信号，为了避免这种现象，可在输入端并联旁路电阻 R，如图 5-37 所示。

2）如果 PLC 输入信号由晶体管提供，则要求晶体管的截止电阻应大于 $10k\Omega$，导通电阻应小于 800Ω。

2. PLC 的安全处理

（1）短路保护　当 PLC 输出控制的负载短路时，为了避免 PLC 内部的输出元器件损坏，

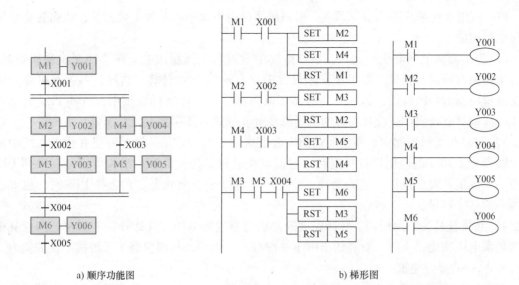

a) 顺序功能图　　　　　　　　　　　　　　　b) 梯形图

图 5-36　以转换为中心编程方式在并行序列顺序控制中的编程应用

应该在 PLC 输出的负载回路中加装熔断器，进行短路保护。

（2）感性输入/输出的处理　PLC 的输入端和输出端常接有感性元器件。若是直流感性负载，则应在感性负载两端并联续流二极管；若是交流感性负载，应在其两端并联阻容吸收回路，从而抑制电路断开时产生的电弧对 PLC 内部 I/O 元器件的影响，如图 5-38 所示。图中的电阻值可取 $50 \sim 120\Omega$；电容值可取 $0.1 \sim 0.47\mu F$，电容的额定电压应大于电源的峰值电压；续流二极管可选用额定电流为 1A、额定电压大于电源电压的 $2 \sim 3$ 倍的二极管。

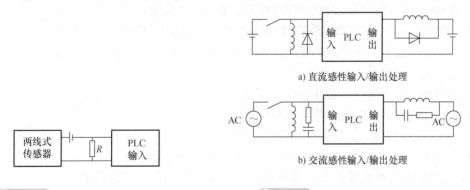

a) 直流感性输入/输出处理

b) 交流感性输入/输出处理

图 5-37　两线式传感器输入处理　　　　　　图 5-38　感性输入/输出的处理

（3）供电系统的保护　PLC 一般都使用单相交流电（220V、50Hz），电网的冲击、频率的波动将直接影响实时控制系统的精度和可靠性。电网的瞬间变化可产生一定的干扰，并传播到 PLC 系统中，电网的冲击甚至会给整个系统带来毁灭性的破坏。为了提高系统的可靠性和抗干扰性能，在 PLC 供电系统中一般采用隔离变压器、交流稳压器、UPS（Uninterruptible Power Supply，不间断电源）和晶体管开关电源等措施。

1）隔离变压器的一次侧和二次侧之间采用隔离屏蔽层，用漆包线或铜等非导磁材料绕成。一次侧和二次侧间的隔离屏蔽层与一次侧和二次侧间的零电位线相接，再用电容耦合接地。PLC 供电系统采用隔离变压器后，可以隔离供电电源中的各种干扰信号，从而提高系统的抗干扰性能。

2）为了抑制电网电压的起伏，PLC 系统中设置有交流稳压器。在选择交流稳压器时，其容量要留有裕量，裕量一般可按实际最大需求容量的 30% 计算。这样，一方面可充分保证交流稳压器的稳压特性，另一方面有助于其可靠工作。在实际应用中，有些 PLC 对电源电压的波动具有较强的适应性，此时为了减少开支，也可不采用交流稳压器。

3）在一些实时控制中，系统突然断电会造成较严重的后果，此时就要在供电系统中加入 UPS 供电，PLC 的应用软件可进行一定的断电处理。当突然断电后，可自动切换到 UPS 供电，并按工艺要求进行一定的处理，使生产设备处于安全状态。在选择 UPS 时，也要注意所需的功率容量。

4）晶体管开关电源用调节脉冲宽度的办法调整直流电压。这种开关电源在电网或其他外加电源电压变化很大时，对其输出电压并没有多大影响，从而提高了系统抗干扰的能力。

3. PLC 的接地要求

如果接地方式不好，就会形成环路，造成噪声耦合。接地设计是为了消除各电路电流流经公共地线阻抗所产生的噪声电压和避免磁场与电位差的影响，使其不形成地环路。在实际控制系统中，接地是抑制干扰的主要方法。在设计过程中，如能把接地和屏蔽正确结合起来使用，可以解决大部分干扰问题。

（1）接地的要求　为保证接地质量，接地应达到如下要求：

1）接地电阻应在要求的范围内。对于 PLC 组成的控制系统，接地电阻一般应小于 4Ω。

2）要保证足够的机械强度。

3）要采取防腐蚀措施，进行防腐处理。

4）在整个工厂中，PLC 组成的控制系统要单独设计接地。

（2）地线的种类　在 PLC 组成的控制系统中，大致有以下几种地线：

1）数字地。这种地也叫逻辑地，是各种开关量（数字量）信号的零电位。

2）模拟地。这种地是各种模拟量信号的零电位。

3）信号地。这种地通常是指传感器的地。

4）交流地。这种地是交流供电电源的地线。

5）直流地。这种地是直流供电电源的地线。

6）屏蔽地（也叫机壳地）。这种地是为防止静电感应而设的。

如何处理以上这些地线是 PLC 系统设计、安装和调试的一个重要问题。

（3）接地的处理方法　正确接地是重要而复杂的问题，理想的接地情况是一个系统的所有接地点与大地之间阻抗为零，但这是难以做到的。在实际接地中，总存在着连接阻抗和分散电容，所以如果接地不佳或接地点不当，都会影响接地质量。

PLC 最好单独接地，与其他设备分别使用各自的接地装置（见图 5-39a），也可以采用公共接地（见图 5-39b），但禁止使用串联接地方式（见图 5-39c）。另外，PLC 的接地线应尽量短，使接地点尽量靠近 PLC。同时，接地线的截面积应大于 $2mm^2$。

（四）**PLC 的维护与故障诊断**

1. PLC 的日常维护

PLC 的可靠性很高，但环境的影响及内部元件的老化等因素也会造成 PLC 不能正常工

a) 分别接地　　　　　　b) 公共接地　　　　　　c) 串联接地

图 5-39　PLC 接地

作。如果等到 PLC 报警或故障发生后再去检查、检修，总归是被动的。如果能定期地做好维护、检修，就可以做到系统始终工作在最佳状态下。因此，定期检修与做好日常维护是非常重要的。一般情况下，检修以每六个月至一年一次为宜。外部环境条件较差时，可根据具体情况缩短检修时间间隔。

PLC 日常维护检修的项目和内容见表 5-11。

表 5-11　PLC 日常维护检修的项目和内容

序　号	检 修 项 目	检 修 内 容
1	供电电源	在电源端子处测电压变化，看是否在标准范围内
2	外部环境	环境湿度（控制柜内）是否在规定范围内 积尘情况（一般不能积尘）
3	输入、输出电源	在输入、输出端子处测电压变化，看是否在标准范围内
4	安装状态	各单元是否可靠固定、有无松动 连接电缆的连接器是否完全插入旋紧 外部配件的螺钉是否松动
5	寿命元件	锂电池寿命等

2. 锂电池的更换

PLC 断电时，RAM 中用户程序由锂电池实现断电保持，它的使用寿命为 2～5 年。当它的电压降低到规定值以下时，PLC 上的［BATTERY］（电池）LED 亮，提醒操作人员更换锂电池。更换时 RAM 中的内容是由 PLC 中的电容充电保持的，应在使用说明书中规定的时间内更换好电池，否则 PLC 将丢失停电时的记忆功能。

3. PLC 的故障诊断

任何 PLC 都具有自诊断功能，当 PLC 异常时应该充分利用其自诊断功能分析故障原因。当 PLC 发生异常时，应首先检查电源电压、PLC 及 I/O 端子的螺钉和接插件是否松动以及有无其他异常。然后再根据 PLC 基本单元上设置的各种 LED 指示灯状况，检查 PLC 自身和外部有无异常。

下面以 FX 系列 PLC 为例，说明根据 LED 指示灯状况来诊断 PLC 故障的方法。

（1）电源指示（［POWER］LED 指示）　当电源向 PLC 基本单元供电时，基本单元表面上设置的［POWER］LED 指示灯会亮。如果电源合上［POWER］LED 指示灯不亮，应确认电源接线。另外，若同一电源还驱动传感器等，应确认有无负载短路或过电流。若不是上述原因，则可能是 PLC 内部混入导电性异物或存在其他异常情况，使基本单元内的熔丝熔断，此时可通过移去导电性异物后更换熔丝来解决。

（2）出错指示（［ERROR］LED闪烁） 当程序语法错误（如忘记设定定时器或计数器的常数等），或因有异常噪声、导电性异物混入等原因而引起程序内存的内容变化时，［ERROR］LED会闪烁，PLC处于STOP状态，同时输出全部变为OFF。这种情况下，应检查程序是否有错，检查有无导电性异物混入和高强度噪声源。

发生错误时，把8009、8060～8068的值写入特殊数据寄存器D8004中，假设写入D8004中的内容是8064，则通过查看D8064的内容便可知道出错代码。

（3）出错指示（［ERROR］LED亮） PLC内部混入导电性异物或受外部异常噪声的影响导致CPU失控或运算周期超过200ms时，则WDT（PLC功能指令监控定时器指令）出错，［ERROR］LED亮，PLC处于STOP状态，同时输出全部都变为OFF。此时可进行断电复位，若PLC恢复正常，应检查有无异常噪声发生源和导电性异物混入的情况。另外，应检查PLC的接地是否符合要求。

检查过程如果出现［ERROR］LED由亮→闪烁的变化，应进行程序的检查。如果［ERROR］LED仍然一直保持灯亮状态，应确认程序运算周期是否过长（监视D8012可知最大扫描时间）。如果进行了全部的检查之后，［ERROR］LED的灯亮状态仍不能解除，应考虑PLC内部发生了某种故障，应与厂商联系。

（4）输入指示 不管输入单元的LED亮还是灭，应检查输入信号开关是否确实在ON或OFF状态。输入开关的额定电流容量过大或油侵入等原因容易导致接触不良。当输入开关与LED用电阻并联时，即使输入开关OFF但并联电路仍导通，仍可对PLC进行输入。使用光传感器等输入设备时，由于发光/受光部位粘有污垢等，引起灵敏度变化，有可能不能完全进入"ON"状态。在比PLC运算周期短的时间内，不能接收ON和OFF的输入。如果在输入端子上外加不同的电压，则会损坏输入回路。

（5）输出指示 不管输出单元的LED亮还是灭，负载不能进行ON或OFF时，主要是由于过载、负载短路或容量性负载的冲击电流等引起继电器输出触点粘合，或触点接触面不好导致接触不良。

现代PLC拥有大量的软件资源，如FX$_{2N}$系列PLC有几千点辅助继电器、几百点定时器和计数器，有相当大的裕量，可以把这些资源利用起来，用于故障检测。

① 超时检测。机械设备在各工步的动作所需的时间一般是不变的，即使变化，也不会太大，因此可以以这些时间为参考，在PLC发出输出信号、相应的外部执行机构开始动作时启动一个定时器定时，定时器的设定值比正常情况下该动作的持续时间长20%左右。例如某执行机构（如电动机）在正常情况下运行50s后，它驱动的部件使限位开关动作，发出动作结束信号；若该执行机构的动作时间超过60s（即对应定时器的设定时间）PLC还没有接收到动作结束信号，则定时器延时接通的常开触点发出故障信号，该信号停止正常的循环程序，启动报警和故障显示程序，使操作人员和维修人员能迅速判断故障的种类，及时采取排除故障的措施。

② 逻辑错误检测。在系统正常运行时，PLC的输入信号、输出信号和内部信号（如辅助继电器的状态）之间存在着确定的关系，如出现异常的逻辑信号，则说明出现了故障。因此可以编制一些常见故障的异常逻辑关系，一旦异常逻辑关系为ON状态，就应按故障处理。例如某机械起动过程中先后有两个限位开关动作，这两个信号不会同时为ON状态，若它们同时为ON状态，则说明至少有一个限位开关被卡死，应停机进行

处理。

六、项目总结

本项目以 LED 数码显示 PLC 控制系统的安装与调试为载体，介绍了以转换为中心编程方式的顺序控制设计法、位移位指令两种方法在 PLC 控制系统设计中的具体应用。

顺序控制设计法相对于经验设计法而言，设计时有章可循，规律性很强，容易学习、理解和掌握，这种方法也是初学者常用的 PLC 程序设计方法。

❖ 梳理与总结

本学习情境通过 Z3040 型摇臂钻床 PLC 控制系统的安装与调试、机械手 PLC 控制系统的安装与调试、LED 数码显示 PLC 控制系统的安装与调试 3 个项目的学习与实践，达成 PLC 控制系统的实现。

1）介绍了 PLC 控制系统的设计原则、步骤、内容和方法，PLC 的选择，节省 I/O 点数的方法，PLC 应用中的若干问题。

2）顺序控制设计法有通用逻辑指令的编程方式和以转换为中心的编程方式两种，这两种编程方式的顺序功能图中，表示步的编程元件用辅助继电器 M 表示，当转换实现时，当前步成为活动步，前级步变为不活动步，分别通过当前步对应的 M 元件常闭触点串联在前级步对应的辅助继电器线圈支路和复位指令实现，除此之外，顺序功能图转换为梯形图时不允许双线圈输出。这些都是与 STL 指令编程方式的不同之处。

3）具有顺序控制特点的系统除了采用顺序控制设计法外，还可以使用位移位指令进行编程，其主要步骤为：①根据顺序功能图确定位移位指令的位数；②确定位移位指令源操作数的逻辑表达式；③确定移位条件的逻辑表达式；④确定复位条件；⑤写出输出状态逻辑表达式；⑥编制梯形图。

练 习 与 提 高

1. 梯形图中逻辑行是根据什么划分的？
2. 梯形图中在什么情况下允许双线圈输出？
3. 三菱 FX 系列 PLC 定时器的延时时间最大为多少？可以通过哪些方法扩大定时器的延时范围？
4. 在以转换为中心的编程方式中，每一步的输出元件线圈是否可以与对应步的辅助继电器的线圈相并联，为什么？
5. 试把图 5-40 中的继电-接触器控制的两台电动机顺序起、停控制电路改造为 PLC 控制程序。
6. 设计一个三台异步电动机顺序间隔 10s 自动起动、逆序间隔 5s 自动停止的控制程序。
7. 设计一个智力竞赛抢答控制装置，当出题人说出问题且按下开始按钮 SB1 后，在 10s 之内，4 位参赛选手中只有最早按下抢答按钮的选手抢答有效，抢答桌上的灯亮 3s，赛场上的音响装置响 2s，且使按钮 SB1 复位（断开保持回路），使定时器复位。10s 后再抢答无效，按钮 SB1 及定时器复位。
8. 设计一个报警控制程序。输入信号 X000 为报警输入，当 X000 为 ON 时，报警信号灯 Y000 闪烁，闪烁周期为 1s（亮、熄灭均为 0.5s），报警蜂鸣器 Y001 有音响输出。报警响应 X001 为 ON 时，报警信号灯由闪烁变为常亮且停止音响。按下报警解除按钮 X002，报警信号灯熄灭。为测试报警信号灯和报警蜂鸣

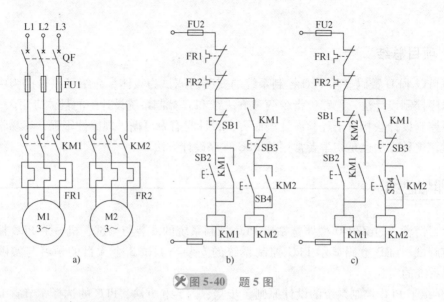

图 5-40 题 5 图

器的好坏，可用测试按钮 X003 随时测试。

9. 设计简单的霓虹灯程序。要求按下启动按钮，4 盏灯在每一瞬间有 3 盏亮，1 盏熄灭，且按图 5-41 所示顺序依次熄灭。每盏灯亮、熄的时间分别为 0.5s，并不断循环。在运行过程中，如果按下停止按钮，所有灯立即熄灭。试分别用顺序控制设计法和功能指令编制梯形图程序。

图 5-41 题 9 图

10. 液体混合装置如图 5-42 所示，液面传感器 SL1～SL3 被液体淹没时为 ON，电磁阀 YV1～YV3 的线圈通电时打开，线圈断电时关闭。初始状态时容器是空的，各阀门均关闭，各传感器均为 OFF。按下起动按钮后，打开阀门 YV1，液体 A 流入容器，液面传感器 SL3 变为 ON 时，关闭阀门 YV1，打开阀门 YV2，液体 B 流入容器。液面到达液面传感器 SL1 时，关闭阀门 YV2，电动机 M 开始运行，搅拌液体，60s 后停止搅拌，打开阀门 YV3 放出混合液体，当液面降至液面传感器 SL2 之后再过 5s，容器放空，关闭阀门 YV3，打开阀门 YV1，进入下一周期。按下停止按钮，在当前工作周期结束之后才停止（停在初始状态）。试画出 PLC 的 I/O 接线图和控制系统的顺序功能图，并设计梯形图程序。

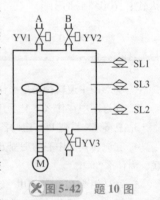

图 5-42 题 10 图

11. 有一台四级带式运输机，分别由 M1、M2、M3、M4 四台电动机拖动，其动作顺序如下：

1）起动时要求按 M1→M2→M3→M4 顺序起动。

2）停车时要求按 M4→M3→M2→M1 顺序停车。

上述动作要求按 5s 的时间间隔进行。

试设计其 PLC 控制系统输入/输出接线图和梯形图，并写出相应的指令程序。

12. 试设计一个如图 5-43 所示的小车自动循环送料控制系统，具体要求如下：

1）初始状态：小车在起始位置时，压下 SQ1。

2）起动：按下起动按钮 SB1，小车在起始位置装料，20s 后向右运行，至 SQ2 处停止，开始下料，10s 后下料结束，小车返回起始位置，再用 20s 的时间装料，然后向右运行至 SQ3 处下料，10s 后再返回起始位置……自动循环送料，直至有复位信号输入。

13. 图 5-44 为某剪板机工作示意图。初始状态时，压钳和剪刀在上限位置，X000 和 X001 为 ON 状态。按下起动按钮 X010，工作过程如下：首先板料右行（Y000 为 ON 状态）至限位开关 X003 为 ON 状态，然后压钳下行（Y001 为 ON 状态并保持）。压紧板料后，压力继电器 X004 为 ON 状态，压钳保持压紧，剪刀开始下行（Y002 为 ON 状态）。剪断料板后，X002 变为 ON 状态，压钳和剪刀同时上行（Y003 和 Y004 为 ON 状态，Y001 和 Y002 为 OFF 状态），它们分别碰到限位开关 X000 和 X001 后，停止上行，均停止后，又开始下一周期的工作，剪完 5 块料板后停止工作并停在初始状态。

试设计 PLC 控制系统输入/输出接线图、顺序功能图及梯形图。

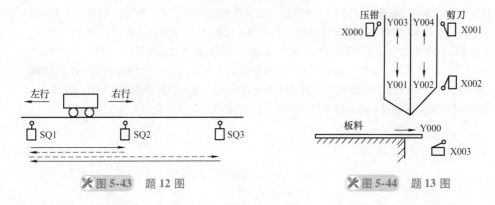

❄图 5-43　题 12 图　　　　❄图 5-44　题 13 图

14. 设计一个彩灯自动循环控制电路。假定用输出继电器 Y000～Y007 分别控制第一盏灯至第八盏灯，按下起动按钮后，按第一盏灯至第八盏灯的顺序点亮，后一盏灯点亮后前一盏灯熄灭，反复循环下去，只有按下停止按钮彩灯才熄灭。试设计其 PLC 输入/输出接线图和梯形图，并写出相应的指令程序。

15. 电动葫芦起升机构的动负荷试验控制要求如下：

1）可手动上升、下降。

2）自动运行时，上升 9s→停 6s→下降 9s→停 6s，反复运行 1h，然后发出声光报警信号，并停止运行。

试设计其 PLC 控制系统输入/输出接线图和梯形图，并写出相应的指令程序。

参 考 文 献

[1] 王烈准. 可编程序控制器技术及应用 [M]. 北京：机械工业出版社，2016.

[2] 王烈准. FX$_{3U}$系列 PLC 应用技术项目教程 [M]. 北京：机械工业出版社，2021.

[3] 史宜巧，侍寿永. PLC 技术及应用项目教程 [M]. 3 版. 北京：机械工业出版社，2020.

[4] 侍寿永，史宜巧. FX$_{3U}$系列 PLC 技术及应用 [M]. 北京：机械工业出版社，2021.

[5] 王兆义，程志华. 可编程序控制器实用技术 [M]. 3 版. 北京：机械工业出版社，2019.

[6] 刘建华，张静之. 三菱 FX$_{2N}$系列 PLC 应用技术 [M]. 2 版. 北京：机械工业出版社，2018.

[7] 张静之，刘建华，陈梅. 三菱 FX$_{3U}$系列 PLC 编程技术与应用 [M]. 北京：机械工业出版社，2017.

[8] 李金城. 三菱 FX$_{3U}$PLC 应用基础与编程入门 [M]. 北京：电子工业出版社，2016.

[9] 汤自春. PLC 技术应用（三菱机型）[M]. 3 版. 北京：高等教育出版社，2015.

[10] 肖明耀，代建军. 三菱 FX$_{3U}$系列 PLC 应用技能实训 [M]. 北京：中国电力出版社，2015.

[11] 崔龙成. 三菱电机小型可编程序控制器应用指南 [M]. 北京：机械工业出版社，2012.

[12] 李金城. 三菱 FX$_{2N}$PLC 功能指令应用详解 [M]. 北京：电子工业出版社，2011.